新工科建设·智能化物联网工程与应用系列教材

U0134145

5G 物联网技术及应用

沙秀斌　宋建全　陆　婷　主　编

戴　博　牛　丽　高　音　副主编

电子工业出版社

Publishing House of Electronics Industry

北京·BEIJING

内 容 简 介

本书首先对物联网技术的标准发展背景、业务模型和应用场景、所涉及的关键技术及物联网技术的标准化过程进行了介绍；然后对 5G 时代的主要物联网技术进行了详细介绍；最后对典型的 5G 物联网应用案例进行了介绍。

本书可作为 5G 物联网技术的学习者、从事 5G 物联网技术的研发人员和工作者及对 5G 物联网技术感兴趣的读者的参考用书。

图书在版编目（CIP）数据

5G 物联网技术及应用 / 沙秀斌，宋建全，陆婷主编. —北京：电子工业出版社，2024.2

ISBN 978-7-121-47353-1

Ⅰ. ①5… Ⅱ. ①沙… ②宋… ③陆… Ⅲ. ①第五代移动通信系统－高等学校－教材②物联网－高等学校－教材 Ⅳ. ①TN929.538②TP393.4③TP18

中国国家版本馆 CIP 数据核字（2024）第 043526 号

责任编辑：孟　宇
印　　刷：河北鑫兆源印刷有限公司
装　　订：河北鑫兆源印刷有限公司
出版发行：电子工业出版社
　　　　　北京市海淀区万寿路 173 信箱　　　邮编：100036
开　　本：787×1092　　1/16　　印张：12.75　　字数：335 千字
版　　次：2024 年 2 月第 1 版
印　　次：2024 年 2 月第 1 次印刷
定　　价：59.80 元

凡所购买电子工业出版社图书有缺损问题，请向购买书店调换。若书店售缺，请与本社发行部联系，联系及邮购电话：（010）88254888，88258888。

质量投诉请发邮件至 zlts@phei.com.cn，盗版侵权举报请发邮件至 dbqq@phei.com.cn。

本书咨询联系方式：mengyu@phei.com.cn。

前　言

随着移动通信技术的发展，无线通信已经广泛应用到各行各业中。从 2G（第 2 代移动通信技术）时代基于 GERAN 制式的蜂窝物联网，到 4G（第 4 代移动通信技术）时代的 NB-IoT/eMTC，乃至 5G（第 5 代移动通信技术）时代的 NR-IIoT、RedCap 等，3GPP 针对物联网的业务特点对标准进行了设计与增强，为开启万物互联的时代奠定了基础。

在物联网技术中，不同技术的性能指标及应用场景各不相同。例如，基于 GERAN 制式的蜂窝物联网及 NB-IoT 可支持的业务速率低、终端电量消耗低、终端成本也低，适用于业务速率低的场景，尤其适用于终端电量消耗及终端成本受限的场景；NR-IIoT 适用于低时延、高可靠的工业物联网场景；而 eMTC 及 RedCap 的应用场景介于蜂窝物联网/NB-IoT 与 NR-IIoT 之间，适用于业务速率中等，且终端成本比较低的场景。在 5G 时代，为了满足多样化的业务需求及多模态的物联网应用场景，多种物联网技术长期共存、互相补充将是物联网发展的常态。

本书针对物联网标准的发展背景、不同物联网技术的应用场景及关键技术进行了系统介绍。在介绍关键技术的过程中，也介绍了相关技术的标准化过程，有助于读者对各种物联网技术进行全面、深入的理解。本书第 1 章对物联网进行了介绍，包括物联网简介、物联网分类、物联网性能要求、物联网发展趋势及物联网网络技术分类；第 2 章对 5G 标准演进过程进行了介绍，包括移动通信技术发展史、5G 技术演进、5G 应用场景、5G 核心指标和 5G 关键技术；第 3~8 章对各种 5G 时代的主要物联网技术进行了介绍，包括 NB-IoT 和 LTE-M、NR-IIoT、NR RedCap 终端、IoT-NTN（NB-IoT 和 LTE-M 的空中接口通过卫星进行传输）、XR/AR 业务支持及车联网支持；第 9 章介绍了几个典型的基于 5G 网络的物联网应用，包括基于 NB-IoT/LTE-M 的物联网应用、基于 NR-IIoT 的物联网应用、基于 RedCap 的物联网应用及基于 IoT-NTN 的物联网应用；第 10 章对物联网的未来演进进行了展望。

本书各章节的撰写分工如下：第 1 章由宋建全和戴博撰写；第 2 章由沙秀斌和谈杰撰写；第 3 章由戴博、陆婷和刘锟撰写；第 4 章由谈杰和沙秀斌撰写；第 5 章由胡有军、戴博和艾建勋撰写；第 6 章由牛丽、陆婷和沙秀斌撰写；第 7 章由宋建全、戴博和沙秀斌撰写；第 8 章由宋建全撰写；第 9 章由沙秀斌、戴博和牛丽撰写；第 10 章由戴博、高音、边峦剑、谈杰和沙秀斌撰写。

本书是基于编者对物联网标准的发展、物联网技术标准化讨论过程及对物联网标准的理解进行撰写的，其中观点难免有欠周全之处。对书中存在不足之处，敬请读者谅解，并给予宝贵建议。

编者

2024.1

目 录

第1章

物联网概述

无线通信技术经过几十年的发展，已经从以人际通信为主发展为万物互联。随着物联网（Internet of Things，IoT）的不断演进，其衍生出了不同的物联网技术及物联网生态。

||| 1.1　物联网简介 |||

在过去，不同阶段、不同组织或企业对物联网都有不同的定义，但现阶段，人们可以从一个比较全面的角度来定义广义的物联网。所谓物联网，就是将各类物体通过通信网络连接在一起构成的网络。按照这个广义的定义，现阶段发展和使用的通过通信网络连接在一起的网络都属于物联网的范畴。

在过去，人们把用于人与人之间通信的网络称为互联网，但该网络并不属于物联网的范畴。早期的互联网都是基于固定终端（计算机）进行通信的，后来大部分互联网基于移动终端进行通信，故其又被称为移动互联网。

后来人们把不是用于人和人之间通信的网络（如自助抄表系统、气象信息采集、国土资源监控网络）称为物联网。

把这种物联网用到工业领域中时，它又称为工业物联网（Industry Internet of Things，IIoT）。5G 网络最初定义了三大应用场景：增强型移动宽带（enhanced Mobile BroadBand，eMBB）、大规模机器类型通信（massive Machine Type Communication，mMTC）、低时延高可靠通信（Ultra-Reliable and Low Latency Communication，URLLC），其中 URLLC 主要是为 IIoT 服务的。

随着移动终端上各类应用提供的丰富功能，移动终端也可以看作物联网的一部分。广义上看，全世界的网络都可以看作物联网。完整的物联网系统如图 1-1 所示。

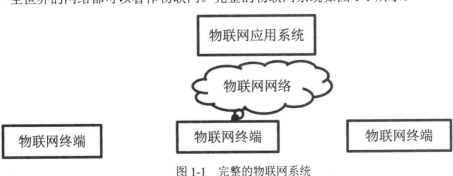

图 1-1　完整的物联网系统

一个完整的物联网系统包含三部分：物联网终端、物联网网络及物联网应用系统。下面分别对这三部分功能及其种类展开介绍。

1.1.1　物联网终端

不同的应用使用的终端类型不一样，需要终端提供的功能也不一样。物联网终端在不同的应用场景下会具备如下部分或全部功能。

（1）数据采集是物联网终端必须具备的功能。在不同的应用场景，数据采集的方式不一样，主要包括如下方式。

① 通过传感器采集，即通过各类传感器采集所需要的数据。例如，温、湿度传感器采集温度、湿度数据；VR（Virtual Reality，虚拟现实）/AR（Augmented Reality，增强现实）系统终端采集人体的位置数据；车联网（V2X）系统终端采集周围的环境数据等。

② 在终端产生的数据中采集所需要的数据，如各种自助抄表系统终端、各种计量终端产生的数据的一部分。

③ 在外部输入的数据中采集所需要的数据，通常是各类自助机器中的数据，如银行自助存取款机、医院自助挂号缴费机器、机场自助服务机器等中的数据。手机上提供各种自助服务的应用采集数据的方式也可以看作是这种数据采集方式。

（2）数据上报是指物联网终端将采集的数据通过网络进行上报。这里的网络并不限制网络连接方式。网络连接方式包含有线网络连接与无线网络连接。随着无线网络技术的发展，无线网络连接成为主要的网络连接方式。

（3）动作执行。物联网终端是否具备这个功能与具体的应用场景有关。举例如下。

① 对于农业灌溉系统，当其检测到土壤含水量低于某个阈值时，其会触发浇水系统为土壤补充水分。

② 对于银行自助存取款系统，该系统会触发存款与取款服务。

③ 对于安防类的视频监控系统，该系统会触发告警与报警信息。

④ 对于车联网系统，该系统会触发持续不断的自动驾驶行为。

⑤ 对于 VR/AR 系统，该系统会呈现具有沉浸感的音视频场景。

⑥ 对于气象采集系统，如各个监测点物联网终端只是采集和上报温度、湿度、$PM_{2.5}$ 指数的数据，并不会触发监测点物联网终端执行某些动作去改善温度、湿度、$PM_{2.5}$ 指数。

1.1.2　物联网网络

物联网并不限制网络连接方式。由于无线网络部署成本低，覆盖范围大，因此当前的物联网几乎都用无线网络进行连接。

早期物联网使用针对物联网制定的网络技术，一般以企业标准为主，网络技术不通用，建网成本高。随着无线蜂窝技术的发展，物联网也成了无线蜂窝技术的一部分。无线蜂窝物联网网络是本书要重点介绍的内容。

1.1.3　物联网应用系统

物联网终端和物联网网络构成了物联网的基础设施，要使物联网发挥价值，离不开物联网应用系统。

物联网应用系统的功能与具体物联网应用领域有关，其复杂程度也与具体物联网应用领域有关。

例如，抄表物联网的应用系统比较简单；而用于公安系统的监控网络，如要完成实时人脸识别、实时车辆号牌识别，发现目标人员与目标车辆，并将相关信息传递给相关执法人员、抓捕目标人员或拦截目标车辆，则相对复杂。

而基于路网协同的自动驾驶系统，即车联网，也可以看作一个较为复杂的物联网，其涉及的自动驾驶算法也包含大数据与人工智能。

‖ 1.2　物联网分类 ‖

由于广义的物联网包含很多网络，因此无法从单一维度对物联网进行分类。下面分别从不同的维度对物联网进行分类。

1.2.1　采集数据类型

采集数据类型包括以下内容。

（1）音频数据。

（2）视频数据。

（3）其他数据（如电表读数、温度、湿度、光强度、距离）。

针对具体物联网的应用场景，其可能涉及一种或多种类型数据。例如，电力公司的家庭用电计费系统仅仅采集用电数据；而银行的自助存取款系统，除能提供存取款业务（机器触摸屏上输入和显示数据）外，还能提供音视频监控及其实时记录。

安防类业务都离不开视频监控。国家、城市、企业、小区及家庭可以建立不同规模的基于安防的视频监控网络。国内著名的海康威视、大华就是提供安防类业务的头部企业。

1.2.2　终端供电类型

终端供电可分为多种类型，包括电池供电、供电网络供电。

电池供电可分为干电池或纽扣电池供电、太阳能电池供电、蓄电池供电。

采用干电池或纽扣电池供电的终端对物联网提出了省电要求，如某些自动抄表系统终端、大坝内部的应力监控终端、户外气象条件的测量终端等。

1.2.3　网络类型

物联网可以通过无线网络连接或有线网络连接实现，但由于有线网络连接部署不方便，成本高，不适合移动性场景，因此当前的物联网几乎都是通过无线网络连接实现的。

当物联网通过无线网络连接实现时，无线频谱包含授权频谱与非授权频谱，详细介绍参见 1.5 节物联网网络技术分类。

1.2.4 应用领域分类

随着物联网技术及其他 ICT（Information and Communication Technology，信息与通信技术）（如云计算、大数据、人工智能）的发展，以及众多行业降低运营成本的需求，物联网被应用到越来越多的领域，如智慧交通、智慧水务、智慧政务、智慧校园、智慧医院、智能电网、智慧金融、智慧矿山、智慧钢厂、智慧车间、智慧工厂、VR/AR、车联网。

而智慧城市则融合了多个应用领域，包含智慧政务、智慧交通、智慧医院、智慧金融、智慧校园、智慧水务等，涉及城市居民日常生活、工作、学习多个领域的智能化。

这里需要注意智慧交通和车联网的区别，智慧交通主要通过对城市路网车流量的分析，合理安排红绿灯的开启时间，提高城市的通勤效率，车联网是基于路网协同的自动驾驶系统。

尤其需要注意的是，无论上述哪个领域的物联网系统，其都包含物联网终端、物联网网络、物联网应用系统。

‖ 1.3 物联网性能要求 ‖

物联网对于业务的带宽、时延、终端数量的要求总结分析如下。

（1）小带宽、终端数量多的业务。该业务的典型是自动抄表系统；智能家居虽然也涉及众多终端，如冰箱、空调、窗帘等，但通过物联网网关（如智能终端的 App）聚合，其已经无须考虑终端数量对网络的影响。

（2）低时延、高可靠的业务。该业务包括远程手术、工厂中装配机器人、基于路网协同的自动驾驶等。

（3）大带宽业务，如 VR/AR 业务。

上述业务分别对应 5G 网络定义的三大应用场景需求，即 mMTC、URLLC、eMBB。

‖ 1.4 物联网发展趋势 ‖

1.4.1 自助机器提供业务转向与智能终端应用共存

自助机器提供业务转向与智能终端应用共存以智慧城市提供智慧医院、智慧金融、智慧政务、智慧水务等为例进行说明，原来人们需要在医院、银行、政府服务大厅、水务集团场所的自助机器上通过人机交互办理的业务，现在在智能终端应用上就可以办理相关业务。

这些场所的业务办理实际上经历了以下阶段。

（1）在这些场所进行人工办理业务。

（2）在这些场所的自助机器上通过人机交互办理业务。

（3）在智能终端上的应用、小程序或公众号上办理业务。

在智能物联网系统中，业务信息可以通过终端自动采集和上报，也可以通过智能终端上的应用、小程序或公众号进行采集和上报。

1.4.2 物联网应用系统更加智能化

随着大数据技术、人工智能技术在物联网应用系统的应用越来越广泛，物联网应用系统越来越智能化，并能完成越来越复杂、人类难以完成或需要人类花费大量时间完成的工作。

例如，公安系统基于抓捕犯罪分子的需要，如果能够整合全国安防的视频监控数据、手机位置及通话对象、时长等数据（大数据），并结合人脸识别、车牌号码识别、语音识别等人工智能技术，那么相关人员基于该系统不仅能提高破案率（数据量太大，人因为生理特征限制存在漏判的可能性），还能提高破案效率（人可能需要几个月的数据对比分析，机器根据算力大小，可能几分钟就能完成）。

1.4.3 VR/AR 得到商用

目前 VR/AR 得到商用面临的最大问题在于终端的算力难以满足业务计算的需求，该问题可以通过云计算的方式解决，当终端数量过大时，其对云计算的算力要求会很高，对无线网络带宽的要求也会很高。随着算力更高的终端及更大带宽的无线网络（5G）的应用，VR/AR 会逐渐得到商用。

1.4.4 车联网与自动驾驶

随着车联网标准完善、基于车联网标准相关产品的成熟及基于车联网基础的自动驾驶技术的成熟，车联网会先在专用场景（如高速公路、机场、工业园）中得到部署，同时基于车联网基础的自动驾驶技术也会逐步得到应用与推广。

1.4.5 数字世界

我国建设了很大的 5G 网络，而 5G 网络的主要目的是为物联网提供服务。因此，国家和地方政府都非常重视 5G 在各个行业中的应用。由我国主办的"世界 5G 大会"成为推动和展示 5G 应用的科技盛会。

元宇宙包含与现实世界映射的虚拟世界或数字世界。自现代信息技术（Information Technology，IT）诞生以来，人类社会就开启了数字化进程。随着现代 IT 的发展，越来越多 IT 成果（如大数据、人工智能、云计算）被应用到数字化进程中，人类社会的数字化范围（如生活、生产、娱乐）越来越大，数字化程度（如从医院、银行、机场等的自助机器到智慧城市）越来越深。在元宇宙中，数字世界与现实世界是通过物联网终端进行交互的。物联网应用系统与数字世界一一对应。未来的元宇宙最终会发展成什么样还是未知的，但当前及未来的物联网应用系统都是元宇宙的组成部分。

数字化进程的最终目标是建立一个与现实世界对应的虚拟世界或数字世界，之前需要通过人力进行的优化、仿真、决策等都可以在数字世界中完成，在提高效率的同时，也极大地降低了成本，同时也可以完成之前依靠人力不能完成的工作。

数字世界与现实世界是有边界的，这个边界可以理解为物联网终端。数字世界与现实世界的对应关系如图 1-2 所示。

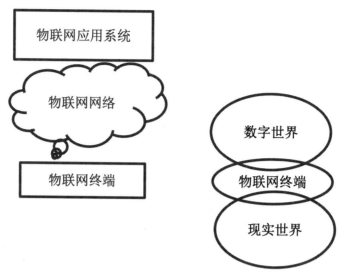

图 1-2　数字世界与现实世界的对应关系

⫴ 1.5　物联网网络技术分类 ⫴

1.5.1　授权频谱物联网技术

授权频谱物联网一直是 3GPP（3rd Generation Partnership Project，第三代合作伙伴计划）标准化的重要领域，它从 2G 网络技术开始，不断演进与迭代，以满足不同应用场景的需求。

1. 3GPP 的物联网之路

虽然 2G 手机已经被淘汰很多年，但 2G 作为早期通信网络在物联网方面仍然被广泛应用，如儿童手表、共享单车等。

2G 主要包括 GSM（Global System for Mobile communications，全球移动通信系统）和 GPRS（General Packet Radio Service，通用分组无线业务）网络，可以提供语音及大约 10kbit/s 的速率需求。2G 的定位功能主要基于终端所属的基站，大概能达到 100m 的精度，可以提供短信、语音、基于 WAP（Wireless Application Protocol，无线应用协议）的纯文字网页等服务，基本可以满足儿童手表的语音及共享单车的开锁和定位功能。

随着 3G、4G 和 5G 的发展，它们在物联网方面都有相应的应用，无线网络提供的速率越来越高，极大地推动了物联网的应用发展。其中，5G 物联网技术的发展过程为，从 2013 年开始，LTE-M（LTE-Machine to machine，LTE 机器间通信）引入 3GPP LTE 标准，并不断进行优化，在 2019 年支持连接 5GC（5G 核心网），作为 5G 物联网技术之一；从 2016 年开始，NB-IoT（Narrow Band Internet of Things，窄带物联网）引入 3GPP 标准，并不断进行优化，在 2019 年支持连接 5GC，作为 5G 物联网技术之一；从 2019 年开始，基于新空中接口（空口）的工业物联网（NR-IIoT）的低时延、高可靠特性及 TSC（Time Sensitive Communication，时间敏感通信）对 NR（新空口）标准进行了优化；从 2021 年开始，低成本物联网应用引入了 NR 低成本、低复杂度的 NR RedCap 终端，并不断进行增强和完善。相关技术的支持和演进可以更好地满足不同应用场景的需求。

2．NB-IoT 和 LTE-M

NB-IoT 属于 LPWAN（Low-Power Wide-Area Network，低功耗广域网）的一种，它的带宽仅为 200kHz，可以支持较大的重复传输和 eDRX（扩展不连续接收）、PSM（Power Save Mode，省电模式）终端节能技术。因此，它具备低成本、强覆盖、小功耗、大连接的特点。从 2016 年首个 NB-IoT 版本发布以来，NB-IoT 发展极为迅速，仅仅用了 3 年时间，就在全球 50 多个国家实现了大规模商用。NB-IoT 将成为 5G 物联网的主流技术。

LTE-M 的最小带宽为 1.4MHz，也可以支持重复传输，相对于 NB-IoT，它可以支持更高的速率，还可以提供语音服务，在成本、覆盖和功耗上比 NB-IoT 会差一些。LTE-M 也已经被大规模商用，主要应用在北美和欧洲。LTE-M 是 NB-IoT 很好的补充，可以为中等速率物联网业务提供服务。

3．NR-IIoT

NR 标准针对 IIoT 的低时延、高可靠的特性做了相应增强，以支持通过 NR 网络连接 NR-IIoT。例如，通过 TTI（Transmission Time Interval，传输时间间隔）结构引入了对 URLLC 的基本支持，以实现低时延，提高可靠性；为了扩展 NR 在各个垂直领域的适用性，人们在 RAN（Radio Access Network，无线电接入网）的不同层做了进一步的增强，如 SPS（Semi-Persistent Scheduling，半持久性调度）业务增强、信令开销降低、多种业务复用增强及 TSN（Time Sensitive Network，时间敏感网络）的支持。

NR-IIoT 的具体应用场景包括办公室自动化、工厂自动化、运输业、电力等，另外，许多广域业务可以使用 5G 同步方法，而不依赖于完整的 TSN 能力（终端 TSN 转换器和网络 TSN 转换器），包括电力设施、网络和终端测试设备、TS 22.263 中的专业应用的视频、成像和音频服务、交易和支付系统、5G 智能手表等。

4．NR RedCap 终端

RedCap 是 3GPP 在 5G Rel-17 阶段，专门立项研究的一种新技术标准。简单地说，RedCap 就是轻量级的 5G 终端。

5G 网络定义的应用场景包括 eMBB、mMTC、URLLC。mMTC、URLLC 与垂直行业中的新型物联网用例相关。eMBB、mMTC、URLLC 用例可能都需要在同一网络中得到支持。5G 的一个重要目标是实现行业互联。5G 连接可以作为下一波产业转型和数字化的催化剂，从而提高灵活性、生产率和效率，降低维护成本并提高运营安全。此类环境中的设备包括压力传感器、湿度传感器、温度计、运动传感器、加速计、执行器等。这些传感器和执行器将连接到 5G 无线电和核心网络。TR 22.804、TS 22.104、TR 22.832 和 TS 22.261 中描述的大规模工业无线传感器网络（Industrial Wireless Sensor Network，IWSN）用例和要求不仅包括要求非常高的 URLLC 业务，还包括设备外形尺寸较小、完全无线/电池寿命年数的相对低端业务。这些业务的要求高于 LPWAN（LTE-M/NB-IoT），但低于 URLCC 和 eMBB。

另外，智慧城市能垂直覆盖数据采集和处理，以便更有效地监控和控制城市资源，并为城市居民提供服务。需要注意的是，监控摄像机的部署是智慧城市的重要组成部分，也是工厂和工业的重要组成部分。可穿戴设备（如智能手表、电子健康相关设备和医疗监控设备）的一个特点是设备体积小。基于这些要求人们迫切希望引入更低成本的 NR 终端。相关终端在 Rel-17 阶段开始引入。在 Rel-18 阶段，3GPP 针对终端带宽和业务峰值速率进行了进一步增强，以便进一步降低终端成本。

5．IoT-NTN

物联网在低蜂窝覆盖和无蜂窝覆盖的偏远地区至关重要，尤其是运输物流、农业、环境检测等行业对物联网的需求更加强烈。NB-IoT 和增强型机器类型通信（enhanced Machine Type Communication，eMTC）的功能很好地满足上述行业的需求。但是，在偏远地区部署物联网的成本比较高，所以在该地区可以考虑卫星连接，以提供超出地面部署的覆盖范围。以与地面部署互补的方式定义卫星 NB-IoT 或 eMTC 非常重要。鉴于以上解决方案可用，人们迫切需要一个标准化的解决方案，允许全球物联网在地球上的任何地区运行。

因此，在 Rel-17 阶段，3GPP 立项对 IoT-NTN（非地面的物联网）技术进行了研究，具体包括定时、上行调度、终端特定 TA（Timing Advance，时间提前量）估计、UP（User Plane，用户面）定时器扩展和移动性研究。

6．XR/AR

扩展现实（XR）和云游戏是业界正在考虑的一些重要的 5G 媒体应用。XR 是不同类型现实的总称，它是指计算机技术和可穿戴设备产生的所有真实和虚拟组合环境及人机交互。它包括 AR、混合现实（Mixed Reality，MR）和 VR 等。

边缘计算作为网络架构的重要技术，可以很好地支持 XR 和云游戏。边缘计算使云计算能力和服务环境能够部署在蜂窝网络附近。例如，SA6（业务与系统组 6）关于支持边缘计算应用体系结构的研究（TR 23.758）显示，它可以获得很多好处，如更低的时延、更大的带宽、减小的回程通信量及新服务的前景。5G NR 旨在支持要求高吞吐量和低时延的应用，符合 NR 网络中支持 XR 和边缘计算应用的要求。

因此，在 Rel-17 阶段，3GPP 立项对 XR 的典型应用场景进行了研究，具体包括 XR 和云游戏的容量评估、覆盖评估、功耗评估、移动性评估。

7．车联网与自动驾驶

车联网即车辆与其他可以影响车辆驾驶及服务的实体之间以无线通信的方式进行信息交互，以达到提高交通效率、安全性及服务体验目的的系统。

车联网包含 V2V（Vehicle-to-Vehicle，车与车之间的通信）、V2I（Vehicle-to-Infrastructure，车与基础设施之间的网络）、V2N（Vehicle-to-Network，车与互联网连接的网络）、V2P（Vehicle-to-Pedestrian，车对行人等的感知检测）4 种基本的通信模式。

通过车联网交互的信息既包括基础安全信息，如车辆或行人的位置、车辆移动速度、车辆移动方向等，以辅助其他车辆或行人判断是否存在安全隐患；又包括采集到的传感器信息，如车辆将通过摄像头或雷达采集到的道路交通状况信息发送给其他车辆或行人，从而使其他车辆或行人获得更多的道路交通状况信息，以提高道路的安全性。

车联网技术包括 2 种技术路线图：以美国、欧洲国家为代表主推的 DSRC（Dedicated Short-Range Communication，专用短程通信）技术路线图；以我国为代表主推的 C-V2X（Cellular-V2X，蜂窝车联网）技术路线图。

C-V2X 是在 4G 标准上引入的，并且随着无线网络的演进而演进。因此，现阶段 C-V2X 包含 LTE-V2X（基于 4G 的车联网）及 NR-V2X（基于 5G 的车联网）。

人们基于通过车联网交互的基础安全信息可以开发各种基于车联网的应用系统，如提高城市道路交通效率的自动红绿灯调度系统（根据交通流量与行车路线等信息自动调整红绿灯开启时刻与时长）。

自动驾驶需要的低时延、高可靠网络基础设施只有基于 5G 的车联网才能提供。

1.5.2　非授权频谱物联网技术

上文所述的物联网技术工作在授权频谱，除上述物联网技术之外，其他类型的物联网技术都工作在非授权频谱。主要的无线通信技术如表 1-1 所示。

表 1-1　主要的无线通信技术

不同频谱类型的物联网技术	无线通信类型	具体无线通信技术
授权频谱物联网技术	蜂窝物联	2G、3G、4G、5G
非授权频谱物联网技术	短距离无线通信	Wi-Fi、蓝牙、ZigBee 等
	长距离无线通信	LoRa、SigFox 等

第 2 章

5G 概述

自第 1 代移动通信技术（1G）在 20 世纪 70 年代诞生以来，移动通信标准大约每 10 年进行新一代移动通信技术的立项与研究，目前移动通信技术已经经过了 5 次迭代，如图 2-1 所示。在新一代移动通信技术的研究与应用期间，上一代移动通信技术也在不断完善与改进，其以多种无线通信制式互补并存的方式继续为人类社会服务，使其生命周期得以延续。

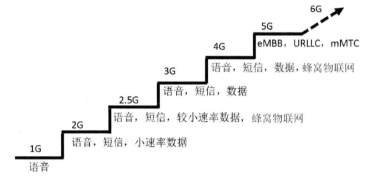

图 2-1　移动通信技术的迭代

在移动通信技术的发展过程中，随着无线通信的发展，物联网逐渐得到了普及。初期的物联网以低成本、强覆盖、终端低功耗为特点，主要应用于人们的日常生活中。随着无线通信可提供速率和数据传输可靠性的提高，5G 时代的物联网开始应用于工业、自动化等对数据传输可靠性要求高的领域。

‖ 2.1　移动通信技术发展史 ‖

移动通信技术从无线通信发明之日就产生了。1897 年，M.G.马可尼所完成的无线通信试验就是在固定站与一艘拖船之间进行的。而现代移动通信技术的发展始于 20 世纪 20 年代，大致经历了 5 个发展阶段。

第 1 个发展阶段为 20 世纪 20 年代至 20 世纪 40 年代，该阶段为早期发展阶段。在此期间，人们在短波的几个频段上开发了专用移动通信系统，如美国底特律市警察使用的车载无线电系统。该系统的工作频率为 2MHz，到 20 世纪 40 年代其工作频率为 30MHz～40MHz。因此，人们可以认为该阶段是现代移动通信技术的起步阶段，该阶段移动通信技术的特点是仅用于专用移动通信系统的开发，工作频率较低。

第 2 个发展阶段为 20 世纪 40 年代中期至 20 世纪 60 年代初期。在此期间，公用移动通信业务开始问世。1946 年，根据美国联邦通信委员会（FCC）的计划，贝尔系统在圣路易斯城建立了世界上第 1 个公用汽车电话网，被称为"城市系统"。当时使用 3 个频段，间隔为 120kHz，通信方式为单工。该阶段移动通信技术的特点是从专用移动通信系统向公用移动通信系统过渡，接续方式为人工，网络的容量较小。

第 3 个发展阶段为 20 世纪 60 年代中期至 20 世纪 70 年代中期。在此期间，美国推出了改进型移动电话系统，该系统使用 150MHz 频段和 450MHz 频段，采用大区制、中小容量，实现了无线频段自动选择并能够自动接续到公用汽车电话网。可以说，这一阶段是移动通信技术改进与完善的阶段。该阶段移动通信技术的特点是采用大区制、中小容量，使用 450MHz 频段，实现了自动选频与自动接续。

第 4 个发展阶段为 20 世纪 70 年代中期至 20 世纪 80 年代中期，这是移动通信技术蓬勃发展的时期。该阶段的移动通信技术被称为 1G，主要采用的是模拟技术和 FDMA（Frequency Division Multiple Access，频分多址）技术。该阶段移动通信技术的特点是使蜂窝状移动通信网成为实用系统，并在世界各地迅速发展。移动通信技术蓬勃发展的原因，除用户要求迅猛增加这一主要推动力之外，还有多种技术进展提供的条件。例如，微电子技术使通信设备小型化、微型化，形成了移动通信新体制，解决了公用移动通信系统要求容量大与频率资源有限的问题。但 1G 的缺陷也很明显，即容量太小，模拟技术对频谱的利用率太低，当时的交换技术发展还不够成熟，无法接入大量用户；保密性差，信号非常容易被截取；各自标准独立，相互之间不能漫游。

第 5 个发展阶段为 20 世纪 80 年代中期至今，这是移动通信技术成熟的时期。该阶段可以分为 2G、3G、4G、5G。

1982 年，欧洲邮电管理委员会（CEPT）决定开发 2G，即使用至今的 GSM。2G 是第 2 代移动通信技术的简称，一般定义为以数码语音传输技术为核心，无法直接传送如电子邮件、数据等信息，且不支持 SMS（Short Message Service，短消息业务）。2G 主要采用数码的 TDMA（Time Division Multiple Access，时分多址）技术和 CDMA（Code Division Multiple Access，码分多址）技术，主流制式有 GSM 和 CDMA-IS95。GSM 是迄今覆盖区域较广、使用时间较长的网络，巅峰时在世界范围内拥有近 45 亿用户。2G 为移动通信的普及做出了卓越的贡献。同时，它的局限性也非常多，其中最大的局限性是不能满足人们对移动宽带流量的需求。在 2G 时代，为数据业务提供支持的是 GSM 上的 GPRS 和增强型数据速率 GSM 演进（Enhanced Data rate for GSM Evolution，EDGE）技术及美国的 CDMA 技术，它们被称为 2.5G 技术，至今仍然在一些告警、监控等领域使用，但它们的数据速率远远达不到人们的日常使用需求，特别是智能手机的兴起，使人们对数据速率的要求更高。

3G 是指支持高速数据传输的第 3 代移动通信技术。3G 的发展在全球范围内进行，并且通过 3GPP 来完成 3G 标准的制定，在国际电联形成了宽带码分多路访问（Wideband Code Division Multiple Access，WCDMA）、时分同步码分多路访问（Time Division-Synchronous Code Division Multiple Access，TD-SCDMA）和 CDMA2000 技术标准，供全球运营商部署 3G 网络。与 1G 和 2G 相比，3G 有更大的带宽，其数据速率可达 384kbit/s，最高可达 2Mbit/s，带宽可达 5MHz 以上，不仅能传输语音，还能传输数据，从而为人们提供快捷、方便的无线应用。

能够实现高速数据传输和宽带多媒体服务是 3G 的主要特点。3G 将高速移动接入和基于互联网协议的业务结合起来，提高了无线频率利用效率，提供了包括卫星在内的全球覆盖并实现了有线和无线及不同无线网络之间业务的无缝连接，满足了多媒体服务的要求，从而为用户提供更经济、内容更丰富的无线通信服务。

4G 在 2004 年 12 月的 3GPP 标准会议上被立项并开始被研究，旨在提供更快的峰值速率和更高的频谱效率，其采用 OFDM（Orthogonal Frequency Division Multiplexing，正交频分复用）、多天线 MIMO（Multiple-Input Multiple-Output，多输入多输出）和快速分组调度等空口技术，使峰值速率可以达到 1Gbit/s。4G 又被称为 3G LTE，其主要特点是在 20MHz 频谱带宽下能够提供的下行（下行链路）峰值速率为 100Mbit/s、上行（上行链路）峰值速率为 50Mbit/s，相比 3G 网络极大地提高了小区的容量，同时降低了网络时延，即 4G 内单向传输时延小于 5ms，CP（Control Plane，控制面）从睡眠状态到连接状态迁移时间小于 50ms，从驻留状态到连接状态迁移时间小于 100ms。在 4G 标准的演进过程中，人们考虑到 2G 逐渐退出历史舞台，并结合物联网的新需求，在 4G 标准的基础上针对物联网特性进行了标准化，诞生了 LTE eMTC 和 NB-IoT 两个物联网标准。其中，eMTC 终端在标准中也叫带宽减小复杂度降低的终端、处于覆盖增强模式的终端或支持最小带宽 1.4MHz 的终端，它可以通过降低终端成本与复杂度，或者支持覆盖增强模式来扩展网络覆盖，降低网络布网成本。NB-IoT 采用与 GSM 相同的频域带宽（200kHz），以提供低成本终端的物联网业务，同时可以充分利用 GSM 退网后的频点资源碎片。

5G 在 2016 年 3 月的 3GPP RAN#71 标准会议上被立项并开始被研究，目标为针对如下应用场景提供无线解决方案：eMBB、URLLC、mMTC。eMBB 的研究目标是使下行峰值速率为 20Gbps，上行峰值速率为 10Gbit/s，UP 下行时延为 4ms，UP 上行时延为 4ms。URLLC 的低时延目标是使 CP 时延 10ms，UP 下行时延为 0.5ms，UP 上行时延为 0.5ms；URLLC 的可靠性目标是使 32 比特数据包在 UP 时延为 1ms 的传输条件下可靠性可达到 $(1-10^{-5})\%$。mMTC 的研究目标是提供海量机器类型终端的接入业务，终端电池寿命可达到 10 到 15 年，每平方千米的终端连接数可达一百万个以上。

‖ 2.2 5G 技术演进 ‖

在 4G 刚刚启动商用之初，全球主流电信企业和研究机构就开始积极投入到对 5G 的研究。5G 的产生有多个驱动力，包括新的应用场景出现、技术创新、标准竞争、业务驱动、产业升级等。当然，5G 的演进和发展除国家战略和产业竞争的宏观驱动力外，还有技术本身的持续优化和增强。因此，5G 是移动通信技术向着更高、更强的技术指标和系统目标演进的必然结果。5G 采用了 NR 设计，基于 LTE 的 OFDM+MIMO 底层空口技术框架，在技术方案设计上相比 LTE 做了大量技术增强和改进，包括支持更大的频谱范围和载波带宽、灵活的帧结构、多样化的参数集、优化参考信号设计、新型编码、符号级别的资源调度、MIMO 增强、时延降低、覆盖增强、移动性增强、终端节能、信令设计优化、全新的网络架构、业务 QoS（Quality of Service，服务质量）保障增强、网络切片、车联网、IIoT、非授权频谱设计、对多种垂直行业的良好支持等。这些更加先进、合理的技术方案设计使 5G 可以在未来产品开发和商业部署时，真正地满足人与人、人与物、物与物之间的泛在连接和智能互联的 5G 愿景。

2018 年，3GPP 向国际电信联盟（ITU）提交将 LTE-M 和 NB-IoT 作为 5G 时代的候选技术方案，以满足 IMT-2020 中描述的 5G LPWAN 要求。在 2019 年 7 月 ITU-R WP5D#32 会议上，NB-IoT 被正式确认为 5G 时代的技术方案，以满足 mMTC 的技术需求。LTE-M 和 NB-IoT 都是为物联网应用开发的 LPWAN 技术，用于小带宽蜂窝通信的协议，专为需要传输少量数据的物联网设备设计，具有较低成本和较长时间的电池寿命。值得注意的是，LTE-M 和 NB-IoT 都是 4G 技术，最初设计 LTE-M 和 NB-IoT 时确保了它们可以在 LTE 系统内进行带内操作，并且可以共享 LTE 频谱，对于 5G NR 也是如此。在未来，LTE-M 和 NB-IoT 可以在 5G 中进行带内操作或共存，这为 LTE-M 和 NB-IoT 提供了对 5G 的向前兼容性。LTE-M 和 NB-IoT 的出现并非偶然，并且在这之前也有其他的物联网技术方案。LPWAN 的兴起主要是由于物联网的普及，但像 LTE 之类的传统蜂窝网络技术方案通常消耗太多功率。此外，它们不适合不经常传输数据且传输数据量较少的应用，如读取水位、气体消耗或电力使用的仪表等。

LTE-M 和 NB-IoT 的对比如表 2-1 所示。LTE-M 和 NB-IoT 都属于 M2M（Machine to Machine，机器-机器）通信的类别，也称机器类型通信（Machine Type Communication，MTC），但两者应用场景不同。LTE-M 终端复杂度低、功耗低；LTE-M 网络支持大规模的连接密度，并能提供更大的覆盖范围，且业务传输时延低。对于任务关键型的应用，LTE-M 是唯一的选择，它支持需要实时通信的终端，以确保应用满足用户体验要求。LTE-M 支持语音，并且 LTE-M 上行速率和下行速率高达 1Mbit/s，远远超过 NB-IoT。尽管 LTE-M 支持语音，但每个运营商都要决定是否在 LTE-M 中支持语音。在扩展覆盖的情况下，LTE-M 无法支持语音，它仅在标准覆盖区域支持语音。NB-IoT 是为了实现大规模分布式终端的高效通信和延长终端电池寿命的技术。NB-IoT 的特点是支持更大的覆盖范围，支持大量低吞吐量终端、低时延灵敏度、超低终端成本、低终端功耗和优化的网络架构。LTE-M 和 NB-IoT 是满足 5G mMTC 需求的主要技术。LTE-M 和 NB-IoT 标准的持续演进、NR 在空口和核心网的共存能力为保障运营商投资、5G 时代多样性、LPWAN 物联业务的连续性提供了重要技术。

表 2-1　LTE-M 和 NB-IoT 的对比

名称	移动性	传输速率	时延	室内穿透性	续航时间	附加业务
LTE-M	支持移动性	下行速率 1Mbit/s，上行速率 1Mbit/s	低时延（小于 1s）	室内穿透性好	续航时间长	支持 SMS
NB-IoT	支持有限的移动性	下行速率 250Kbit/s，上行速率 230Kbit/s	高时延（小于 10s）	室内穿透性中等	续航时间中等	不支持语音和 SMS

|| 2.3 5G 应用场景 ||

2.3.1 eMBB

eMBB 是在现有移动网络的基础上，继续提高用户体验，特别是对移动带宽，体现在用户身上就是网速的提高。eMBB 对应的是大流量移动宽带业务，主要追求极致的通信体验。它的业务包括随时随地的 3D/超高清视频直播和分享、VR、随时随地云存取、高速移动上网等大流量移动宽带业务，在大带宽、低时延需求上具有一定优势，是三大应用场景最先实现商用的部分。

具体来说，目前 eMBB 业务可细分为两类，分别是热点覆盖通信和广域覆盖通信。热点覆盖通信的特征是在一些用户密集的区域或事件中，往往存在极高的数据吞吐量需求和用户容量需求，而与此同时，该业务下用户对移动性的期望比广域覆盖通信下用户对移动性的期望有所降低。例如，在大型体育赛事中，聚集的观众可能存在极高的数据传输需求。

广域覆盖通信的无缝覆盖及对中高速移动性的支持将是必须考虑的因素，任何用户都不希望业务服务时断时续，当然用户体验率的提高也必不可少，但是相比热点覆盖通信来说，广域覆盖通信下用户体验速率要求可以稍低一些。因为在保证强覆盖、中高速移动性的同时要求极高的数据速率对于移动通信系统的设计、构建、运营来说都将是极大的挑战。eMBB 业务的特点是将上一代移动通信系统的性能进行全面升级，并进一步细分为强覆盖和高数据速率要求，从而有针对性地构建下一代移动通信系统的基本框架。

eMBB 主要在不同场景下，对峰值速率、用户体验速率、能量效益、频谱效率、流量密度等性能指标有不同的要求。高数据速率和流量密度场景的覆盖要求如表 2-2 所示。这些场景景涉及不同的服务领域：城市和农村地区、城市密集区域及特殊部署（如大型集会、广播、住宅和高速车辆）。

表 2-2 高数据速率和流量密度场景的覆盖要求

场景	用户体验速率（下行）	用户体验速率（上行）	流量密度（下行）	流量密度（上行）	用户密度	活跃比例	终端移动速度	覆盖要求
城市宏站	50Mbit/s	25Mbit/s	100(Gbit/s)/km²	50(Gbit/s)/km²	每平方千米 100000 人	20%	行人和车辆用户全网（最高 120km/h）	全网
农村宏站	50Mbit/s	25Mbit/s	1(Gbit/s)/km²	500(Mbit/s)/km²	每平方千米 100 人	20%	行人和车辆用户全网（最高 120km/h）	全网
室内热点	500Mbit/s	15(Tbit/s)/km²	15(Tbit/s)/km²	2(Tbit/s)/km²	每平方千米 250000 人		行人	办公室和住宅

续表

场景	用户体验速率（下行）	用户体验速率（上行）	流量密度（下行）	流量密度（上行）	用户密度	活跃比例	终端移动速度	覆盖要求
人群中的宽带接入	25Mbit/s	50Mbit/s	375(Tbit/s)/km²	75(Tbit/s)/km²	每平方千米 500000 人	30%	行人	密闭区域
城市密集区	300Mbit/s	50Mbit/s	750(Tbit/s)/km²	125(Tbit/s)/km²	每平方千米 25000 人	10%	车内行人和使用者（最高 60km/h）	市中心
类似广播电视服务	最大 200Mbit/s（每个频道）	N/A 或适度（如每个用户 500kbps）	N/A	N/A	一个载波上的 20 Mbit/s 广播频道	N/A	车辆中的固定用户、行人（最高 500km/h）	全网
高速火车	50Mbit/s	25Mbit/s	15Gbit/s	7.5Gbit/s	每辆火车上 1000 人	30%	火车用户（最高 500km/h）	沿铁路
高速车辆	50Mbit/s	25Mbit/s	100(Gbit/s)/km²	50(Gbit/s)/km²	每千米 4 万人	50%	车辆用户（最高 250km/h）	沿道路
飞机	15Mbit/s	7.5Mbit/s	1.2Gbit/s	600Mbit/s	每架飞机上 400 人	20%	飞机上的用户（最高 1000km/h）	全网

由表 2-2 可以看出，3GPP 对于 eMBB 并非采用一刀切的方式来要求其性能指标，而是根据不同的场景使用不同的性能指标。整体而言，eMBB 对性能指标的要求如下。

（1）峰值速率。下行峰值速率为 20Gbit/s，上行峰值速率为 10Gbit/s。

（2）用户体验速率。下行用户体验速率为 100Mbit/s，上行用户体验速率为 50Mbit/s。

（3）频谱效率。下行频谱效率为 30(bit/s)/Hz，上行频谱效率为 10(bit/s)/Hz。

（4）CP 时延。CP 时延为 20ms。

2.3.2　URLLC

URLLC 是 5G 系统（5G System，5GS）的重要支撑部分，主要面向一些特殊部署及应用领域，而这些应用领域对系统的吞吐量、时延、可靠性都有极高的要求。URLLC 的典型应用包括工业生产过程中的无线控制、远程医疗手术、自动车辆驾驶、运输安全保障等，可以看出这些应用中任何差错、时延带来的后果都非常严重，所以相比普通的宽带传输，这些应用将在时延和可靠性方面带来额外的极端性能指标要求。整体服务时延取决于无线接口的时延、5GS 内的传输时延、传输到可能在 5GS 之外的服务器及数据处理时延。其中，无线接口的时延取决于 5GS 本身，而对于其他因素，可以通过 5GS 内的节点连接及 5GS 与 5GS 之外的服务或服务器之间的适当互连来降低影响，如允许本地托管服务。下面介绍一些需要非常低的时延、非常高的可靠性、可用性通信服务的场景。

（1）传统运动控制的特点是通信服务对时延、可靠性和可用性的高要求。支持运动控制的系统通常部署在地理上的有限区域，但也可以部署在更广泛的区域（如城市或全国范围的网络），可接入的用户可能仅限于授权用户，并且该系统可能与其他蜂窝用户使用的网络或网络资源隔离。

（2）分离自动化控制的特点是通信服务对可靠性和可用性的高要求。支持分离自动化控制的系统通常部署在地理上的有限区域，可接入的用户可能仅限于授权用户，并且该系统可能与其他蜂窝用户使用的网络或网络资源隔离。

（3）电力分配的特点是通信服务对可用性的高要求。由于配电是必不可少的基础设施，因此通常由非公共网络为其提供服务。

（4）远程控制的特点是终端可由人或计算机远程操作。例如，远程驾驶使驾驶员或车联网应用能够操作远程车辆而不会使驾驶员置于危险环境中。

URLLC 的主要应用场景包括自动驾驶汽车、工业自动化、交通安全和控制、远程制造、远程培训、远程手术等，要求极低时延和高可靠性。具体要求如下。

（1）用户时延应在 1ms 内。

（2）可靠性。UP 时延在 1ms 内，传送 32 字节数据包的可靠性为 $(1-10^{-5})\%$。

2.3.3 mMTC

mMTC 是一类极具特点的应用场景。它侧重于人与物之间的信息交互，主要应用场景包括车联网、智能物流、智能资产管理等，要求提供多连接的承载通道，以实现万物互联，其标志性应用是以智能水网、环境监测等为代表的大规模物联网部署与应用，它的首要特征是终端规模极其庞大。

mMTC 的主要应用场景是指在对车联网、IIoT 等进行细分后的少量、门槛较高的行业应用，也可以将这些应用统称为物联网应用。与 eMBB 不同，mMTC 追求的不是高数据速率，而是低功耗和低成本。它需要满足每平方千米内 100 万个终端的通信要求，发送较低速率的数据且对传输时延有较低的要求。通过 mMTC，未来所有家庭中的家电、门禁、烟感、各种电子器件都会连接网络，城市管理中的井盖、垃圾桶、交通灯，智能农业中的农业机械，环境监测中的水文、气候，所有通过传感器采集的数据都会连接网络。此外，mMTC 的特点是这些大规模连接的终端所需传输的数据量往往较小，时延敏感性也较弱，同时还要兼顾低成本、低功耗的要求，以满足大规模终端能够实际部署的市场条件。

mMTC 为物联网而生，终端连接密度相比 4G 提升了 10～100 倍，支持每平方千米 100 万个终端的连接，支持的终端连接数量至少为 1000 亿个。mMTC 应用于海量、低功耗、小带宽、低成本和时延要求不高的场景，如智慧路灯、可穿戴设备等。基于此场景，目前运营商积极布局的标准为 NB-IoT 和 eMTC，它们在智能门锁、共享单车上已经开始应用。这 2 项标准是 5G mMTC 的基础，5G 的到来并不会替代这 2 项标准，相反 5G 的实现还要依赖这 2 项标准的演进。mMTC 的固定标准也会以这 2 项标准进行平滑升级。mMTC 主要指标：连接密度为每平方千米 100 万个终端；功耗为广阔地区分布的终端要有 10 年续航能力，电表气表等一般终端要有 2～5 年续航能力。

综上所述，eMBB、URLLC、mMTC 构建了 5G 时代的应用场景。可以看出，eMBB 是 5G 时代的基础通信场景，其在各项 5G 关键性能上都有较高的要求，只是不对超大规模连接数、极端低时延、高可靠性做要求。mMTC 和 URLLC 分别对应 2 类不同特征的特殊通信要求场景，各自强调了大连接数、低时延、高可靠性的要求。在这些应用场景下，5G 具有的基本特点如下。

（1）高速率。相对于 4G，5G 要解决的第 1 个问题就是高速率。只有网络速率得以提高，用户才能有较好的体验与感受，网络才能面对 VR/超高清业务时不受限制，对网络速率要求很高的业务才能被广泛推广和使用。因此，5G 的第 1 个特点就定义了高速率。和每一代移动通信技术一样，人们不能确切地说 5G 的速率到底是多少，因为峰值速率和用户体验速率不一样，且不同技术的不同时期速率也会不同。5G 的基站速率要求不低于 20Gbit/s，当然该速率是指峰值速率，不是用户体验速率。随着新技术的使用，这个速率还有提高的空间。

（2）泛在网。随着业务的发展，网络需要支持具有各种需求的业务，且网络覆盖无处不在，只有这样网络才能支持更加丰富的业务，才能在复杂的场景上使用。泛在网有 2 个层面的含义：广泛覆盖和纵深覆盖。广泛覆盖是指在人们生活的各个地方，网络需要广泛覆盖，以前高山峡谷不一定需要网络覆盖，因为生活的人很少，但是如果能覆盖 5G，就可以大量部署传感器，进行环境、空气质量甚至地貌变化、地震的监测，这就非常有价值。纵深覆盖是指在人们的生活中，虽然已经有网络部署，但是需要对其进行更高品质的深度覆盖。在一定程度上，泛在网比高速率还重要，只是建一个覆盖少数地方、速率很高的网络，并不能保证 5G 的服务与体验，而泛在网才是 5G 服务与体验的一个根本保证。

（3）低功耗。5G 要支持大规模物联网应用，就必须要有功耗的要求。所有物联网产品都需要通信与能源，虽然现在的通信可以通过多种手段实现，但是能源的供应只能靠电池。若物联网产品的通信过程消耗大量的能量，则其很难被用户广泛接受。如果能把功耗降下来，让大部分物联网产品一周充一次电或一个月充一次电，就能大大改善用户体验，促进物联网产品的快速普及。eMTC 基于 LTE 协议演进而来，为了更加适合物与物之间的通信，也为了更低的成本，它对 LTE 协议进行了裁剪和优化。eMTC 基于蜂窝网络进行部署，其终端通过支持 1.4MHz 的射频和基带带宽，可以直接接入现有的 LTE 网络。eMTC 支持的最大上下行峰值速率为 1Mbit/s。而 NB-IoT 构建于蜂窝网络，只消耗大约 180kHz 的带宽，它可直接部署在 GSM 网络、UMTS（Universal Mobile Telecommunications Service，通用移动通信业务）网络或 LTE 网络的频谱资源上，以降低部署成本，实现平滑升级。

（4）低时延。5G 的一个新应用场景是自动驾驶、工业自动化的高可靠连接。对于人与人之间的通信，140ms 的时延是可以接受的，但是如果这个时延用于自动驾驶、工业自动化就令人无法接受了。5G 对于时延的最低要求是 1ms，甚至更低，这就对网络提出了严格的要求。自动驾驶汽车需要中央控制中心和汽车进行互联，车与车之间也应该进行互联。当汽车在高速行驶时，其在 100ms 左右的时间可以行驶几十米。因此，当汽车制动时，需要网络在极短的时延内，把信息传递给行驶中的汽车，使其进行制动与车控反应。自动驾驶飞机更是如此。如果数百架自动驾驶飞机编队飞行，极小的偏差就会导致飞机间的碰撞和事故，这就需要网络在极短的时延内，把信息传递给飞行中的飞机。在工业自动化过程中，如果一个机械臂的操作要做到极精细化，保证工作的高品质与精准性，则需要机械臂在极短的时延内及时地做出反应。这些要求在传统的人与人之间的通信、人与机器之间的通信中都不那么高，因为人的反应是较慢的，机器也不需要那么高的效率与精细化。而无论是自动驾驶汽车、自动驾驶飞机还是工业自动化，都是高速运行的，且需要在高速中保证及时的信息传递和反应，这就对时延提出了极高的要求。要满足低时延的要求，需要在 5G 的网络架构设计中找到各种办法降低时延。边缘计算这样的技术也会被用到 5G 的网络架构设计中。

（5）万物互联。在传统通信中，终端数量是非常有限的。固定电话时代的电话是以人群来定义的。而手机时代的终端数量有了巨大爆发，手机是按个人应用来定义的。到了 5G 时代，终端数量不是按人来定义的，因为每个人可能拥有多个终端，每个家庭也可能拥有多个终端。2018 年，中国移动终端用户已经达到 14 亿人，其中终端以手机为主。而通信业对 5G 的愿景是每平方千米可以支撑 100 万个移动终端。未来接入到网络中的终端，不仅有目前人们用的手机，还有种类繁多的其他设备。可以说，人们生活中每个设备都有可能通过 5G 接入网络。人们的眼镜、手机、衣服、腰带、鞋子都有可能接入网络，成为智能设备。家中的门窗、门锁、空气净化器、新风机、加湿器、空调、冰箱、洗衣机都可能进入智能时代，并通过 5G 接入网络，使人们的家庭成为智慧家庭。而社会生活中以前不可能联网的设备也会进行联网，使设备更加智能。以前汽车、电线杆、垃圾桶这些公共设施的管理非常困难，也很难做到智能化，而 5G 可以让这些公共设施都成为智能设备。

（6）重构安全。虽然重构安全并不是 3GPP 讨论的基本问题，但是它应该成为 5G 的基本特点。传统的互联网要解决的是信息速度、无障碍传输，自由、开放、共享是互联网的基本精神，但是在 5G 基础上建立的是智能互联网。智能互联网不仅要能实现信息传输，还要能建立一个社会和生活的新机制与新体系。智能互联网的基本精神是安全、管理、高效、方便。安全是 5G 之后的智能互联网第一位的要求。假设 5G 建设起来却无法重新构建安全体系，那么其会产生巨大的破坏力。如果人们的自动驾驶系统很容易被攻破，那么可能会出现行驶的汽车被黑客控制、智能健康系统被攻破、大量用户的健康信息被泄露、智慧家庭被攻破，家中安全根本无保障。在 5G 的网络架构设计中，从网络架构设计之初，就应该加入安全机制，信息应该加密，网络并不应该是开放的，对于特殊的服务需要建立专门的安全机制。

‖ 2.4 5G 核心指标 ‖

4G 和 5G 整体性能指标如图 2-2 所示。5G 需要具备比 4G 更高的性能，支持 0.1Gbit/s～1Gbit/s 的用户体验速率，每平方千米一百万个终端的连接密度，毫秒级的端到端时延，每平方千米提供每秒数十太比特的流量密度，每小时 500km 以上的移动性和每秒数十吉比特的峰值速率。其中，用户体验速率、连接密度和时延为 5G 较基本的性能指标。同时，5G 还需要大幅提高网络部署和运营的效率，相比 4G，其频谱效率提高了 5～15 倍，能效和成本效率提高了百倍以上。

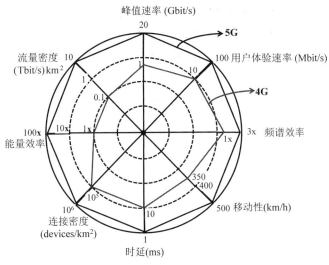

图 2-2　4G 和 5G 整体性能指标

（1）移动性。移动性是历代移动通信技术的重要性能指标，它是指在满足一定系统性能的前提下，终端的最大移动速度。5G 支持飞机、高速公路、城市地铁等超高速移动场景，同时也支持数据采集、工业控制等低速移动或非移动场景。因此，5G 的设计需要支持更广泛的移动性。

（2）峰值速率。峰值速率是指用户可以获得的最大业务速率。相比 4G，5G 将进一步提高峰值速率，可以达到每秒数十吉比特。

（3）用户体验速率。5G 时代将构建以用户为中心的移动生态信息系统，首次将用户体验速率作为性能指标。用户体验速率是指单位时间内用户获得 MAC（Medium Access Control，介质访问控制）层的 UP 数据传输量。在实际网络应用中，用户体验速率受到众多因素的影响，包括网络覆盖环境、网络负荷、用户规模和分布范围、用户位置、业务应用等，一般采用期望平均值和统计方法对其进行评估分析。

（4）时延。采用 OTT（One Trip Time，单向路程时间）或 RTT（Round Trip Time，往返路程时间）来衡量，前者是指数据从发送端到接收端之间的时间间隔，后者是指从发送端传输数据到收到确认的时间间隔。在 4G 时代，网络架构扁平化设计大大提高了系统时延性能。在 5G 时代，车辆通信、工业控制、AR 等业务应用场景，对时延提出了更高的要求，最低空口时延要求达到了 1ms。在网络架构设计中，时延与网络拓扑结构、网络负荷、业务模型、传输资源等因素密切相关。

（5）连接密度。在 5G 时代存在大量物联网应用需求，网络要求具备连接超千亿个终端的能力。连接密度是指单位面积内可以支持的在线终端总和，它是衡量 5G 网络对海量规模终端支持能力的重要指标，一般每平方千米不低于十万个终端。

（6）流量密度。流量密度是指单位面积内的总流量数，它用于衡量移动网络在一定区域范围内的数据传输能力。在 5G 时代，网络需要支持一定局部区域的超高数据传输，网络架构应该支持每平方千米能提供每秒数十太比特的流量密度。在实际网络中，流量密度与多个因素相关，包括网络拓扑结构、用户分布、业务模型等。

（7）能量效率。能量效率是指每消耗单位能量可以传输的数据量。在移动通信系统中，能量消耗主要指基站和移动终端的信息接收与发送所消耗的功率及整个移动通信系统所消耗的功率。在 5G 网络架构设计中，为了降低能量消耗，人们采取了一系列新型接入技术，如低功率基站、D2D（Device-to-Device Communication，设备到设备通信）技术、流量均衡技术、移动中继等。

‖ 2.5　5G 关键技术 ‖

5G 作为新一代的移动通信技术，它的网络架构、网络能力和要求都与过去的移动通信技术有很大不同，大量技术被整合在其中。5G 关键技术主要有核心网和 RAN。

2.5.1　核心网

核心网的关键技术主要包括 NFV（Network Function Virtualization，网络功能虚拟化）、SDN（Software Defined Network，软件定义网络）、网络切片和 MEC（Multi-access Edge Computing，多接入边缘计算）。

（1）NFV。NFV 通过 IT 虚拟化技术将网络功能以虚拟机的形式运行于通用硬件设备或白盒之上，以替代传统专用网络硬件设备，并实现配置的灵活性、可扩展性和移动性。NFV 要虚拟化的网络设备主要包括交换机、路由器、HLR（Home Location Register，归属位置寄存器）、SGSN（服务 GPRS 支持节点）、GGSN（Gateway GPRS Support Node，GPRS 网关支持节点）、RNC（Radio Network Controller，无线网络控制器）、SGW（Serving GateWay，服务网关）、PGW（公用数据网网关）、接入网关、BRAS（Broadband Remote Access Server，宽带远程接入服务器）、运营商级网络地址转换器、DPI（Deep Packet Inspection，深度包检测）、PE 路由器、MME（Mobility Management Entity，移动性管理实体）等。NFV 独立于 SDN，可单独使用或与 SDN 结合使用。

（2）SDN。SDN 是一种将网络基础设施层（也称数据面）与 CP 分离的网络设计方案。网络基础设施层与 CP 通过标准接口连接，如 Openflow（首个用于互连数据和 CP 的开放协议）。SDN 将网络 CP 解耦至通用硬件设备上，并通过软件化集中控制网络资源。CP 通常由 SDN 控制器实现。网络基础设施层通常被认为是交换机，SDN 通过南向 API（Application Programming Interface，应用程序接口）连接 SDN 控制器和网络基础设施层，通过北向 API 连接 SDN 控制器和应用。SDN 可实现集中管理，不仅提高了设计灵活性，还引入了开源工具。

（3）网络切片。5G 网络将面向不同的应用场景，如超高清视频、VR、大规模物联网、车联网等。不同的应用场景对网络的移动性、安全性、时延、可靠性，甚至是计费方式的要求都是不一样的。因此，需要将一个物理网络分成多个虚拟网络，每个虚拟网络面向不同的应用场景要求。虚拟网络间是逻辑独立、互不影响的。只有实现 NFV/SDN 之后，才能实现网络切片。不同的网络切片依靠 NFV 和 SDN 通过共享的物理/虚拟资源池来创建。网络切片还包含 MEC 资源和功能。

（4）MEC。MEC 就是位于网络边缘的、基于云的 IT 计算和存储环境。它使数据存储和计算能力部署于更靠近用户的边缘，从而降低了网络时延，可更好地提供低时延、高宽带应用。MEC 可通过开放生态系统引入新应用，从而帮助运营商提供更丰富的增值服务，如数据分析、定位服务、AR 和数据缓存等。

2.5.2　RAN

为了提高容量、频谱效率和能效，降低时延，以满足 5G 的 KPI（Key Performance Indicator，关键绩效指标），RAN 的关键技术包括 C-RAN（Cloud Radio Access Network，云无线电接入网）、SDR（Software Defined Radio，软件定义无线电）、CR（Cognitive Radio，认知无线电）、小小区、SON（Self-Organizing Network，自组织网络）、D2D、大规模的 MIMO 无线数（Massive MIMO）、毫米波、波形和多址接入技术、带内全双工、载波聚合和双连接技术、低时延技术、LPWAN 技术和卫星通信。

（1）C-RAN。将无线电接入的网络功能软件化为虚拟化功能，并将其部署于标准的云环境中。C-RAN 由集中式 RAN 发展而来，目标是提高设计灵活性和计算可扩展性，提高能效和降低集成成本。在 C-RAN 架构中，室内基带处理单元池的功能是虚拟化的，且集中化、池化部署，RRU（Remote Radio Unit，远端无线单元）与天线分布式部署，RRU 通过前传网络连接室内基带处理单元池。室内基带处理单元池可共享资源、灵活分配与处理来自各个 RRU 的信号。C-RAN 的优势是，可以提高计算效率和能效，易于实现协同多点传输、多 RAT（Radio Access Technology，无线电接入技术）、动态小区配置等更先进的联合优化方案。

（2）SDR。SDR 可实现部分或全部物理层功能在软件中的定义。需要注意 SDR 和软件控制无线电的区别，后者仅指物理层功能由软件控制。在 SDR 中可实现调制、解调、滤波、信道增益和频率选择等一些传统的物理层功能。软件计算可在通用芯片、计算机图形处理器、数字信号处理器、现场可编程门阵列和其他专用处理芯片上完成。

（3）CR。CR 通过了解无线电内部和外部环境的实时状态做出行为决策。SDR 被认为是 CR 的使能技术。CR 包括多种使能技术，如动态频谱接入、SON、CR 抗干扰系统、认知网关、认知路由、实时频谱管理、协作 MIMO 等。

（4）小小区。小小区就是小基站，相较于传统宏基站，小小区的发射功率更低，覆盖范围更小，通常覆盖十米到几百米的范围。小小区可根据覆盖范围的不同分为微蜂窝、微微小区和家庭毫微微小区。小小区的目的是不断补充宏基站的覆盖盲点和容量，以更低的成本提高网络服务质量。由于无线信号频段越高，覆盖范围越小，加之未来多场景下的用户流量需求不断攀升，因此 5G 时代必将部署大量小小区，这些小小区将与宏基站组成超级密集的混合异构网络，为无线网络的干扰管理、频率干扰、无线配置等带来空前的挑战。

（5）SON。SON 是指可自动协调相邻小区、自动配置和自优化的网络，它可以降低网络干扰，提高网络运行效率。SON 的概念早在 3G 时代就提出了。在 5G 时代，SON 是一项至关重要的技术。由于 5G 时代的超级密集的混合异构网络给无线网络的干扰管理、频率干扰、无线配置等带来了空前的挑战，因此无线网络需要 SON 来进行网络干扰管理，但即便是 SON 也难以应对超级密集的混合异构网络，它还需要 CR 来协助。

（6）D2D。D2D 是指数据传输不通过基站，而允许一个终端与另一个终端直接通信。D2D 源于 4G 时代，被称为 LTE 近距离服务技术，是一种基于 3GPP 通信系统的近距离通信技术，主要包括的功能：直连发现，终端能发现周围可以直连的终端；直连通信，与周围的终端进行数据交互。在 4G 时代，D2D 主要应用于公共安全领域。在 5G 时代，由于车联网、自动驾驶、可穿戴设备等物联网应用的大量兴起，D2D 的应用范围必将得到扩展，但会面临安全性和资源分配的公平性挑战。

（7）大规模的 MIMO 无线数。提高无线网络速率的主要办法之一是采用多天线技术，即在基站和终端侧采用多个天线组成 MIMO 系统。MIMO 系统被描述为 $M×N$（单位：层），其中 M 是发射天线的数量，N 是接收天线的数量，如 4×2（单位：层）MIMO。如果 MIMO 系统仅用于提高一个用户的速率，即将使用相同时频资源的多个并行数据流发给同一个用户，这种情况称为单用户 MIMO；如果 MIMO 系统用于提高多个用户的速率，多个终端同时使用相同的时频资源进行数据流传输，这种情况称为多用户 MIMO。多用户 MIMO 可大幅提高频谱效率。多天线可应用于波束赋形技术，即通过调整每个天线的幅度和相位，赋予天线辐射图特定的形状和方向，使无线信号能量集中于更窄的波束上，以实现方向可控，从而扩大覆盖范围和降低干扰。大规模的 MIMO 无线数会采用更大规模的天线。目前 5G 主要采用 64×64（单位：层）MIMO。大规模的 MIMO 无线数可大幅提高无线容量和扩大覆盖范围，但面临信道估计准确性（尤其是高速移动场景）、多终端同步、功耗和信号处理的计算复杂性等挑战。

（8）毫米波。毫米波是指射频频率为 30GHz～300GHz 的无线电波，波长范围为 1mm～10mm。5G 与 2G/3G/4G 最大的区别之一是引入了毫米波。毫米波的缺点是传播损耗大、穿透能力弱，优点是带宽大、速率高，因此其适合小小区、室内、固定无线和回传等场景部署。

（9）波形和多址接入技术。4G 时代采用 OFDM 技术，因为 OFDM 技术具有降低小区间干扰、抗多径干扰、实现复杂度、与多天线 MIMO 技术兼容等优点。但在 5G 时代，由于其定义了 eMBB、mMTC 和 URLLC 应用场景，这些场景不仅要考虑抗多径干扰、与多天线 MIMO 技术的兼容性等问题，还对频谱效率、系统吞吐量、时延、可靠性、可同时接入的终端数量、信令开销、实现复杂度等提出了新的要求。为此，5G 使用了 CP-OFDM（Cyclic Prefix-Orthogonal Frequency Division Multiplexing，循环前缀的正交频分复用）波形并能适配灵活可变的参数集，以灵活支持不同的 SCS（Sub-Carrier Spacing，子载波间隔），复用不同等级和时延的 5G 业务。

（10）带内全双工。不管是 FDD（Frequency Division Duplex，频分双工）还是 TDD（Time Division Duplex，时分双工）都不是全双工，因为它们都不能实现在同一频段中同时发送和接收信号，而带内全双工则可以实现在同一频段中同时发送和接收信号，它与半双工相比可以将数据速率提高 2 倍。不过，带内全双工会带来强大的自干扰，要实现这一技术的关键是消除自干扰。值得一提的是，自干扰消除技术在不断进步，最新的研究和实验结果已经让业界看到了希望。该技术面临的挑战是实现复杂度太大和成本太高。

（11）载波聚合和双连接技术。载波聚合通过组合多个独立的载波信道来提升带宽，以提高数据速率和容量。载波聚合分为带内连续、带内非连续和带间不连续 3 种组合方式，以实现复杂度依次增加。载波聚合已经在 4G LTE 中被采用，并且为 RAN 的关键技术之一。5G 物理层可支持聚合多达 16 个载波，以实现更高速的传输。双连接是指手机在连接态（RRC_CONNECTED 态）下可同时使用至少 2 个不同基站的无线资源（分为主站和从站）。双连接引入了"分流承载"的概念，即在 PDCP（Packet Data Convergence Protocol，分组数据汇聚协议）层将数据分流到 2 个基站，主站 UP 的 PDCP 层负责 PDU（Protocol Data Unit，协议数据单元）编号，主、从站之间的数据分流和聚合等。双连接不同于载波聚合，主要表现在数据分流和聚合所在的层不一样。未来，4G 与 5G 将长期共存，4G RAN 与 5G NR 的双连接、5G NR 与 4G RAN 的双连接、5GC 下的 4G RAN 与 5G NR 的双连接、5G NR 与 5G NR 的双连接等不同的双连接形式将在网络演进中长期存在。

（12）低时延技术。为了满足 URLLC，如自动驾驶、远程控制等应用，低时延技术是 RAN 的关键技术之一。为了降低网络数据包传输时延，5G 主要从无线空口和有线回传方面来实现。在无线空口方面，5G 主要通过缩短可扩展的时间间隔、增强调度算法等来降低空口时延；在有线回传方面，5G 主要通过移动/多路存取的边缘计算部署，使数据和计算更接近用户侧，从而降低网络回传带来的物理时延。

（13）LPWAN 技术。mMTC 是 5G 的一大应用场景，5G 的目标是万物互联。考虑未来物联网终端数量呈指数级增长，LPWAN 技术在 5G 时代至关重要。一些 LPWAN 技术正在广泛应用，如 LTE-M、NB-IoT 等，功耗低、覆盖范围大、成本低和连接数量大是这些技术共有的特点，但这些特点是相互矛盾的。一方面，人们通过降低功耗的办法来延长终端电池的使用寿命。例如，人们让物联网终端传输完数据后就进入休眠状态、缩小覆盖范围来延长电池寿命（最长为 10 年）。另一方面，人们又不得不通过提高数据的传输功率和降低数据速率来扩大覆盖范围。在 4G 时代已定义了 NB-IoT 和 LTE-M 蜂窝物联网技术，NB-IoT 和 LTE-M 将继续从 4G R13、R14 一路演进到 Rel-15、Rel-16、Rel-17，它们属于未来 5G mMTC 的主要技术，是 5G 万物互联的重要组成部分。

（14）卫星通信。卫星通信已被纳入 5G 标准。与 2G/3G/4G 相比，5G 是"网络的网络"，卫星通信将整合到 5G 的网络架构中，以实现由卫星、地面无线和其他电信基础设施组成的无缝互联网络，5G 流量将根据带宽、时延、网络环境和应用需求等在无缝互联的网络中动态流动。

第 3 章

NB-IoT 和 LTE-M

NB-IoT 和 LTE-M 是低速率无线物联网常用的技术，也被称为 LPWAN 技术。

‖ 3.1 标准发展背景介绍 ‖

随着智慧城市、大数据时代的来临，无线通信将实现万物连接。预计未来全球物联网连接数量将是万亿级的。为了满足不同物联网业务需求，根据物联网业务特征和移动通信网络的特点，3GPP 标准组织在 2013 年启动了 LTE 低成本终端（LTE-M）的研究和标准化工作；为了代替已有 2G 物联网应用，2015 年启动了 NB-IoT 的研究和标准化工作，以适应蓬勃发展的物联网业务需求，实现 2G 频谱的复用。

‖ 3.2 业务模型和应用场景 ‖

一些典型 MTC 业务的特点是下行和上行中的小数据包传输。此外，某些应用的特点是上行接入的负载很重，它会基于 TR 37.868 来定义业务模型。

可实现的端到端时延应通过分析/评估确定，且不应低于（E）GPRS 的速率，最好与 LTE 相当。与为"正常 LTE 终端"设计定义的 LTE 小区覆盖范围相比，当覆盖范围提高 20dB 时，允许从触发到响应的时延在异常报告场景中为 5s，在触发报告场景中为 10s。MTC 业务模型如图 3-1 所示。

图 3-1　MTC 业务模型

以下 3 种场景/用例为参考。

（1）基站和 WAN（Wide Area Network，广域网）模块之间的命令与响应模式的通信（触发报告）有 20 字节用于命令（下行）和约 100 字节用于响应（上行），从基站发送命令到基站接收响应的时延为 10s。下行消息和上行消息之间共有 10s 的往返时延，频率为每天至每月，如通电状态消息、消费者消息。

（2）WAN 模块报告的异常。报告（上行）的消息内容大小约为 100 字节，最大传输时延为 3～5s，频率为每天到每月，如仪表警报（篡改、火灾）等。

（3）定期报告或保持活跃需 100 字节（上行），对时延不敏感（如 1h 的容差），频率为每天到每月，如功率、体积（气体）、微发电读数等。

表 3-1 和表 3-2 所示为伦敦和东京智能电表业务的数量模型。表 3-3 所示为典型物联网的业务模型。表 3-4 所示为触发性物联网的业务模型。

表 3-1　伦敦智能电表业务的数量模型

场景用例	每平方千米的家庭/个	基站间距/m	每个家庭的终端/个	每个小区的家庭/个
密集城区	[4275]	[500]	3	[926]
普通城区	[1517]	[1732]	3	[3941]

表 3-2　东京智能电表业务的数量模型

场景用例	每平方千米的家庭/个	基站间距/m	每个家庭的终端/个	每个小区的家庭/个
密集城区	[7916]	[500]	3	[1714]
普通城区	[2316]	[1732]	3	[6017]

表 3-3　典型物联网的业务模型

场景用例	上行业务触发间隔	数据包大小/bit	移动性
无移动性	1min、5 min、30 min、1h	1000、10000（可选）	静止的、步行的（可选，无无缝切换需求）
低移动性	5s（可选的）、10s、30s	1000	车速行驶（无无缝切换需求）

表 3-4　触发性物联网的业务模型

业务模型参数（包括上行和下行）	数据值
业务量大小及分布	256 比特，1000 比特
业务量到达间隔	指数型分布，平均 30s

3.3　关键技术

3.3.1　降成本

降成本主要是降低终端成本，因为终端成本对于物联网中的海量终端来说至关重要，是物联网能否商用和普及的关键。降低终端成本的关键措施如下。

1．降低最大带宽

正常 LTE 终端支持的最大带宽为 20MHz。降低终端成本的一种潜在措施是将终端支持的最大带宽从 20MHz 降低到较小的带宽（如 1.4MHz、3MHz 或 5MHz）。降低带宽主要是降低终端存储缓存成本和处理复杂度成本。最大带宽的降低应用于下行/上行、RF（Radio Frequency，无线电频率）/基带组件、数据/控制信道。

具体措施如下。

（1）下行方式 1：降低射频和基带的带宽。下行方式 2：仅降低数据信道和控制信道的基带带宽。下行方式 3：仅降低数据信道的基带带宽，而控制信道仍然允许使用载波带宽。

（2）上行方式 1：降低射频和基带的带宽。上行方式 2：无带宽降低。

对于上述方式，假定降低带宽的频率位置固定在载波带宽的中心。从技术角度看，下行方式和上行方式的任何组合都是可能降低宽带的。然而，其中一些组合可能更有实际意义，如对于上行方式 2，下行方式 2 比下行方式 1 更适合与其进行组合。

2．减少接收天线数量

取消 LTE 终端拥有 2 根天线和 2 个接收 RF 链的要求可以降低终端成本，这将使得 MTC 终端在 RF 和基带处理方面仅使用单个接收 RF 链，然而 MTC 终端接收机性能的降低，下行覆盖性能和频谱效率将有损失。

3．降低峰值速率

以 LTE CAT1 终端为例，它在在下行支持一个 TTI 内 10296 比特的 TB（Transport Block，传输块），在上行支持 5160 比特的 TB，其中 TB 的比特数受终端类别的特性影响，如在下行仅支持单层传输或在上行不支持 64QAM（Quadrature Amplitude Modulation，正交振幅调制）。目前存在降低峰值速率并降低终端成本的各种措施，并且每种措施都可以产生具有较小 TBS（Transport Block Size，传输块尺寸）和相关特性的新终端类别。降低峰值速率的措施如下。

（1）减少上行和下行的最大 TBS。

（2）限制转让/授予中的 PRB（Physical Resource Block，物理资源块）数量。

（3）限制最大调制顺序。

这些措施降低的终端成本不一定是累积的。另外，降低带宽也是降低峰值速率的一种措施。

4．降低发射功率

降低发射功率或完全移除 MTC 终端的功率放大器极有可能降低终端成本。发射功率的降低不仅会对上行覆盖性能和频谱效率产生不利影响，还会对耗电量和规格产生影响。通过简单地移除 MTC 终端的功率放大器级，终端的输出功率可能会降低到 0～5dBm。功率放大器移除导致的发射功率降低可以通过芯片重新设计，从而提高发射功率来弥补。

5．半双工操作

HD-FDD（Half-Duplex FDD，半双工 FDD）是一种通过简化射频实现降低终端成本的措施。MTC 终端不需要双工器，它使用交换机代替双工器，从而降低终端成本，但其缺点是终端不能同时发送和接收消息。此时，基站仍然使用 FD-FDD（Full Duplex FDD，全双工 FDD）操作，并且基站需要确保 MTC 终端没有调度冲突。这一要求将意味着在调度 MTC 终端的调度决策时，调度器需要考虑数据和控制 2 个方向的业务。需要注意的是，此要求可能会增加调度程序的复杂性。对于全双工终端，不需要这样的调度限制：这会使上下行并发支持更加复杂。当 MTC 终端不在 DRX（不连续接收）的不接收状态时，除了按照网络指示在上行传输或非调度传输（基于竞争的）PRACH（Physical Random Access Channel，物理随机接入信道），它将连续接收下行物理信道。当 MTC 终端从接收转换到发送时，需要切换时间，反之亦然，调度器需要考虑这一点对调度的影响。HD-FDD 也会导致终端的上下行峰值速率降低。

6．传输模式简化

不同终端可以支持的最大空间复用层数、下行 CSI（Channel State Information，信道状态信息）反馈模式不同，也会导致不同终端的实现复杂度不同。因此，低成本 MTC 终端可采用的一种潜在措施是减少可支持的最大空间复用层数和下行 CSI 反馈模式，从而简化 MTC 终端的实现复杂度，如仅支持 1 层传输或者仅支持传输分集模式。

3.3.2　覆盖增强

覆盖增强是指在无线基站数量不变的情况下，提高终端的接入范围，以便达到终端广域覆盖的目的，并降低网络部署成本。本节将介绍用于 LPWAN 的覆盖增强技术。

1．TTI 绑定/HARQ 重传/重复发送/时域扩展码/低速率编码/低阶调制

这些技术可以通过延长传输时间来累积更多能量以提高覆盖性能。例如，扩展 TTI 绑定的子帧数量和支持更大的 HARQ（Hybrid Automatic Repeat-request，混合式自动重传请求）重传对提高覆盖性能是有帮助的。除了 TTI 绑定和 HARQ 重传，人们可以通过重复发送相同或不同的冗余版本号提高覆盖性能，也可以通过时域扩展码提高覆盖性能，还可以通过低速率编码、低阶调制和较短的长度 CRC（Cyclic Redundancy Check，循环冗余校验）提高覆盖性能。

2．功率攀升

基站可以在向终端的下行传输中使用更多的功率，或者将给定级别的功率集中到终端支持的小带宽内（做到功率谱密度增强），进而达到提高覆盖性能的目的。

3．降低需求

考虑到 LPWAN 用户在极端场景下的特性（如较大时延容差），终端可以通过放松某些信道的性能要求以达到提高覆盖性能的目的。例如，对于同步信号，终端可以通过将 PSS（Primary Synchronization Signal，主同步信号）或 SSS（Secondary Synchronization Signal，辅同步信号）多次合并来累积能量，这样做的代价是接入时延延长；对于 RACH（Random Access Channel，随机接入信道），终端可以通过放松基站对于随机接入信号的检测准确率，以达到提高覆盖性能的目的。

4．新信号/信道设计

如果基于现有信号/信道的改进方案不能满足覆盖要求，那么可以设计新信号/信道用来支持更好的覆盖性能。

5．用于改善覆盖的小型蜂窝基站

对于运营商尚未部署小型蜂窝基站的场景，可以使用小型蜂窝基站（如射频拉远头、中继、中继器）部署传统的覆盖改进解决方案为终端提供覆盖增强。在采用小型蜂窝基站的部署中，因为终端到小型蜂窝基站的路径损耗降低，所以这样显著改善了终端覆盖情况。对于运营商已经部署小型蜂窝基站的场景，可以进一步允许时延不敏感终端的上行和下行解耦合。上行可根据最小耦合损耗选择最佳的服务小区。对于下行，由于宏基站和小型蜂窝基站之间的发射功率差别较大（包括天线增益），最佳的服务小区是接收信号功率最大者。这种上行和

下行解耦合对于 LPWAN 终端是可行的，尤其对于没有严格时延要求的终端而言。

3.3.3　寻呼机制增强和接入容量增强

1.寻呼机制增强

在通信系统中，寻呼机制用来通知空闲态（RRC_IDLE 态）终端系统消息的变更及有下行数据到达。寻呼的基本过程如图 3-2 所示。

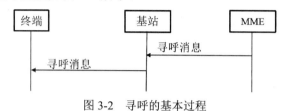

图 3-2　寻呼的基本过程

当核心网需要向用户发送数据时，将通过 MME 经 S1 接口向基站发送寻呼消息。该寻呼消息中包含了用户 ID、TAI（Tracking Area Identity，跟踪区标识）列表等信息。当基站收到该寻呼消息时，它会解读其中的内容以得到用户的 ID、TAI 列表等信息，并在 TAI 列表中的小区内进行寻呼。

随着标准技术的演进，2016 年 4 月发布的 TS36.300 和 TS36.413 协议版本中包含了普通用户寻呼机制和 eMTC 用户寻呼机制。上述寻呼机制也适用于 NB-IoT 用户。

普通用户寻呼机制即 MME 根据基站上报的寻呼辅助消息（基站在终端文本释放时上报寻呼辅助消息给 MME，其中寻呼辅助消息包含终端历史驻留过及相邻的小区列表信息和基站列表信息）中的基站列表信息及预设的优化策略，优化寻呼消息下发范围。在寻呼消息下发时，MME 可以选择对一个或多个基站下发。而寻呼辅助消息中的小区列表信息不会被 MME 处理，它直接伴随寻呼消息被下发给基站，由基站进行处理，它可以用于判断空口寻呼消息下发范围。寻呼辅助消息中的小区列表信息包含小区全局标识符、驻留时间。寻呼辅助消息中的基站列表信息包含基站全局 ID，而家庭基站可能会通过家庭基站网关连接到 MME。因此，MME 需要通过 TAI 列表信息来识别和路由寻呼消息给家庭基站网关。

同时，经过 S1 接口的寻呼消息还包含寻呼尝试次数和计划的寻呼尝试次数信息，还可选包含下次寻呼范围指示信息。对于当前终端的寻呼，寻呼尝试次数在发生一次寻呼消息后会进行累计。而下次寻呼范围指示信息表示 MME 计划在下次寻呼时改变当前寻呼范围。如果终端从 RRC_IDLE 态转变为 RRC_CONNECTED 态，那么寻呼尝试次数会被重置。

而对于 eMTC 用户，其最后的服务小区信息和小区覆盖增强等级（Coverage Enhancement Level，CEL）信息需要通过用户文本释放消息传递给 MME。MME 在寻呼消息中会将上述信息发送给基站用于寻呼优化。同时普通用户寻呼优化中的寻呼消息也适用于 eMTC 用户。

对于 NB-IoT 用户来说，由于 S1 接口引入了用户文本挂起流程，因此基站在传递用户文本挂起消息时也会将 NB-IoT 用户的寻呼辅助消息、最后的服务小区信息和小区覆盖增强等级信息上报给 MME，用于后续的寻呼优化。

另外，对于 NB-IoT，用户寻呼 DRX 信息与 LTE 的 DRX 信息不同。默认 DRX IE 包含在

S1 建立请求消息和基站配置更新消息中，用于指示 NB-IoT 用户默认的寻呼 DRX 参数，取值为 {128, 256, 512, 1024, …}，单位：无线帧。

根据 NB-IoT 的海量连接、小数据包、时延不敏感、待机时间超长（可达 10 年之久）特点，节能是保证其性能的关键，因此引入了 RRC_IDLE 态 eDRX 机制：可为 RRC_IDLE 态终端提供至少一个数量级以上功率节省的策略。

eDRX 中引入了 H-SFN（Hyper-System Frame Number，超系统帧号）。终端首先与 MME 协商获得终端特定 eDRX，利用寻呼 H-SFN 的计算公式得到寻呼消息所在的 H-SFN；再通过 PTW（Paging Time Window，寻呼时间窗口）的计算得到该终端寻呼消息所在的可能 SFN（System Frame Number，系统帧号）区域范围；最后通过计算 PF（Paging Frame，寻呼帧）/PO（Paging Occasion，寻呼时机）获得寻呼消息确切的 SFN 及子帧。NB-IoT 通过 SIB（System Information Block，系统信息块）寻呼广播 H-SFN。H-SFN 和 SFN 的关系如图 3-3 所示。

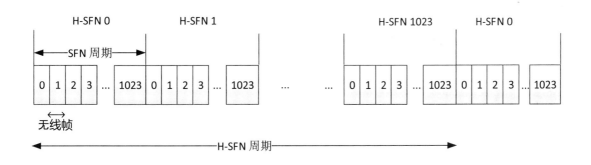

图 3-3　H-SFN 和 SFN 的关系

2. 接入容量增强

在 R13 NB-IoT 中，单频点小区的带宽为 200kHz，该频点除用于 NPSS（Narrowband Primary Synchronization Signal，窄带主同步信号）/SSS、NPBCH（Narrowband Physical Broadcast Channel，窄带物理广播信道）、SIB 传输的开销外，剩余开销用于业务信道传输（该开销大约为单频点小区的 40%），且由于传输的资源较少，因此业务信道的容量很小。为支持海量终端，需要采用多个频点来提高网络容量。为此 R13 NB-IoT 中引入了多载波小区，即多个频点组成一个小区，只有一个频点承载 NPSS/SSS、NPBCH、SIB，其他频点可以分担业务信道。这样，既降低了用于业务信道传输的开销，又减少了异频小区的数量。承载 SIB 的频点被称为锚定载波，其他频点则被称为非锚定载波。终端在 RRC_IDLE 态驻留在锚定载波上，它只能在锚定载波上发起寻呼监听和随机接入。终端进入 RRC_CONNECTED 态时可以被重新配置到非锚定载波上。如果没有进行载波重新配置，那么终端默认驻留在锚定载波上。如果处于 RRC_CONNECTED 态且驻留在非锚定载波的终端要发起随机接入，那么它还需要返回锚定载波（发送 PRACH 前导会触发终端从非锚定载波切换到锚定载波）。

考虑未来更丰富的应用中可能存在大量终端同时发起随机接入或寻呼监听的场景，此时锚定载波有可能成为上行容量瓶颈，由于其有限的容量而导致随机接入或寻呼监听性能变差。因此，R14 NB-IoT 支持为随机接入和寻呼监听配置多个载波，终端可以选择在锚定载波或非锚定载波上发起随机接入或寻呼监听。

1）Multi-PRB 寻呼

对于寻呼监听在非锚定载波上的发起的场景，与物理层有关的标准化内容包括锚定和非锚定 PRB 都能够被选择作为寻呼 PRB，并且终端根据终端 ID（UE_ID）选择 PRB，但是根据 UE_ID 选择 PRB 的公式由网络配置参数确定，通过 SIB-NB 指示一个非锚定载波用于寻呼传输的有效下行子帧。

（1）多载波寻呼权重。R14 支持终端在锚定载波或非锚定载波上发起寻呼监听。上文所述多载波配置同样适用于多载波寻呼功能。而且，NB-IoT 支持在锚定载波和非锚定载波间分担寻呼负荷，即支持通过系统消息为所有载波配置用于寻呼载波选择的权重。终端根据包含权重的寻呼载波选择公式选择监听寻呼的载波。

在寻呼载波选择权重的讨论过程中，人们讨论了绝对权重和相对权重 2 种方案。假设载波 i 的配置权重为 $W(i)$，则载波 i 的绝对权重为 $W(i)/W$，其中 W 为各载波权重之和，即 $W=\sum W(i)$。而载波 i 的相对权重为 $W(i)/W$，其与绝对权重的区别在于 W 是当前载波之前的各载波权重之和。直观上看，相对权重表示的范围更大，而且有些情况下无法用绝对权重表示。例如，若各个载波配置相同的权重，用相对权重就很简单，$W(i)$ 都配置为 1 即可，但是若 $W=16$ 并且用于寻呼的载波个数为 3，将很难为这 3 个载波配置一个合适的绝对权重。另外，对于绝对权重来说，W 应不小于可配置的最大载波个数，并且 $W(i)$ 的范围为 $\{0,1,\cdots,W-1\}$，且 $\sum W(i)=W$。系统可配置的最大载波个数为 16，W 的最小值为 16，这样 $W(i)$ 的最大值为 15，而相对权重没这一限制。总体看来，相对权重比绝对权重在一些情况下还是存在优势的。

（2）寻呼载波选择。基于基站广播的寻呼载波配置，终端利用寻呼载波选择公式选择监听寻呼的载波，并在选择的载波上接收寻呼消息。

在寻呼载波选择公式的定义过程中，首先需要确定 UE_ID 的定义，与传统 LTE 类似，NB-IoT 的 UE_ID 也沿用了 IMSI（International Mobile Subscriber Identity，国际移动用户标志）部分比特的定义，即 UE_ID=IMSI mod 16384。由于 NB-IoT 配置多载波寻呼后，最大可用 PO 个数可以超过 16384，为了保证每个 PO 上均有用户分布，基站实现上需要保证配置的可用 PO 个数不超过 16384，即 nBW≤16384。nB 为网络配置的决定寻呼资源密度的参数，取值范围为 $4T$、$2T$、T、$T/2$、$T/4$、$T/8$、$T/16$、$T/32$、$T/64$、$T/128$ 等。其中，T 为 RRC_IDLE 态终端的 DRX 周期。

寻呼载波选择公式定义如下，终端选择满足该公式的最小的载波序号 n。

$$\text{floor}(\text{UE\_ID}/(NN_s)) \bmod W < W(0) + W(1) + \cdots + W(n)$$

式中，N 取值为 $\min\{T,nB\}$；N_s 取值为 $\max\{1,nB/T\}$。

如果 eDRX =512rf，那么 T=512rf；否则：若核心网通过寻呼消息提供了终端特定 DRX 值，则 T=min{核心网通过寻呼消息提供的终端特定 DRX 值,基站系统消息广播的默认 DRX 值}；如果核心网未通过寻呼消息提供终端特定 DRX 值，那么 T=基站系统消息广播的默认 DRX 值。

2）RRC_IDLE 态驻留载波

在配置多载波寻呼后，RRC_IDLE 态终端可以在 PO 转去非锚定载波时监听寻呼，但其仍然只能在锚定载波驻留并接收系统消息，这会出现终端在载波间频繁跳转的问题，特别是 PO 配置较多时，终端的载波间跳转会更频繁，导致终端功耗增加。RAN2（无线电接入网工作组 2）在对上述问题的讨论中提出了一种可行的优化方案，即允许终端驻留在选定监听寻呼的非锚定载波上，只有当终端收到系统消息更新指示时（可能需要网络侧在非锚定载波上发送系统消息更新指示），终端才暂时跳回锚定载波接收更新后的系统消息。考虑到系统消息更新频率通常比寻呼消息发送频率要低很多，因此这种优化方案可以减少终端在锚定载波和非锚定载波间的跳转。另外，基站在非锚定载波上可以发送 NRS（Narrowband Reference Signal，窄带参考信号），终端驻留在非锚定载波上也可以直接对该载波进行测量，相比终端驻留锚定载波只能通过锚定载波测量结果来估算非锚定载波测量结果而言，该测量结果要更准确，由于时间限制，RAN2 在 R14 阶段未采纳该优化方案。

3.3.4　终端节能

物联网中存在海量终端，终端能量消耗对物联网的运营成本及用户体验至关重要。为此，3GPP 从不同层面引入了多种终端节能技术来降低终端的能量消耗。

1. 网络架构优化与协议栈简化

NB-IoT 和 eMTC 的引入，给传统 LTE/EPC（演进分组核心网）带来了很大的改变。传统 LTE/EPC 设计的主要目的是适应移动互联网的需求，为用户提供大带宽、高响应速度的上网体验。然而 NB-IoT 和 eMTC 针对物联网的应用提出了不同于传统 LTE/EPC 的新需求，主要表现在终端数量众多、终端节能要求高、以收发小数据包为主、数据包可能是非 IP 格式的等。

在现有的 LTE/EPC 流程中，对物联网终端而言，发送单位数量的数据、终端功耗和网络信令开销太高，为此，3GPP 对网络整体架构和流程进行了优化，提出了控制面优化传输方案（CP 优化方案）和用户面优化传输方案（UP 优化方案）。CP 优化方案的基本原理是通过 CP 信令携带数据来实现 IP 或非 IP 数据在终端和网络间的传输。基于该方案，终端和网络可以在 RRC（Radio Resource Control，无线电资源控制）连接建立后，在 SRB（Signaling Radio Bearer，信令无线承载）中携带包含用户数据的 NAS（Non-Access Stratum，非接入层）数据包，无须建立 UP 承载，而仅使用 CP 即可完成用户数据的传输。UP 优化方案的基本原理是引入 RRC 连接挂起和恢复流程。与传统 RRC 连接释放流程不同，在 RRC 连接挂起流程中，终端进入 RRC_IDLE 态后，终端、基站和网络仍然存储终端的重要上下文信息，其可以通过 RRC 连接恢复流程快速重建无线连接和核心网连接，避免了 RRC 连接配置和安全激活等流程，可以大大降低该流程的信令开销，相应地，因为流程简化，终端因发送信令造成的功耗也可以显著降低。

1）网络架构

NB-IoT 和 eMTC 采用的基本网络架构与 LTE 相同。

特别地，考虑到 NB-IoT 应用中会用到特殊的非结构化数据，在 EPC 网络侧，针对非 IP 数据传输，基于 CP 优化方案，3GPP 提出了 2 种非 IP 数据传输方案。一种方案是利用业务能力开放单元，在 MME 和业务能力开放单元间通过 T6 接口来实现非 IP 数据传输。另一种方案是升级 PGW 使其支持非 IP 数据传输，即基于现有 SGi 接口通过隧道来实现非 IP 数据传输。

NB-IoT 的网络架构如图 3-4 所示，其包括 NB-IoT 终端、eNB、HSS（Home Subscriber Server，归属用户服务器）、MME、SGW、PGW。为支持 NB-IoT 专门引入的网元包括业务能

力开放单元、业务能力服务器、第三方应用服务器。其中，业务能力开放单元也经常被称为能力开放平台。

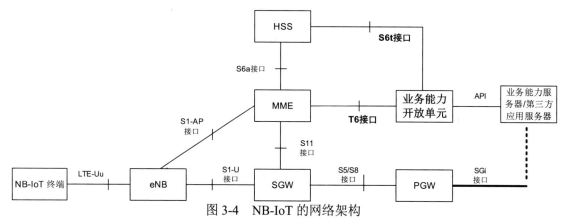

图 3-4　NB-IoT 的网络架构

和传统 4G 网络相比，NB-IoT 主要增加了业务能力开放单元以支持 CP 优化方案和非 IP 数据传输，对应地，引入了新的接口：MME 和业务能力开放单元之间的 T6 接口、HSS 和业务能力开放单元之间的 S6t 接口。

在对实际网络进行部署时，为了减少物理网元的数量，可以将部分核心网网元（如 MME、SGW、PGW）合一部署，称之为 C-SGN（蜂窝物联网服务网关节点），其集成架构如图 3-5 所示。

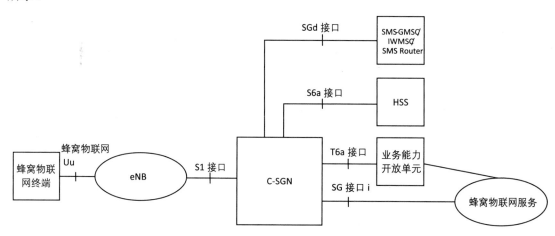

图 3-5　C-SGN 集成架构

C-SGN 的功能可以设计成 EPS（Evolved Packet System，演进分组系统）核心网功能的一个子集。C-SGN 支持的功能如下。

（1）支持小数据传输的 CP 蜂窝物联网优化。

（2）支持小数据传输的 UP 蜂窝物联网优化。

（3）支持小数据传输的必需安全控制流程。

（4）对仅支持 NB-IoT 的终端实现不需要联合附着的 SMS 支持。

（5）支持覆盖优化的寻呼增强。

（6）在 SGi 接口通过隧道支持经由 PGW 的非 IP 数据传输。

（7）提供基于 T6 接口的业务能力开放单元连接，支持经由业务能力开放单元的非 IP 数据传输。

（8）支持附着时不创建 PDN（Public Data Network，公用数据网）连接。

2）CP 优化方案与 UP 优化方案

NB-IoT 和 eMTC 采用的空口 CP 协议栈与 LTE 相同，如图 3-6 所示，它包括 RRC 协议、PDCP、RLC（Radio Link Control，无线链路控制协议）、MAC 及物理层协议，主要负责对无线接口的管理和控制，其中最主要的增强在于支持 CP 优化方案和 UP 优化方案相关流程。

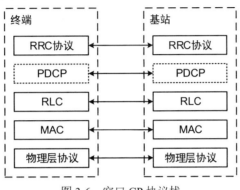

图 3-6　空口 CP 协议栈

针对终端节能和降成本的关键需求，NB-IoT 的空口相比 LTE 做了大量简化，不支持的功能有 RRC_CONNECTED 态切换、闭合用户群和家庭基站、载波聚合、双连接、网络辅助干扰消除和抑制、MBMS（Multimedia Broadcast Multicast Service，多媒体广播组播业务）、实时业务、设备内共存技术、接入网辅助的 WLAN（Wireless Local Area Network，无线局域网）互操作、D2D、最小化路测等。本书对 NB-IoT 空口 CP 和 UP 协议功能的描述将不会涉及这些功能。此外，NB-IoT 和 eMTC 均不支持 RRC_CONNECTED 态的寻呼和系统消息监听。

与 LTE 一样，物联网系统支持 2 个 RRC 状态：RRC_IDLE 态和 RRC_CONNECTED 态，其与 LTE 的不同之处在于，终端和基站间既可以进行连接建立，也可以进行连接恢复，此时终端从 RRC_IDLE 态迁移到 RRC_CONNECTED 态；终端和基站间既可以进行连接释放，也可以进行连接挂起，此时终端从 RRC_CONNECTED 态迁移到 RRC_IDLE 态。RRC_IDLE 态除支持获取系统消息、寻呼监听、发起 RRC 连接建立/恢复及终端控制的移动性等核心功能外，最主要的功能在于支持在终端和基站上保存 AS（Access Stratum，接入层）上下文（仅适用于 UP 优化方案）。NB-IoT 的 RRC_CONNECTED 态对 LTE 的 RRC_CONNECTED 态功能进行了简化，不再支持终端控制的移动性，也不支持寻呼监听。

RRC 连接控制过程首先需要完成接入控制。LTE 的已有接入控制机制是 ACB（Access Control Barring，接入控制限制），当 MTC 业务兴起后，LTE 针对时延不敏感的 MTC 业务引入了专用接入控制机制 EAB（Extended Access Barring，扩展接入限制）。以上接入控制机制（ACB 和 EAB）均针对首发接入的尝试，与之相配合的还有针对接入尝试重传的回退机制。

在引入 NB-IoT 之后，由于 NB-IoT 针对的是时延不敏感的业务，因此 NB-IoT 的接入控制机制充分借鉴了 EAB 并对其进行了简化，且对回退机制进行了扩展。基于对 EAB 简化得到的 NB-IoT 接入控制机制的接入控制参数可以在任意时间修改，且不影响 MIB（Master Information Block，主信息块）中的系统消息更新指示，这样可以避免终端频繁读取包含接入控制参数的系统消息。同时在 MIB 中引入了新的接入控制使能参数，使终端在发起寻呼业务前先读取 MIB，这样可以保证终端能尽快获知小区的接入控制状态。

NB-IoT 和 eMTC 中的 RRC 连接流程与 LTE 类似，主要增强在于支持 CP 优化方案和 UP 优化方案相关流程。其中，对于仅支持 CP 优化方案的物联网终端，将不使用 PDCP；对于同时支持 CP 优化方案和 UP 优化方案的物联网终端，在 AS 安全激活之前不使用 PDCP。为支持 UP 优化方案，RRC 连接管理功能主要增加了对连接恢复和连接挂起的支持。NB-IoT 中支持 3 个 SRB，分别是 SRB0、SRB1 和 SRB1bis，用于传输 RRC 消息和 NAS 消息。NB-IoT 中对信令承载的功能进行了简化，不再支持 SRB2，且为了降低 PDCP 安全功能的封装开销，引入了不包含 PDCP 层的 SRB1bis，SRB1bis 和 SRB1 同时建立，但该承载仅在 AS 安全激活之前使用。

2. 更低功率级别终端支持

在物联网系统中，针对形状受限的小电池（如纽扣电池）的低功耗需求，该系统引入了更低功率级别终端，为此需要网络侧提供发射功率较低且耦合损耗较小的低功率级别终端支持。新引入的低功率级别终端的最大发射功率为 14dBm，且与传统 LTE 的功率级别不同，它的能力按终端来上报，不再区分频带。

低功率级别终端首先要解决的问题是确定覆盖等级。物联网系统中上行物理层重复发送次数按覆盖等级配置，而覆盖等级通过终端测量的 RSRP（Reference Signal Received Power，参考信号接收功率）值与网络配置的覆盖等级判决门限相比较来确定。由于低功率级别终端的上行发射功率相对于普通功率级别终端来说较小，因此在相同上行物理层重复发送次数的情况下，它对应的覆盖范围更小。考虑到现有网络中的覆盖等级判决门限是针对发射功率为 23dBm 的终端配置的，所以对于低功率级别终端有必要将覆盖等级判决门限进行校正，这样可以保证低功率级别终端使用相同的上行物理层重复发送次数。另外，考虑到小区允许的终端最大发射功率（P_{max}）可能比 23dBm 更小，此时可通过终端上行发射功率的覆盖等级判断 RSRP 的门限，校准量确定为 $\min\{0, (14-\min(23, P_{max}))\}$。

对低功率级别终端而言，由于其最大发射功率较小、上行传输能力较弱，它要想达到与普通功率级别终端相同的覆盖范围，需要物理层在上行使用更多的重复发送次数进行补偿，或者如果只能使用与普通功率级别终端相同的上行物理层重复发送次数，那么其覆盖范围会缩小。标准最终规定对于低功率级别终端，可以缩小覆盖范围。现有 RRC_IDLE 态小区选择与重选的适用性判决公式中已经包含了体现终端功率级别信息的 Ppowerclass 参数，会使得低功率级别终端的覆盖范围比普通功率级别终端更小。但考虑到 Ppowerclass 参数取值固定，不方便运维灵活调整，因此标准在此基础上又引入了一个可配置的偏移量 Poffset。

如上文所述，低功率级别终端存在上行和下行不平衡问题，即引入更低功率级别终端，影响的只是终端的上行性能，对下行性能没有任何影响。所以，对于覆盖增强场景，与普通功率级别终端相比，在上行物理层重复发送次数相同的情况下，低功率级别终端的覆盖范围缩小后，其下行物理层重复发送次数更小，换句话说，当低功率级别终端和普通功率级别终端使用相同的覆盖等级配置参数时，对某一覆盖等级，网络配置的下行物理层重复发送次数对低功率级别终端而言就是冗余或存在浪费的。为此，标准制定者曾讨论过优化方案，一种方案是终端可在消息 1 或消息 3 中将其低功率级别特性上报给基站，在基站收到随机接入前缀确定终端的覆盖等级并发现终端是低功率级别终端后，可以适当调整终端的下行覆盖等级，即调低消息 2 或消息 4 的下行物理层重复发送次数，有利于节省网络资源，在消息 1 中上报低功率级别特性的方法通常为将随机接入资源分段，不同类别的终端使用不同的随机接入资源，但该方案较复杂，而且可能影响随机接入资源的利用率，因此该方案未被标准制定者采纳；另一种方案则是在配置多载波寻呼后，让低功率级别终端使用一个专用非锚定载波接入网络以便网络能够尽早识别该类终端，该方案存在的问题是，如果网络中低功率级别终端较少，那么会造成该专用非锚定载波利用率不高及资源浪费。最终标准规定基站在消息 3 之后可以从核心网获取终端能力，避免了通过空口上报终端能力的操作，尽管无法优化消息 2 的下行物理层重复发送次数，但至少可以解决消息 4 下行重复过多的问题。

标准制定者还讨论了低功率级别终端接入原有网络存在的问题。由于原有网络（如 Rel-13 网络）不会针对低功率级别终端优化下行物理层重复发送次数配置，因此低功率级别终端接入原有网络也会存在下行资源浪费的问题。针对该问题的建议有对低功率级别终端只允许在满足较好覆盖的小区驻留门限时才在普通小区驻留，但这样可能会造成覆盖空洞，经过标准制定者讨论，容忍该问题且不引入标准优化。

3．唤醒信号

1）唤醒信号的功能

传统终端需要在每个 PO 中监听 PDCCH（Physical Downlink Control Channel，物理下行控制信道），从而判断是否有其寻呼消息。但由于大多数物联网应用对终端的寻呼不频繁，甚至很稀疏，因此这一过程带来相当大且不必要的终端功耗，为此物联网系统引入了唤醒信号（Wake Up Signal，WUS）。RRC_IDLE 态终端在每个 PO 中监听唤醒信号，若有监听到唤醒信号，则终端继续监听 PDCCH 以便接收寻呼消息，若没有监听到唤醒信号，终端会认为当前 PO 没有针对自己的寻呼消息，则终端不会继续监听 PDCCH。由于监听唤醒信号比监听 PDCCH 的功耗更低（大约是监听 PDCCH 功耗的 1/16），因此这种操作可以达到终端节能的目的。此外，对于配置 eDRX 的终端，可将一个唤醒信号映射到多个 PO，即当终端没有监听到唤醒信号时，在接下来的多个 PO 中都不会监听 PDCCH，进一步达到终端节能的目的。

除唤醒功能外，唤醒信号还提供同步功能。现有同步信号是离散传输的，终端为了获得同步信号需要一直处于接收状态，这就导致终端在获取同步信号时也有较大功耗。如果唤醒信号可以提供同步功能，那么终端在监听到唤醒信号的同时可以基于该信号获得同步信号，从而进一步降低终端功耗。但该功能也有一定问题，即由于唤醒信号的发送取决于寻呼消息的发送频率，当没有寻呼消息发送时，基站不发送唤醒信号，此时终端将无法获得同步信号。为此，标准仅规定对低移动性的终端，可以放松对 RRM（Radio Resource Management，无线资源管理）测量的要求，此时 RRC_IDLE 态终端可以基于唤醒信号获得同步信号。

2）唤醒信号的序列设计

由于接收唤醒信号的终端可能处于 RRC_IDLE 态，也可能处于失同步的状态，因此唤醒信号的序列设计采用类似 NSSS（Narrowband Secondary Synchronization Signal，窄带辅同步信号）的结构，NB-IoT 和 eMTC 的唤醒信号序列设计原则与此类似，此处以 NB-IoT 为例，简要介绍唤醒信号序列设计的细节。

若唤醒信号的实际时长为 M 个子帧，那么在子帧 $0,1,\cdots、M-1$ 上的唤醒信号序列 $w(m)$ 定义为

$$w(m) = \theta_{n_f,n_s}(m') e^{-\frac{j\pi un(n+1)}{131}}$$

其中，$m = 0,1,\cdots,131$，$m' = m+132x$，$n = m \bmod 132$，$u = \left(N_{ID}^{Ncell} \bmod 126\right)+3$，$\theta_{n_f,n_s}(m')$ 的公式如下。

$$\theta_{n_f,n_s}(m') = \begin{cases} 1, & \text{若 } c_{n_f,n_s}(2m')=0 \text{ 和 } c_{n_f,n_s}(2m'+1)=0 \\ -1, & \text{若 } c_{n_f,n_s}(2m')=0 \text{ 和 } c_{n_f,n_s}(2m'+1)=1 \\ j, & \text{若 } c_{n_f,n_s}(2m')=1 \text{ 和 } c_{n_f,n_s}(2m'+1)=0 \\ -j, & \text{若 } c_{n_f,n_s}(2m')=1 \text{ 和 } c_{n_f,n_s}(2m'+1)=1 \end{cases}$$

其中，$c_{n_f,n_s}(i)$ 为扰码序列，它在唤醒信号序列开始处的初始化为

$$c_{init\_WUS} = 2^9 (N_{ID}^{Ncell}+1)\left[\left(10n_{f\_start\_PO}+\frac{n_{s\_start\_PO}}{2}\right)\bmod 2048+1\right]+N_{ID}^{Ncell}$$

其中，$10n_{f\_start\_PO}+n_{s\_start\_PO}/2$ 为唤醒信号对应 PO 的子帧信息，唤醒信号序列中携带对应 PO 子帧信息的目的是解决相邻 PO 对应的唤醒信号时域位置相同或重叠导致的冲突问题。

在带内工作模式下，唤醒信号在子帧内最后 11 个 OFDM 符号上发送，但是对于保护带工作模式和独立工作模式，唤醒信号在子帧内所有 OFDM 符号上发送，最后 11 个 OFDM 符号上唤醒信号的发送和带内工作模式下相同，将第 8、9 和 10 个 OFDM 符号上的唤醒信号复制到前 3 个 OFDM 符号上发送。

唤醒信号发送时机有可能和其他信号/信道发送时机产生冲突。以 NB-IoT 为例，在带内工作模式下，当唤醒信号资源和发送小区参考信号的资源单位发生冲突时，冲突资源上的唤醒信号将被丢弃。当唤醒信号和系统消息（SIB1/其他 3GPP 研究项目）发生冲突时，系统消息上的唤醒信号将被丢弃。当唤醒信号落在不携带 SIB1-NB 的非 NB-IoT 下行子帧上时，唤醒信号推迟发送，这说明对应的子帧不计入最大唤醒信号传输时长和实际唤醒信号传输时长，但这不意味着从实际唤醒信号传输时长结束到第 1 个关联 PO 开始之间的间隔减小了。

3）唤醒信号的配置

为使得终端能够正确解调唤醒信号，基站需要提供唤醒信号的配置，该配置主要包含以下内容。

（1）唤醒信号和 PO 的关系。在 1 个 DRX 周期中，1 个唤醒信号用于通知终端是否需要监听其对应 PO 的 PDCCH。在 1 个 eDRX 周期中，默认的终端配置为唤醒信号与 PO 是 1 对 1 的映射关系，也就是说 1 个唤醒信号用于通知在这个 eDRX 周期中的终端去监听其对应 PO

的 PDCCH。可选的，唤醒信号与 PO 可以是 1 对 N 的映射关系，也就是说 1 个唤醒信号用于通知在这个 eDRX 周期中终端是否需要去监听其对应的 N 个 PO 的 PDCCH，N 是可配的。

（2）唤醒信号传输时长。唤醒信号传输时长配置类似于 PDCCH 搜索空间的配置，即配置最大唤醒信号传输时长和唤醒信号时长候选集。实际唤醒信号传输时长小于最大唤醒信号传输时长。

对于最大唤醒信号传输时长配置，考虑到唤醒信号和 PDCCH 应有相同的覆盖范围而唤醒信号承载的信息比 DCI（Downlink Control Information，下行控制信息）少，因此标准规定了根据寻呼 PDCCH 对应的最大重复发送次数（R_max）和比例因子确定最大唤醒信号传输时长的方案。

引入唤醒信号时长候选集可以降低终端检测复杂度，从 1ms 到最大唤醒信号传输时长，仅要求终端监听 2 的指数倍的唤醒信号时长值。其中，实际唤醒信号传输时长的起始位置和最大唤醒信号传输时长的起始位置是对齐的。

（3）唤醒信号与 PO 间的非零时间间隔。唤醒信号与 PO 间的非零时间间隔也称时间偏移，其定义为唤醒信号的结束位置到 PO 的起始位置之间物理子帧（也称为绝对子帧）的个数。考虑到不同终端解调唤醒信号的能力不同，且解调到唤醒信号后终端从浅睡/深睡中苏醒的时间也可能不相同，故而引入非零时间间隔，保证唤醒信号提前于 PO 发送，使得终端能有足够的时间解调唤醒信号并准备好开始接收 PDCCH。现有非零时间间隔的定义针对不同的 DRX 配置来设置，即针对较长的 DRX 配置，其对应的非零时间间隔也较长，如图 3-7 所示。

图 3-7　WUS 时序关系

4）使用唤醒信号的寻呼过程（网络侧）

在物联网系统引入唤醒信号后，终端需要向 MME 上报对唤醒信号的支持能力。MME 将该能力保存在终端的上下文中。当下行数据到达时，MME 通过 S1AP 给基站发送寻呼消息。MME 将在该寻呼消息中携带终端对唤醒信号支持能力的信息并将其发给基站。基站收到寻呼消息并判断被寻呼终端支持的唤醒信号后，它可在终端监听 PO 前发送唤醒信号。支持唤醒信号的终端如果驻留在支持唤醒信号的小区，只有监控到了唤醒信号，才会在对应的 PO 监控寻呼。

另外，在系统消息更新场景下，如果唤醒信号与 PO 是 1 对 N 的映射关系，需要考虑唤醒信号可能造成的系统消息更新指示发送延迟问题，即如果系统消息更新前刚好存在一个唤醒信号位置（基站因为没有寻呼而未发送唤醒信号），那么在接下来的几个 PO 位置终端都不会监听 PDCCH，即便基站发送包含系统消息更新指示的消息，终端接收也会延迟。为此，解决上述问题的可能方案是将某个 PO 设置为固定的备份 PO，无论之前基站是否发送过唤醒信号，都要在这个 PO 前增加唤醒信号发送，来缓解因错失唤醒信号位置导致的唤醒信号发送延迟问题。但标准制定者讨论认为该问题影响不大，最终没有针对该问题进行标准化改动。

5）唤醒信号及寻呼检测接收（终端侧）

当终端支持唤醒信号，并且通过系统消息获取了小区的唤醒信号配置信息，终端会尝试监听唤醒信号。对于配置了 DRX 的终端，其会在每个 PO 中先监听唤醒信号，如果监听到唤醒信号，那么其会进一步在 PO 中监听 PDCCH 及寻呼消息。对于配置了 eDRX 的终端，其会按照基站配置的唤醒信号与 PO 的映射关系，进行唤醒信号与 PO 监听，具体过程为，以唤醒信号与 PO 的映射关系是 1∶4 为例，如果终端在某个唤醒信号位置未监听到唤醒信号，那么它在接下来的 4 个连续 PO 位置均不监听 PDCCH；如果终端在某个唤醒信号位置监听到唤醒信号，那么它将监听其对应的 4 个连续 PO 位置上的 PDCCH 直至检测到寻呼消息或系统消息更新指示为止。

对于配置了 eDRX 的终端且唤醒信号与 PO 的映射关系大于 1 的场景，如果终端在一个唤醒信号周期内发生小区选择，那么在新小区内，终端将开始监听前一个唤醒信号映射的剩余 PO 直至监听到下一个唤醒信号或 PTW 结束（二者取小），目的是防止终端错过寻呼。

6）组唤醒信号

上述唤醒信号的功能对监听相同 PO 的所有终端都有效，即对于所有监听相同 PO 且支持唤醒信号的终端，如果有一个终端需要被唤醒，那么其他终端都会被基站发送的唤醒信号唤醒，这样就会导致一些终端被误唤醒，从而给这些终端带来不必要的额外功耗。特别是当寻呼频繁和寻呼不频繁的终端混在一起监听相同 PO 时，寻呼频繁终端的唤醒信号对寻呼不频繁终端的影响更不容忽视。为此标准进一步引入了组唤醒信号（Group Wake Up Signal，GWUS），即把监听相同 PO 的终端进行分组，并为每个组配置一个组唤醒信号，即组唤醒信号仅针对监听相同 PO 的一组终端。因为某个组唤醒信号对其他组的终端没有影响，可以有效减少误唤醒。

（1）组唤醒信号间的复用关系。在基本的唤醒信号配置中，为了适配不同终端的处理能力，1 个 PO 至多会发送 3 个具有不同非零时间间隔的唤醒信号。这 3 个唤醒信号与 PO 间的时间间隔不同。组唤醒信号间的复用关系是指对应相同时间间隔的组唤醒信号之间的复用关系。

对于 NB-IoT，组唤醒信号间的复用关系可能是时分复用/码分复用，如图 3-8 所示，其中假设有 2 个组唤醒信号。

（a）组唤醒信号间的时分复用　　　　　（b）组唤醒信号间的码分复用

图 3-8　组唤醒信号间的复用关系

如果组唤醒信号间的复用关系是时分复用，那么组唤醒信号会占用更多的下行资源，对其他下行信道/信号造成阻塞。

如果组唤醒信号间的复用关系是码分复用，当存在多个组的终端需要唤醒时，基站需要发送多个组唤醒信号序列，那么每个序列分到的功率就小，组唤醒信号的性能就会受到影响。为了解决这个问题，单序列码分复用被提出，即基站每次只需要发送 1 个序列，通过不同的序列表示需要唤醒终端的组。单序列码分复用示例 1 如表 3-5 所示。该示例中假设复用关系为码分复用的组有 3 组。

表 3-5　单序列码分复用示例 1

需要唤醒终端的组	组唤醒信号序列
组 1	序列 1
组 2	序列 2
组 3	序列 3
组 1 和组 2	序列 4
组 2 和组 3	序列 5
组 1 和组 3	序列 6
组 1、组 2 和组 3	序列 7

在表 3-5 中，此时无论终端处在哪个组，它都需要检测 3 个组唤醒信号序列，以组 1 为例，终端需要检测序列 1、序列 4 和序列 7。随着组数的增加，终端需要检测的序列个数增加，这会增加终端的检测复杂度。为了不增加终端的检测复杂度，标准规定终端至多检测 2 个序列，即组唤醒信号序列和共同唤醒信号序列。单序列码分复用示例 2 如表 3-6 所示。该示例中终端只需要检测 2 个序列。

表 3-6　单序列码分复用示例 2

需要唤醒终端的组	组唤醒信号序列
组 1	序列 1
组 2	序列 2
组 3	序列 3
其他组合	序列 4

除了考虑组唤醒信号间的复用关系，还需要考虑组唤醒信号和传统唤醒信号（Rel-15 引入的唤醒信号称为传统唤醒信号，下同）间的复用关系。组唤醒信号和传统唤醒信号间的复用关系是时分复用、单序列码分复用和时分复用+单序列码分复用。

组唤醒信号资源的配置决定以上 2 种复用关系。例如，如果只配置了 1 种组唤醒信号资源且这个组唤醒信号资源就是传统唤醒信号所在的资源，那么组唤醒信号间及组唤醒信号和传统唤醒信号间的复用关系都是单序列码分复用；如果只配置了 1 种组唤醒信号资源且这个组唤醒信号资源不是传统唤醒信号所在的资源，那么组唤醒信号间的复用关系是单序列码分复用，组唤醒信号和传统唤醒信号间的复用关系是时分复用。标准中的组唤醒信号资源配置种类如下。

① 1 种组唤醒信号资源，这个组唤醒信号资源和传统唤醒信号资源重叠。

② 1 种组唤醒信号资源，这个组唤醒信号资源立即出现在传统唤醒信号资源之前。

③ 2 种组唤醒信号资源，其中第 1 种组唤醒信号资源和传统唤醒信号资源重叠，第 2 种组唤醒信号资源立即出现在第 1 种组唤醒信号资源之前。

（2）组唤醒信号资源映射。当存在 2 种组唤醒信号资源时，由于它们的时域位置不同，如果终端总是监听位于其中一种组唤醒信号资源上的组唤醒信号，就会导致这类终端功耗和监听位于另一种组唤醒信号资源上的组唤醒信号终端功耗不同，这是因为 2 种终端唤醒的时间不同；如果终端总是在传统唤醒信号资源上监听且配置传统唤醒信号为共有唤醒信号，那么这些终端因为受传统唤醒信号的影响，误唤醒概率总是高于位于另一种组唤醒信号资源上的终端，以上 2 点导致终端间的不公平。所以，引入改变组唤醒信号资源映射方式来解决终端间不公平问题。改变组唤醒信号资源映射方式即在不同的 PO 中将组唤醒信号映射在不同组唤醒信号资源上，具体方式为基于组唤醒信号资源索引和基于组索引。

在基于组唤醒信号资源索引的方式中，如果基于组唤醒信号资源索引改变组唤醒信号资源映射方式，那么组唤醒信号资源上的组数是可变的。假设 PO 为 k 时，组唤醒信号资源 1 上有 2 个组唤醒信号，组唤醒信号资源 2 上有 4 个组唤醒信号，那么组唤醒信号资源映射方式改变后，在 PO 为 $k+1$ 时，组唤醒信号资源 1 上有 4 个组唤醒信号，而组唤醒信号资源 2 上有 2 个组唤醒信号，当组唤醒信号资源 1 为传统唤醒信号资源且配置传统唤醒信号为共有唤醒信号时，组唤醒信号位于不同组唤醒信号资源上时终端被误唤醒的概率不同。

在基于组索引的方式中，如果分组是基于组索引的，那么该方式可以保证在改变组唤醒信号资源映射方式后组唤醒信号资源上的组数不变，但是位于相同组唤醒信号资源上的组数改变。如果分组是基于寻呼概率的，那么该方式会导致不同寻呼概率的组位于相同组唤醒信号资源上。假设 PO 为 k 时，组唤醒信号资源 1 上有 2 个组唤醒信号且对应的寻呼概率比较低，组唤醒信号资源 2 上有 2 个组唤醒信号且对应的寻呼概率比较高，那么改变组唤醒信号资源映射方式后，会导致寻呼概率高和寻呼概率低的组位于相同组唤醒信号资源上，这会影响基于寻呼概率分组的效果。

鉴于以上 2 种方式都无法满足所有场景，所以人们最终采纳的方式为共有唤醒信号不是传统唤醒信号且分组是基于终端索引的，改变组唤醒信号资源映射方式基于组索引，具体公式如下。

$$g = (g_0 + G_{\min} \operatorname{div}(\frac{\text{SFN} + 1024\text{H-SFN}}{T})) \bmod G_{\text{total}}$$

否则基于组唤醒信号资源索引，具体公式如下。

$$m = (m_0 + \operatorname{div}(\frac{\text{SFN} + 1024\text{H-SFN}}{T})) \bmod M$$

其中，T 为基于小区的 DRX 周期；SFN 和 H-SFN 分别为对应 PO 的起始无线帧索引和超帧索引；M 为组唤醒信号资源总数，$m = 0,1,\cdots,M-1$ 为组唤醒信号资源索引，如果 $N_{\text{ID}}^{\text{resource}} = 0$ 的唤醒信号资源也用于组唤醒信号，那么 $m = N_{\text{ID}}^{\text{resource}}$，否则 $m = N_{\text{ID}}^{\text{resource}} - 1$。$g = \{0,1,\cdots,G_{\text{total}}-1\}$ 为组索引；g_0 为初始组索引，G_m 为第 m 种组唤醒信号资源上的组数，$G_{\text{total}} = \sum\limits_{m=0}^{M-1} G_m$，$G_{\min} = \min\{G_0,G_1,\cdots,G_m\}$。

（3）组唤醒信号序列的设计。组唤醒信号序列通过传统唤醒信号加频域偏移量组成。子帧 $x = 0,1,\cdots M-1$ 的组唤醒信号序列 $w(m)$ 的相应公式如下。

$$w(m) = \theta_{n_f,n_s}(m')e^{-j\frac{\pi u n(n+1)}{131}} \cdot e^{j\frac{2\pi g m}{132}}$$
$$m = 0,1,\cdots,131$$
$$m' = m + 132x$$
$$n = m \bmod 132$$
$$u = (N_{\text{ID}}^{\text{cell}} \bmod 126) + 3$$

其中，对于没有配置组唤醒信号的终端，$g=0$；对于配置组唤醒信号的终端，$g = 14(N_{\text{group}}^{\text{WUS}} + 1)$，

$N_{\text{group}}^{\text{WUS}}$ 为组唤醒信号对应的索引。除组唤醒信号外，终端还需要检测共有唤醒信号。共有唤醒信号序列可以是传统唤醒信号序列（$g=0$）或新的序列。现有标准规定除组唤醒信号在发送唤醒信号所在的资源上并且配置发送唤醒信号为共有唤醒信号外，$g=126$。

$\theta_{n_f,n_s}(m')$ 的公式如下。

$$\theta_{n_f,n_s}(m') = \begin{cases} 1, & 若 \quad c_{n_f,n_s}(2m')=0 \quad 和 \quad c_{n_f,n_s}(2m'+1)=0 \\ -1, & 若 \quad c_{n_f,n_s}(2m')=0 \quad 和 \quad c_{n_f,n_s}(2m'+1)=1 \\ j, & 若 \quad c_{n_f,n_s}(2m')=1 \quad 和 \quad c_{n_f,n_s}(2m'+1)=0 \\ -j, & 若 \quad c_{n_f,n_s}(2m')=1 \quad 和 \quad c_{n_f,n_s}(2m'+1)=1 \end{cases}$$

其中，$c_{n_f,n_s}(i)$ 为扰码序列。每个 PO 至多对应 3 种时间间隔：DRX 间隔、eDRX 短间隔和 eDRX 长间隔。每个间隔上最多对应 2 种组唤醒信号资源，这样可能存在前一个间隔上的第 2 种组唤醒信号资源对应的检测窗和后一个间隔上的第 1 种组唤醒信号资源对应的检测窗完全重叠或部分重叠。图 3-9 所示为组唤醒信号示意图。由图 3-9 可知 DRX 间隔上的第 1 种组唤醒信号资源对应的检测窗和 eDRX 短间隔上的第 2 种组唤醒信号资源对应的检测窗完全重叠。

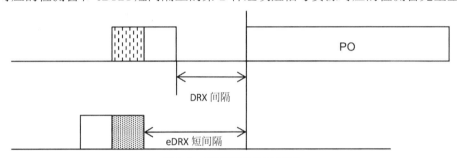

图 3-9　组唤醒信号示意图

如果 2 种资源上的组唤醒信号序列相同，就会导致组唤醒信号的错检，所以将组唤醒信号资源索引信息加入扰码初始化公式中，具体公式如下。

$$c_{\text{init\_WUS}} = 2^9(N_{\text{ID}}^{\text{Ncell}}+1)[(10n_{f\_\text{start\_PO}}+\frac{n_{s\_\text{start\_PO}}}{2})\bmod 2048+1]+N_{\text{ID}}^{\text{Ncell}}+2^{29}N_{\text{ID}}^{\text{resource}}$$

其中，$N_{\text{ID}}^{\text{resource}}$ 为终端所在的组唤醒信号资源索引。对于不支持组唤醒信号的终端，$N_{\text{ID}}^{\text{resource}}=0$，对于支持组唤醒信号的终端，$N_{\text{ID}}^{\text{resource}}$ 的值是由高层确定的。

（4）组唤醒信号的持续时间和传输功率。Rel-15 终端只需要检测传统唤醒信号序列，而 Rel-16 终端可能需要检测 2 个序列。人们经过仿真得出，终端检测 2 个序列相比于只检测 1 个序列的性能差异较小，可以忽略。所以，假设 Rel-16 终端监听组唤醒信号对应的持续时间、传输功率和监听传统唤醒信号对应的持续时间、传输功率相同。

（5）组唤醒信号的分组确定。如上文所述，引入组唤醒信号后，Rel-16 终端需要在其 PO 中监听所属的组唤醒信号组的组唤醒信号。终端确定所属的组唤醒信号组索引的分组方法包括基于 UE_ID、基于寻呼概率、基于 UE_ID 和寻呼概率。

基站广播组唤醒信号资源配置用于确定组唤醒信号分组情况及其对应的组唤醒信号，即组唤醒信号序列信息。当基站收到某个终端的寻呼消息时，它需要确定这个终端所属的组唤醒信号组索引并对其发送对应的组唤醒信号；终端根据基站广播组唤醒信号资源配置及组唤醒信号分组方法确定所属的组唤醒信号组并监听相应的组唤醒信号。

基于 UE_ID 的分组方法是一种均匀的分组方法，通过在基站和终端侧共用一种计算组唤醒信号组索引的计算公式，由终端计算出自己需要监听的组唤醒信号的组唤醒信号组索引。eMTC 与 NB-IoT 使用了相似的终端 sub-group ID 计算公式，其对应公式如下。

$$wg = \mathrm{floor}\left(\mathrm{floor}\left(\frac{UE\_ID}{N \times N_s}\right)/N_n\right) \bmod N_w$$

$$wg = \mathrm{floor}\left(\frac{UE\_ID}{N \times N_s \times W}\right) \bmod N_w$$

其中，$N = \min\{T, nB\}$，$N_s = \max\{1, nB/T\}$，W 为载波权重，N_w 为组唤醒信号的总个数，对于 eMTC，UE_ID = IMSI mod 1024，对于 NB-IoT，UE_ID = IMSI mod 16384。

基于寻呼概率的分组方法则是根据终端的寻呼概率将终端分组的方法，其中寻呼概率为终端在 PO 被寻呼的概率，如果终端被频繁寻呼，那么认为其寻呼概率高，反之其寻呼概率低。寻呼概率取值的表示形式最终由 SA2（业务与系统组 2）确定，一种可能的表示形式是 1%～100%。

在基于 UE_ID 的分组方法中，每个组的终端个数相同或接近，但其存在的问题是寻呼概率高的终端和寻呼概率低的终端可能会被分在同一个组，即它们需要监听同一个唤醒信号，此时寻呼概率高的终端的唤醒信号会使寻呼概率低的终端被频繁误唤醒。而在基于寻呼概率的分组方法中，具有相似寻呼概率的终端会被分在同一个组，这种方法可以有效解决寻呼概率低的终端被寻呼概率高的终端的唤醒信号误唤醒的问题，但它存在的问题是分组可能不均匀，如果具有某个寻呼概率的终端较多，那么会导致其相应的寻呼概率组较大，组内终端彼此之间被误唤醒的可能性就增加了。

基于寻呼概率的分组方法：终端和核心网通过 NAS 消息协商寻呼概率，并通过基站广播的寻呼概率门限值确定寻呼概率的各个分组，核心网下发的寻呼消息中携带终端的寻呼概率，基站根据此寻呼概率及广播的寻呼概率门限值，确定终端所属的组唤醒信号组索引，从而进行组唤醒信号序列的发送；终端根据协商的寻呼概率及基站广播的寻呼概率门限值，确定自己所属的组唤醒信号组索引；对于一部分未协商出寻呼概率的终端，可将它们归于寻呼概率最高的组中。

基于 UE_ID 和寻呼概率的分组方法：先根据终端寻呼概率将其分到对应的寻呼概率组，再对该组中具有相同寻呼概率的终端基于 UE_ID 进行进一步分组。其好处是当某个寻呼概率组中终端数量较多时，可以进一步降低这些终端之间的误唤醒概率。

（6）组唤醒信号的资源配置。当小区仅支持传统唤醒信号时，其在一个寻呼时刻前可以发送 3 种时间间隔的唤醒信号。根据上文描述的组唤醒信号序列设计可知，引入组唤醒信号后，每种时间间隔最多可以对应 2 种组唤醒信号资源。

支持组唤醒信号的终端可以检测 2 个组唤醒信号，即 1 个所属组唤醒信号组的组唤醒信号和 1 个共有唤醒信号。所以，小区还需要向终端指示共有唤醒信号的配置信息。共有唤醒信号可以配置为传统唤醒信号序列或新的组唤醒信号序列，这就隐含要求支持组唤醒信号的终端同时支持传统唤醒信号。

当存在 2 种组唤醒信号资源时，物理层支持动态改变组唤醒信号与组唤醒信号资源间的映射关系，为此高层引入了一个用于改变组唤醒信号资源映射方式的指示。

为支持基于寻呼概率的分组方法，小区需要广播各寻呼概率属于哪个寻呼概率组的门限值列表，N 个门限值对应 $N+1$ 个寻呼概率组。该门限值列表没有对不同时间间隔组唤醒信号单独配置，意味着它对不同时间间隔组唤醒信号都有相同的配置。

上述参数可以视为组唤醒信号配置的公共配置参数。此外基站还会提供针对不同时间间隔的组唤醒信号资源配置。在针对不同时间间隔的组唤醒信号资源配置中，主要包含以下信息。

① 资源数目及每种资源下的组数目信息。该参数可配置 1 种或 2 种组唤醒信号资源，并配置每种资源下组唤醒信号的总组数，该总组数只能配置为 1、2、4、8 的有限取值，这意味着 Rel-16 的组唤醒信号只能配置 2 种资源及最多 16 个组唤醒信号组。

② 资源位置信息。为简单起见，高层配置引入了一定限制，只需要指示组唤醒信号资源中第 1 种资源的具体时域位置。Rel-16 的组唤醒信号资源在时域上要么与 Rel-15 的唤醒信号资源共用一个位置，要么与 Rel-15 的唤醒信号资源位置相邻。具体地，Rel-16 的组唤醒信号资源位置取值为 primary 表示该资源的结束位置位于由对应时间间隔的时间偏移量确定的位置；取值为 secondary 表示该资源的结束位置位于由 wus-Config-r15 指示的 Rel-15 的唤醒信号资源位置之前。当小区仅配置了 1 种 Rel-16 的组唤醒信号资源且 Rel-15 的唤醒信号资源存在时，Rel-16 的组唤醒信号资源位置可以取值为 secondary，隐含地，当小区仅配置了 1 种 Rel-16 的组唤醒信号资源且 Rel-15 的唤醒信号资源不存在时，Rel-16 的组唤醒信号资源位置固定取值为 primary。此外，如果小区配置了 2 种 Rel-16 的组唤醒信号资源，那么第 2 种 Rel-16 的组唤醒信号资源位置取值为 secondary。

③ 每个寻呼概率组配置的参数。该参数为每个寻呼概率组下的组唤醒信号组数。当某个寻呼概率组内的组唤醒信号组数大于 1，则意味着存在两级分组。各个寻呼概率组内的组唤醒信号组数之和若小于所有资源下的总组数，则差值部分用于基于 UE_ID 的分组。

4．MO-EDT

Rel-15 立项目标提出在随机接入过程中传输上下行数据。在标准制定的讨论之初，部分公司分析了通过 Msg1/Msg3 传输上行数据、Msg2/Msg4 传输下行数据的可行性。分析结果显示通过 Msg1 传输上行数据的复杂度高。为此标准制定者决定 Rel-15 立项仅支持通过 Msg3/Msg4 传输上下行数据，即 EDT（Early Data Transmission，提前数据传输）功能，并且所有的覆盖增强等级都支持 EDT 功能。

1）MO-EDT 基本流程

在标准制定的讨论过程中，有一些公司提出通过 Msg3 来提前传输数据，不需要终端转移到 RRC_CONNECTED 态，由此可以节省相关信令流程而带来增益。

另一些公司则更倾向于使用传统流程，或者至少优先考虑将终端转移到 RRC_CONNECTED 态，之后进行进一步增强释放流程。这些公司认为在多数典型物联网应用中，终端会有多个数据包需要发送或存在潜在的下行数据（如应用层对上行数据的确认），如果让终端在执行 EDT 后维持在 RRC_IDLE 态，可能会出现终端再次发起连接建立、恢复或被寻呼的情形。支持终端维持在 RRC_IDLE 态的公司则认为在多数场景下，即便终端有多个数据包需要发送，但其每次只发送 1 个数据包，且 2 次数据包的发送时间间隔较长，而 EDT 方案可以让终端在 RRC_IDLE 态连续收发一段时间数据包，这样是可以获得降低信令交互增益的。终端可以根据一些信息比较准确地决定只在需要发送单个或少量数据包时才触发 EDT 流程，基站也可以根据来自终端或网络侧的信息来决定是将终端维持在 RRC_IDLE 态，还是将终端转移到 RRC_CONNECTED 态。对于终端只期待一个下行数据的场景，考虑到 NB-IoT/eMTC 大多具有时延不敏感的特点，可以让基站适当等待一段时间，等收到下行确认后再将数据和 Msg4 一起传输出去，并将终端维持在 RRC_IDLE 态，这样既可以获得 EDT 节省信令及降低终端功耗的增益，也可以在一定程度上降低终端被随后寻呼的可能性。最终标准规定当终端满足一定条件时才可以触发 EDT 流程，基站也可以通过发送不同的 Msg4 来控制将终端转移到 RRC_CONNECTED 态或维持在 RRC_IDLE 态。

为了减少 EDT 流程对高层的影响，NAS 可以认为终端短暂地进入 RRC_CONNECTED 态随后又进入 RRC_IDLE 态，即 EDT 功能对 NAS 透明。从核心网来看，也可以认为基站和 MME 之间仍然需要执行 S1 接口（终端上下文）的建立/释放或恢复/挂起。

在标准制定的讨论过程中，标准制定者关于如何在 Msg3、Msg4 中携带数据，以及是定义新的 Msg3/Msg4 还是对现有 Msg3/Msg4 进行扩展有过一些讨论并很快达成了一致。为协议清楚起见，对 CP 优化方案，标准制定者为 EDT 功能引入新的 RRCEarlyDataRequest（Msg3）/RRCEarlyDataComplete（Msg4）消息，上行数据放于 NAS 消息中，并内置于上行 RRCEarlyDataRequest 消息中发送给基站。如果基站很快收到下行数据（如应用层对上行数据的确认），它可将其放于 NAS 消息中，并内置于下行 RRCEarlyDataComplete 消息中发送给终端，让终端维持在 RRC_IDLE 态。对 UP 优化方案，在基本 EDT 流程中使用现有的 RRCConnectionResumeRequest（Msg3）/RRCConnectionRelease（Msg4）消息，上行数据放于 DTCH（Dedicated Traffic Channel，专用业务信道）中，与 CCCH（Common Control Channel，公共控制信道）上传输的 RRCConnectionResumeRequest 消息复用在一起；下行数据放于 DTCH 中，与 DCCH 上传输的 RRCConnectionRelease 消息复用在一起。终端收到 RRCConnectionRelease 消息后进入 RRC_IDLE 态。基站也可以在 Msg4 中发送 RRCConnectionSetup/RRCConnectionResume 消息为终端建立或连接恢复并将终端转移到 RRC_CONNECTED 态。

对 UP 优化方案来说，由于数据需要放在 DRB（Data Radio Bearer，数据无线承载）中，与 RRC 消息在 MAC 层复用后一起发送，且数据有较高的安全要求，因此与传统 UP 优化方案的 RRC 连接恢复流程不同，终端需要在发送 Msg3 之前就恢复终端上下文，重激活 AS 安全并恢复所有 SRB/DRB。基站收到新的 Msg3 之后，也需要先获取终端上下文并恢复所有 SRB/DRB，然后由 RLC/PDCP 对其做进一步的处理。需要指出的是，由于基站的 MAC 层在进行解复用时，尚未恢复终端上下文，因此其无法知道专用逻辑信道配置，可能无法处理 DTCH 中的 MAC PDU。基站的 MAC 层需要先解出 CCCH 上的 RRC 消息并将其发送给高层，由高层获取终端的 ResumeID 并恢复终端上下文，然后它才能根据这些信息解析 DTCH 中的 MAC PDU。

基于上述结论，Rel-15 对 EDT 功能的定义为，当高层请求建立或恢复 RRC 连接以便发起起呼数据业务（非信令或 SMS 业务），且上行数据包大小小于或等于系统消息中指示的 TB 包大小时，终端可在随机接入过程中执行一次上行数据传输，且可选地跟随一次下行数据传输。

（1）用于 CP 优化方案的 EDT 功能具有如下特征。

① 上行数据放于 NAS 消息中，并内置于上行 RRCEarlyDataRequest 消息中，在 CCCH 上传输。

② 下行数据放于 NAS 消息中，并内置于下行 RRCEarlyDataComplete 消息中，在 CCCH 上传输。

③ 终端无须转移到 RRC_CONNECTED 态。

（2）用于 UP 优化方案的 EDT 功能具有如下特征。

① 在上次 RRC 连接中，终端已经通过携带上下文挂起指示的 RRCConnectionRelease 消息获得 NextHopChainingCount 参数。

② 上行数据放于 DTCH 中，与 CCCH 上传输的 RRCConnectionResumeRequest 消息复用在一起发送。

③ 下行数据放于 DTCH 中，与 DCCH 上传输的 RRCConnectionRelease 消息复用在一起发送。

④ 重用 shortResumeMAC-I 作为认证令牌保护 RRCConnectionResumeRequest 消息，该 shortResumeMAC-I 通过在上次 RRC 连接中提供的保护密钥来获取。

⑤ 上下行数据都被加密，密钥通过在上次 RRC 连接的 RRCConnectionRelease 消息中提供的 NextHopChainingCount 参数获取。

⑥ 基站和终端间使用新获取的密钥对 RRCConnectionRelease 消息进行完整性保护和加密。

⑦ 终端无须转移到 RRC_CONNECTED 态。

2）MO-EDT 的关键技术

（1）NPRACH 资源分段。在 EDT 功能中，终端需要通过某种机制向网络指示其需要通过 Msg3 传输上行数据，以便基站能够为其分配合适的上行授权。既然 Msg3 是随机接入过程中的第 2 条上行消息，就可以考虑使用 Msg1 来显式或隐式地提供这个指示，如使用 NPRACH（Narrowband Physical Random Access Channel，窄带物理随机接入信道）资源分段方式。

显然，如果在现有资源上划分出一段资源给支持 EDT 的终端专用，那么可以认为不支持 EDT 的终端可用的 NPRACH 资源减少，可能导致冲突增加。另外，现有 NPRACH 资源已经做了多个分段用于多种区分目的，如用时频域的 NPRACH 资源区分不同覆盖等级、用频域的 NPRACH 资源区分使用单频域或多频域方式传输 Msg3。频域的 NPRACH 资源已经很有限，可能不适合再进一步划分给支持 EDT 的终端专用。可以考虑对时域资源进行进一步划分，但这样会造成时延，或者也可以分配单独的载波用于支持 EDT 的终端。不过无论哪种方式，如果小区中支持或使用 EDT 的终端很少，那么针对 EDT 功能划分专用或预留 NPRACH 资源会在一定程度上造成资源浪费。

为此有公司提出一种双授权的方案，即终端无须通过 Msg1 向基站指示，新旧版本的终端使用相同的 NPRACH 资源，基站在 Msg2 中向所有终端提供至少 2 种上行资源授权，如常规上行资源授权、额外的、更大的上行资源授权。其中，常规上行资源授权包含在 RAR（Random Access Response，随机接入响应）中，额外的、更大的上行资源授权可能放在 MAC PDU 中原来填充的位置。支持 EDT 的终端可以使用较大的上行资源授权发送包含数据的 Msg3，基站盲检不同大小的 Msg3。该方案的主要问题在于会导致 MAC PDU 中包含的 RAR 数量减少，进而导致终端接收 Msg2 延迟甚至超时，在随机接入数量较大时，可能进一步加剧终端间随机接入资源使用的冲突。

标准规定为 EDT 划分专用的 NPRACH 资源（preamble/time/frequency/carrier domain），终端使用该专用资源来指示其请求支持 EDT。

（2）EDT 触发。基于 NPRACH 资源分段方式，Rel-15 只支持一种有效载荷格式的 EDT 请求。该格式由基站限定。基站广播针对 EDT 并按覆盖等级来配置最大的 TBS。终端需要基于所处的覆盖等级将其传输数据与基站按覆盖等级配置的最大 TBS 进行比较，只有在待传输数据小于最大 TBS 时，终端才可以通过 Msg1 发起 EDT 请求。

（3）Msg3 比特填充问题。在现有标准中，当终端刚接入 Msg3 时，其至少要传递 NAS UE_ID，但不传递 NAS 消息。基站在 RAR 中不应提供小于 88 比特的上行资源授权。MAC 子层根据 RLC 子层传输到 CCCH 上的数据构造 Msg3 PDU，并存储于单独的 Msg3 缓存（相比上行缓存有更高优先级）中。MAC 实体从 Msg3 缓存中取得 MAC PDU 并指示物理层根据收到的上行资源授权发送 Msg3。Msg3 和 Msg4 使用 MAC 层 HARQ 机制。终端会在没有收到来自基站响应时执行消息重传。一旦终端发送 Msg3，它会启动 mac-ContentionResolutionTimer 定时器，并监听 NPDCCH 等待接收 Msg4 或用于 Msg3 重传的上行资源授权。如果终端在定时器超时时未收到 Msg4，会导致冲突解决失败，终端 MAC 层会重新尝试随机接入。如果终端收到 Msg4 但冲突解决失败，终端 MAC 层也会重新尝试随机接入。注意：在连续的随机接入尝试中，终端会从 Msg3 缓存中取得 Msg3 PDU 而不会重新生成新的 Msg3 PDU。如果存在需要重传 Msg3 的情况，基站会通过(N)PDCCH 给终端发送新的上行资源授权，而不会发送 Msg4（此时定时器尚未超时），并且终端仍然从 Msg3 缓存中取得 Msg3 PDU，以及使用新提供的上行资源授权来发送该 Msg3 PDU。

比特填充问题是在终端根据其收到的上行资源授权构造/重构造包含 Msg3 的 MAC PDU 时产生的，比特填充由 MAC 子层来做。由于在 EDT 中，Msg3 的 MAC PDU 可能大于或小于基站提供的上行资源授权，因此会存在以下几种可能需要比特填充的情况，且这些情况在 CP 或 UP 优化方案中都有可能出现。

① 上行资源授权大于容纳所有待传输上行数据所需要的大小（上行资源授权 > 上行数据），此时会因为需要比特填充而造成上行资源浪费。例如，基站分配了 1000 比特用于传输 Msg3 的上行资源授权，但实际终端只有 100 比特待传输数据（因为没有细化的 NPRACH 资源分段方式使终端向基站更准确地指示待传输数据大小），即便加上无线传输实体的头开销（如 PDCP PDU 头、RLC 头、MAC 头），其待传输数据大小仍然远小于上行资源授权，MAC 层会添加大量比特填充。由此导致更长的传输时间、更大的功耗和传输时延，耗费更多系统资源，当终端处于深度覆盖场景时需要多次重复传输，会使得上述情况导致的后果更严重。

② 如果 Msg2 中收到的上行资源授权不足以容纳已包含数据的 Msg3 PDU（常规资源授权<上行资源授权<上行数据），此时终端可能需要退回原来的流程，即发送常规 Msg3，但上行资源授权又可能比常规 Msg3 要大（甚至大很多），因此也需要进行比特填充，导致不必要的资源浪费。

③ 终端还有可能收到大于或小于 Msg3 缓存中 Msg3 PDU 的重传上行资源授权。

在上述讨论过程中，多数公司认为情况①是允许存在的，因为此时终端可以使用 EDT 来传输数据，仍然可以获得使用 EDT 的增益。但是对于情况②，多数公司认为这是不允许存在的，因为此时终端不仅不能使用 EDT 来传输数据，还会在传输常规 Msg3 时添加比特填充，从而造成终端功耗和系统资源浪费。对于情况③，多数公司认为基站应该为重传分配与首传相同的上行资源授权，不需要额外考虑解决方案。

为解决情况①的问题，有人认为基站广播的每个覆盖等级的最大 TBS 就是基站能够保证为请求使用 EDT 的终端提供的 TBS。例如，基站广播 CEL_0 的最大 TBS 为 800 比特，如果终端处于 CEL_0，且待传输的 Msg3 小于或等于 800 比特，终端可以通过 Msg1 发起 EDT 请求，那么基站必须通过 Msg2 为终端提供 800 比特的上行资源授权。如果基站无法为终端提供 800 比特的上行资源授权，那么其只能提供用于传输常规 Msg3 的 TBS，如 88 比特的上行资源授权。采用这种方案，情况②也可以避免。但另有人认为，从基站角度来看，应允许基站根据自己的资源情况进行分配，即允许基站分配介于常规 Msg3 和基站广播的每个覆盖等级的最大 TBS 之间的上行资源授权，这样在终端待传输数据较小时（可能对应大部分场景），仍然有机会使用 EDT。如果每个覆盖等级的最大 TBS 为该覆盖等级配置 TBS 的上限，那在网络资源不足时，基站很可能对所有 EDT 请求都只分配常规 Msg3 对应的上行资源授权，或者基站会倾向于将广播的每个覆盖等级的最大 TBS 设置得比较小，这样会限制终端发起 EDT 请求的场景。无论哪种方式，都会导致 EDT 使用的可能性降低。由此标准规定每个覆盖等级的最大 TBS 就是基站能够保证为请求使用 EDT 的终端提供的 TBS。

对于情况①，解决方案应该是尽量减少 Msg3 中不必要的比特填充。物理层协议支持为每个最大 TBS（同时也是基站支持 EDT 请求时应该分配的上行资源授权）定义多个子格式，终端可以选择一个比特填充最小的 TBS 格式，此时基站需要对终端采用的较小 TBS 进行盲检。

（4）Msg3 分段。根据上述 EDT 触发条件可知，终端需要根据基站广播针对每个覆盖等级的最大 TBS 来决定是否可以发起 EDT 请求。由于标准已经确定不支持通过 NPRACH 资源分段方式来指示不同的待传输数据大小，支持 Msg3 传输数据就需要支持基站传输的上行资源授权小于终端实际待传输数据大小的情况，直接的处理方式是支持 Msg3 分段。标准制定讨论中提到如下 2 种方式。

① 终端仅通过 Msg3 传输一部分用户数据，同时向基站指示还有其他数据待传输。基站可以将终端转移到 RRC_CONNECTED 态继续传输剩余数据。

② 基站仍然可以将终端维持在 RRC_IDLE 态，并和终端持续使用 C-RNTI（Cell-Radio Network Temporary Identifier，小区无线网络临时标识符）一段时间。终端仍然监听 CSS（Common Search Space，公共搜索空间）来获取对剩余上行数据的上行资源授权并传输上行数据。

标准制定者讨论认为，首先，用 EDT 传输大数据，或者如果终端仍然需要转移到 RRC_CONNECTED 态，EDT 能带来的减少连接释放、减少 RRC_CONNECTED 态监听控制信道的增益就降低了；其次，NAS PDU 通常较小，需要分段的场景很少；再次，CP 优化的数据包含在 CCCH 的 RRC 消息中，使用 SRB0 传输，SRB0 采用 RLC 透明模式，支持分段比较困难。最终 RAN2 决定对 CP 优化不支持 Msg3 分段；对 UP 优化，由于数据由放在 DTCH 的 MAC PDU 传输，通过 RLC 确认模式支持分段是可行的。但仍有人对上述决定存在质疑，由于基站在收到 Msg3 之前无法区分使用 CP 优化和 UP 优化的终端，那么它会因为存在支持分段的终端而倾向于在 Msg2 中分配较小的上行资源授权，从而导致使用 CP 优化的终端回退到使用普通连接建立流程的可能性增加，也会使 EDT 增益受影响。基于上述考虑，部分公司建议不考虑 UP 优化分段方案。

随着进一步明确基站广播的按覆盖等级配置的最大 TBS 是保证 TBS，只要终端按照规定预置条件触发 EDT，就不会存在终端收到的上行资源授权大于常规值又小于待传输数据大小的情况，因此对 Msg3 进行分段的需求又降低了。尽管也有公司提到还需要考虑构造 Msg3 之后又有新数据到达的情况，但人们还是决定对 UP 优化不支持上行数据分段，相应地，终端在 Msg3 EDT 携带的数据和功率余量报告中需要设置数据量的值为 0。

（5）Msg3 的上行授权。如上所述，物理层允许终端使用与最大 TBS 相对应的任意 TB 值，基站可以进行盲检。为了降低基站盲检复杂度，物理层为每个覆盖等级的 edt-TBS 定义了可用于有限个数的更小 TBS。

以 NB-IoT 为例，高层通过信令 edt-SmallTBS-Enabled 来指示是否允许使用小于最大 TBS 值的其他 TBS 值，具体流程如下。

① 当 edt-SmallTBS-Enabled 配置为 False 时，允许的 TBS 值只可以配置最大 TBS 值。

② 当 edt-SmallTBS-Enabled 配置为 True 时，允许的 TBS 值可以使用小于最大 TBS 值的其他 TBS 值，并且当 edt-SmallTBS-Subset 配置为 True 时，允许的 TBS 值为 2 个（其中包括 1 个最大 TBS 值）；当 edt-SmallTBS-Subset 配置为 False 时，允许的 TBS 值最多为 4 个（其中包括 1 个最大 TBS 值）。支持 Msg3 EDT 的 TBS 如表 3-7 所示。

表 3-7　支持 Msg3 EDT 的 TBS

edt-TBS	edt-SmallTBS-Subset	允许的 TBS 值
408	未配置	328、408
504	未配置	328、408、504
504	使能	408、504
584	未配置	328、408、504、584
584	使能	408、584
680	未配置	328、456、584、680
680	使能	456、680
808	未配置	328、504、680、808
808	使能	504、808
936	未配置	328、504、712、936
936	使能	504、936
1000	未配置	328、536、776、1000
1000	使能	536、1000

Rel-15 对 3 比特 MCS（Modulation and Coding Scheme，调制与编码方案）做了重新定义。在 Rel-13 NB-IoT 中，Msg3 的 MCS 和 TBS 的关系如表 3-8 所示。

表 3-8　Msg3 的 MCS 和 TBS 的关系

I_{MCS}	调制方式（I_{sc}=0,1,…,11）3.75kHz 或 15kHz 的 SCS	调制方式（I_{sc}＞11）15kHz 的 SCS	N_{RU}	TBS 值
'000'	pi/2 BPSK	QPSK	4	88
'001'	pi/4 QPSK	QPSK	3	88
'010'	pi/4 QPSK	QPSK	1	88
'011'~'111'	保留			

Rel-15 Msg3 EDT 利用了 I_{MCS} 中保留的 MCS 状态。对于 I_{MCS} = '011'~'111'，Msg3 EDT 的 MCS 和调制方式的关系如表 3-9 所示。Msg3 EDT 的 N_{RU} 和 TBS 的关系如表 3-10 所示。

表 3-9　Msg3 EDT 的 MCS 和调制方式的关系

I_{MCS}	调制方式　（I_{sc}=0,1,…,11）3.75kHz 或 15kHz 的 SCS	调制方式（I_{sc}＞11）15kHz 的 SCS
'011'	pi/4 QPSK	QPSK
'100'	pi/4 QPSK	QPSK
'101'	pi/4 QPSK	QPSK
'110'	pi/4 QPSK	QPSK
'111'	pi/4 QPSK	QPSK

表 3-10　Msg3 EDT 的 N_{RU} 和 TBS 的关系

I_{MCS}	N_{RU}		
	TBS = 328、408、504 或 584	TBS = 680	TBS = 808、936 或 1000
'011'	3	3	4
'100'	4	4	5
'101'	5	5	6
'110'	6	8	8
'111'	8	10	10

对于各种最大 TBS 值配置，具体的对应关系如下。

① 对于 1000 比特最大 TBS 值：I_{RU} = 3、4、5、6、7。

② 对于 936 比特最大 TBS 值：I_{RU} = 3、4、5、6、7。

③ 对于 808 比特最大 TBS 值：I_{RU} = 3、4、5、6、7。

④ 对于 680 比特最大 TBS 值：I_{RU} = 2、3、4、6、7。

⑤ 对于 584 比特最大 TBS 值：I_{RU} = 2、3、4、5、6。

⑥ 对于 504 比特最大 TBS 值：I_{RU} = 2、3、4、5、6。

⑦ 对于 408 比特最大 TBS 值：I_{RU} = 2、3、4、5、6。

⑧ 对于 328 比特最大 TBS 值：I_{RU} = 2、3、4、5、6。

I_{RU} 和 N_{RU} 的对应关系如表 3-11 所示。终端根据配置的最大 TBS 值及"MCS 索引"状态确定 RU（Resource Unit，资源单元）数量。不管终端实际的 TBS 取值为多少，它发送 Msg3 EDT 时需要占满配置的 RU。

表 3-11 I_{RU} 和 N_{RU} 的对应关系

I_{RU}	N_{RU}
0	1
1	2
2	3
3	4
4	5
5	6
6	8
7	10

即使终端开启了 Msg3 EDT 功能，并且发起了 EDT 请求，但基站可以不响应终端的 EDT 请求，并且要求终端回退到 Rel-13 传统 Msg3 发送。通过 MAC RAR 上行资源授权中的 3 比特 "MCS 索引" 可以实现上述功能，即当上行资源授权中的 3 比特 "MCS 索引" 指示为 0～2 时，表示基站不响应终端的 EDT 请求并且要求终端回退到 Rel-13 传统 Msg3 发送，当上行资源授权中的 3 比特 "MCS 索引" 指示为 3～7 时，表示基站响应终端的 EDT 请求。

在 Msg3 EDT 重传的流程中，通过调度 Msg3 EDT 重传资源的 DCI 可以指示：终端回退到 Rel-13 传统 Msg3 发送流程；终端继续按照 Msg3 EDT 流程重传 Msg3 EDT。针对第 1 种指示，调度 Msg3 EDT 重传资源的 DCI 中 I_{MCS} 配置为 $0 \leqslant I_{MCS} \leqslant 2$，即 MCS 的配置参考常规 RAR 上行资源授权中的配置。针对第 2 种指示，调度 Msg3 EDT 重传资源的 DCI 中 I_{MCS} 配置为 $I_{MCS}=15$，也就是一种不属于常规的 MCS，用来指示终端继续使用 EDT 方式重传 Msg3。

（6）TBS 实际的重复发送次数。

① 首次发送。Msg3 EDT 发送时的重复发送次数是大于或等于 $(TBS_{Msg3}/TBS_{Msg3,max})N_{Rep}$ 整数倍 L（用作循环重复的参数）的最小值，其中 N_{Rep} 为在相应 MAC RAR 中配置的重复发送次数，对应的是最大 TBS 值；TBS_{Msg3} 为 Msg3 中实际承载的 TBS 值；$TBS_{Msg3,max}$ 为配置的最大 TBS 值。

当 Msg3 EDT 配置的 SCS 为 15kHz 时，如果 $N_{Rep} \geqslant 8$，那么 $L=4$，否则 $L=1$。

当 Msg3 EDT 配置的 SCS 为 3.75kHz 时，$L=1$。

② 重传。当 Msg3 EDT 重传时，终端选择的实际 TBS 和通过 RAR 调度的 Msg3 中承载的实际 TBS 相同。当终端选择的实际 TBS 小于配置的最大 TBS 时，Msg3 EDT 重传的重复发送次数的选择方法和首次发送时相同，由于 DCI 中可以配置最大 TBS 所对应的 Msg3 EDT 重复发送次数，因此这里只强调选择方法相同，而实际重传时实际 TBS 对应的重复发送次数不一定和首次发送时相同。

（7）EDT 定时。不管终端实际发送 Msg3 EDT 的重复发送次数是否为 RAR 或 DCI 中指示的 Msg3 NPDSCH（Narrowband Physical Downlink Shared Channel，窄带物理下行共享信道）重复发送次数，检测 Msg3 重传 DCI 或 Msg4 的起始时刻都由 RAR 或 DCI 中指示的 Msg3 NPDSCH 重复发送次数来确定。

3）EDT 安全问题

大部分公司认为 CP 优化方案的 EDT 功能主要依赖于 NAS 安全机制,传输的数据也由 NAS 安全机制提供保护,不存在其他安全问题。但是下行数据传输有可能存在终端无法判断与之通信的 MME 是否是真实 MME 的问题,如果 NAS 的终端必须接收一个来自 MME 的响应,那么可以将这个响应包含在 Msg4 中并带给终端,以此来帮助终端校验网络侧安全。

在常规 UP 优化方案中,终端会在每次接收 RRCConnectionResume 消息时接收新的 NextHopChainingCount 参数并生成其他相关安全的密钥。对于 UP-EDT 流程,终端需要在发送 Msg3 之前就恢复终端上下文,重新激活所有 AS 安全相关参数以便执行加密和完整性保护操作。对于 RRC 消息部分,终端可以使用存储的旧的 K_{RRCint} 来生成 shortResumeMAC-I 用于保护 RRCConnectionResumeRequest 消息,但是对于用户数据部分,需要使用新的 K_{UPenc} 来做加密。为此终端需要有一个存储的 NextHopChainingCount 参数,来更新 K_{eNB} 并进一步获得新的 K_{RRCint}、K_{RRCenc}、K_{UPenc}。

最初大部分公司认为,基站可以在上次连接释放/挂起时给终端发送一个新的 NextHopChainingCount 参数,以便终端存储下来供下次连接恢复并使用 EDT 时使用。但有公司认为,只要终端有存储的 NextHopChainingCount 参数,即便是使用过的 NextHopChainingCount 参数(基站没有再次提供 NextHopChainingCount 参数),终端也可以根据当前激活的 K_{eNB} 来获取 K_{eNB}*并进一步获取新的 K_{UPenc},当然如果终端有存储的未使用的 NextHopChainingCount 参数,那么其可以使用 NextHopChainingCount 参数来获取 K_{eNB}*并进一步获取新的 K_{UPenc}。因此,需要明确只有使用在上次连接流程中通过 RRCConnectionRelease 消息提供的 NextHopChainingCount 参数,才能避免基站和终端的配置不一致。为此有公司建议 RRCConnectionRelease 消息必须要携带 NextHopChainingCount 参数,但未被认可,最终各公司达成的共识是 RRCConnectionRelease 消息可选携带 NextHopChainingCount 参数,而只要基站没有在 RRCConnectionRelease 消息中携带 NextHopChainingCount 参数,即认为终端没有存储的 NextHopChainingCount 参数,终端不能发起 UP-EDT 流程。

前面提到与常规 UP 优化方案类似,终端可以使用存储的旧的 K_{RRCint} 来生成 shortResumeMAC-I,不过既然终端可以更新 K_{eNB}*并获取新的 K_{RRCint}、K_{RRCenc}、K_{UPenc},它也可以考虑用新的 K_{RRCint} 来生成 shortResumeMAC-I,但有公司认为,这会造成终端与基站的配置不一致,因此其建议还是使用旧的 K_{RRCint} 来生成 shortResumeMAC-I,而且认为这对旧基站实现简单,不需要重新生成密钥。

有一些公司倾向于使用旧的 K_{RRCint},另一些公司则倾向于使用新的 K_{RRCint},并且认为这和 NR 当前讨论结论一致。最终根据 SA3(业务与系统组)的意见,为和常规流程一致,RAN2 同意使用旧的 K_{RRCint} 来生成 shortResumeMAC-I。目标基站如何校验 shortResumeMAC-I 由实验决定。

对于 UP 优化方案,人们讨论了 Msg3 中 16 比特 shortResumeMAC-I 是否足够的问题。在 EDT 流程中,基站发送 Msg4 给终端并使其维持在 RRC_IDLE 态,终端不需要发送 Msg5 给基站,基站仅凭 Msg3 校验用户,此时可能存在终端侧的攻击者风险,即攻击者可能猜出 16 比特 shortResumeMAC-I 并构造 RRCConnectionResumeRequest 消息及发送给基站,包含伪造的用户数据,如果基站没有收到过原始的 RRCConnectionResumeRequest 消息,那么其无法识别出伪造的 RRCConnectionResumeRequest 消息的用户数据,它会将该用户数据传给核心网。

为此有公司建议在 Msg3 中使用完整的 MAC-I（32 比特），另外还建议在 MAC-I 的计算方法中引入频繁变化的临时 C-RNTI 作为新的因子，以便进一步增加安全性。SA3 认可上述 Msg3 的风险是存在的，使用完整的 MAC-I 有一定好处，但它认为如果已经使用了 PDCP 安全，现有 Msg3 的安全性也是可以接受的。最终 RAN2 决定继续使用 16 比特 shortResumeMAC-I。

与普通 UP 优化方案恢复流程的 Msg4 仅有完整性保护不同，在 EDT 场景下，由于终端发送 Msg3 之前已经恢复 AS 安全，Msg4 也可以进行加密保护，而且考虑到 Msg4 中会发送包含 ResumeID 的 RRCConnectionRelease 消息及可能的用户数据，这种加密保护还是有意义的。基站和终端可以使用终端发送 Msg3 之前刚生成的密钥，也可以在 EDT 的 RRCConnectionRelease 消息中再次包含 NextHopChainingCount 参数，终端根据新的 NextHopChainingCount 参数再次生成密钥。考虑到后一种方式中终端需要生成 2 次密钥，有一定复杂度，最终标准仅规定使用发送 Msg3 之前生成的密钥。

对于 EDT 的失败或回退场景，也需要考虑 NextHopChainingCount 参数的处理，具体场景如下。

（1）如果终端收到 RRCConnectionReject 消息作为对 RRCConnectionResumeRequest 消息的响应，那么其应清除存储的 NextHopChainingCount 参数。如果终端收到携带挂起指示的 RRCConnectionReject 消息，那么其可以继续使用相同的密钥来生成 shortResumeMAC-I 并发起下一次连接恢复流程。

（2）如果基站发送 RRCConnectionSetup 消息作为对 RRCConnectionResumeRequest 消息的响应，那么终端可以清除所有安全上下文。RRCConnectionSetup 消息在 CCCH（SRB0）上发送并不做保护。

（3）如果基站发送 RRCConnectionResume 消息作为对 RRCConnectionResumeRequest 消息的响应，那么终端可以忽略消息中携带的 NextHopChainingCount 参数并在 RRC_CONNECTED 态继续使用发送 Msg3 之前生成的密钥。

（4）如果终端在收到 Msg4 之前发生回退，如在 Msg2 中收到常规的上行资源授权回退到传统的连接恢复流程，那么其可以继续使用已激活的 AS 安全，并将忽略 RRCConnectionResume 消息中携带的 NextHopChainingCount 参数。

（5）如果终端在发起 EDT 请求之后但尚未收到 RAR 消息之前决定回退，即终端使用 Non-EDT 随机接入前缀发起下一次尝试，有一些公司建议终端可以继续使用已恢复的 AS 安全，另一些公司则认为这会导致基站和终端的配置不一致，或者需要终端在 Msg3 中额外携带一个指示来说明其是否已恢复 AS 安全，最终大部分公司倾向简单处理，即只要终端使用 Non-EDT 随机接入前缀，终端就要回退到传统的连接恢复流程。

4）EDT 其他标准影响

（1）RRC 连接建立相关定时器。由于 EDT 中 Msg3 和 Msg4 都有可能携带数据，因此数据传输时间延长，连接建立相关的定时器（冲突解决定时器，T300 等）的时间很可能需要相应延长。另外，基站可以先在收到 Msg3 后完成 S1 接口流程（将上行数据发送给 MME）并等待可能的下行数据，再发送 Msg4 给终端，这其中的时延可能需要一并考虑。在上述问题的讨论过程中，有一些公司提出，即便终端只期待一个对上行数据的下行确认，可能网络侧获取这个下行确认的时延会比较长或很不确定，因此其认为 RRC 连接建立相关定时器没必要包含对下行确认的等待，此时基站可以将终端转移到 RRC_CONNECTED 态。但另一些公司则认为应用层的响应会很快，如果能够通过 Msg4 将这个下行确认带给终端，可以避免将终端转移到 RRC_CONNECTED 态造成的功耗和信令开销。在设置 RRC 连接建立相关定时器时需要考虑的时延如下。

① 如果网络侧没有下行数据、已有一个或多于一个下行缓存数据，网络侧可以将这些数据尽快发送到基站，此处需要考虑的时延是 S1 接口信令时延的 2 倍，即 20ms。

② 如果终端有一个期待的下行响应 PDU 要发送，那么此处需要考虑的时延则是回程时延（包括基站<-->MME<-->SGW<-->PGW<-->应用服务器之间的时延）与应用层处理时延之和的 2 倍，由于应用层处理时延未知，因此此处需要考虑的时延没有明确的取值范围。

由上述内容可得 mac-ContentionResolution 可扩展到最大值 sf10240，T300 定时器可扩展到最大值 120s。

（2）RRC-MAC 层间的交互。在高层触发 EDT 流程之后，如果 MAC 层根据上行资源授权可判断其无法在 Msg3 中携带用户数据，只能回退到常规 Msg3，此时需要 MAC 层向 RRC 层反馈一些信息，使 RRC 层指示 MAC 层重新生成 MAC PDU。最终 RAN2 同意在 RRC/MAC 层有一些概要描述，但不会详细标准化 RRC-MAC 层间的交互。

上行数据大小是否适配 EDT 由终端实现决定，终端如何构造包含所有上行数据的 MAC PDU 并保证其小于或等于 edt-TBS 中广播的 TBS 值由 MAC 层决定。

MAC 层可以用来校验选定覆盖等级是否存在 EDT NPRACH 资源，且 MAC PDU 是否适配该覆盖等级的 TBS。在选择随机接入前缀前，如果 MAC PDU 与选定覆盖等级的 TBS 不适配，或者选定覆盖等级不存在 EDT NPRACH 资源，那么 MAC 层要向 RRC 层指示不能使用 EDT；如果选定覆盖等级不存在 EDT NPRACH 资源，那么无论其他覆盖等级是否存在 EDT NPRACH 资源，MAC 层都要向 RRC 层指示不能使用 EDT。

RRC 消息的构造/重构造由终端实现决定。

如果覆盖等级改变，终端需要重新评估发起 EDT 流程尝试的条件。

关于是否需要标准化 AS-NAS 间的交互，是否可将 NAS 释放协助指示（Release Assistance Indication，RAI）传递到 AS，辅助终端判决是否发起 EDT 流程，或者当终端发现上行资源授权不足以发送携带数据的 Msg3 时，是否可由 AS 通知 NAS 重新组包。最终 RAN2 讨论决定 AS-NAS 间的交互主要留给终端实现。

5）EDT 的 S1 流程

在 EDT 流程中，eNB 收到 Msg3 后，需要提前触发 S1 接口的连接建立或恢复流程，并将上行数据发送到核心网。针对 CP-EDT 流程，标准制定者讨论了以下 2 种方案。

（1）在 MME 收到携带上行 NAS PDU 的初始终端消息后，如果 MME 根据 NAS RAI 消息及其缓存情况判断没有、只有一个或少量下行数据需要传输给终端，那么它将直接发送包含下行 NAS PDU 的终端上下文释放命令给 eNB，eNB 据此判断是否可将终端维持在 RRC_IDLE 态并发送相应的 Msg4 给终端，此时 MME 和 eNB 之间的 S1 接口也释放，eNB 回复终端上下文释放完成消息给 MME。如果 MME 收到第 1 条 S1 接口上行消息后判断有更多下行数据要传输给终端，那么 MME 发送终端上下文释放命令给 eNB（可以包含或不包含下行 NAS PDU），完成 S1 接口建立，eNB 据此判断是否需要可将终端转移到 RRC_CONNECTED 态并发送相应的 Msg4 给终端。终端上下文释放方案 1 如图 3-10 所示。

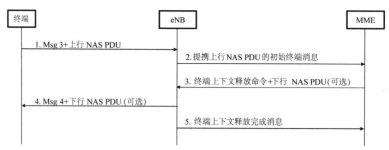

图 3-10   终端上下文释放方案 1

（2）MME 收到携带上行 NAS PDU 的初始终端消息后，如果 MME 根据 NAS RAI 信息及其缓存情况判断没有、只有一个或少量下行数据需要传输给终端，那么它将发送下行 NAS 传输消息给 eNB，该消息中包含数据传输结束指示，用于告知 eNB 没有更多下行数据需要传输。eNB 据此判断是否可将终端维持在 RRC_IDLE 态并发送相应的 Msg4 给终端。eNB 发送终端上下文释放请求给 MME 以触发一个由 eNB 发起的 S1 接口释放流程。终端上下文释放方案 2 如图 3-11 所示。

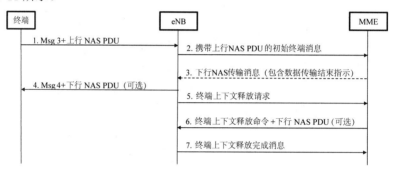

图 3-11   终端上下文释放方案 2

终端上下文释放方案的对比如表 3-12 所示。

表 3-12   终端上下文释放方案的对比

方案	优点	潜在问题
方案 1	与现有 MME 处理流程类似，现有核心网流程中，如果 MME 根据 NAS RAI 消息及其缓存情况判断没有更多下行数据需要传输给终端，那么它在发送包含下行 NAS PDU 的终端上下文释放命令后会立即触发 S1 接口释放。本方案可以视为 MME 将 2 条 S1 接口下行消息合并在一起发送； eNB 收到包含下行 NAS PDU 的终端上下文释放命令后可以认为 S1 接口已释放，eNB 同时将终端维持在 RRC_IDLE 态，不存在接口上的状态不一致； S1 接口只需要 3 条信令	即便 MME 只发送一个下行 NAS PDU 给 eNB，但如果这个下行 NAS PDU 较大，空口有可能无法放在一个 Msg4 中发送给终端，eNB 需要将终端转移到 RRC_CONNECTED 态，并将下行 NAS PDU 拆分成多个数据包依次发送，而此时 S1 接口已释放，可能需要重建 S1 接口。但是在 CP 优化中，考虑复杂度，上行 NAS PDU 已经不允许做分段，Msg4 如果要对携带的下行 NAS PDU 做分段，首先需要讨论分段方式是否可行

续表

方案	优点	潜在问题
方案 2	可以避免方案 1 的问题	对 MME 改动较大，不再由 MME 触发 S1 接口释放，而改由 eNB 触发 SI 接口释放； eNB 将终端释放到 RRC_IDLE 态，S1 接口已建立完成，存在一段时间的不一致； S1 接口需要 5 条信令

通过表 3-12 可以看出，方案 1 无法解决 MME 发给 eNB 的唯一下行 NAS PDU 需要在空口拆包发送的问题，进而标准采纳了信令略为复杂的方案 2。

6）EDT 对核心网的影响

MO CP 数据传输流程如图 3-12 所示。EDT 对核心网的影响很小，以 CP 优化为例，MO-EDT 流程较原有 CP 优化流程的差别体现在步骤 2 及步骤 11。

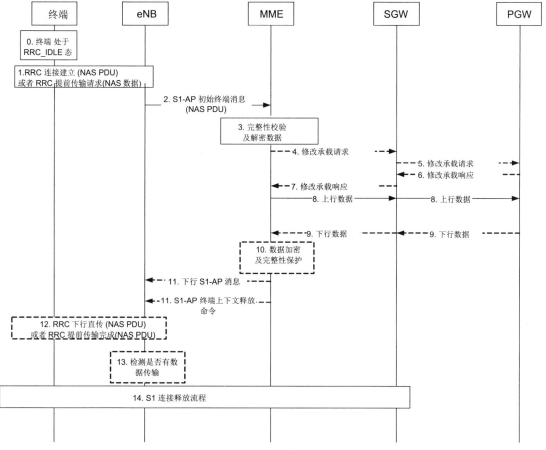

图 3-12　MO CP 数据传输流程

为了使 MME 能够感知终端发起了 EDT 流程，eNB 需要在 S1-AP 初始终端消息中增加 EDT 会话指示。

如果 MME 收到了步骤 2 中的 EDT 会话指示，MME 向 eNB 发送下行 S1-AP 消息。MME 按照如下原则设置下行 S1-AP 消息。

（1）如果 NAS RAI 不期待接收下行数据，并且 MME 也不期待终端发送的其他数据或信令消息，那么 MME 必须满足的条件如下。

① 在下行 S1-AP 消息中携带 NAS 业务接受消息并且 S1-AP 消息携带数据传输结束指示用于指示该终端没有期待其他数据或信令消息。

② MME 发送 S1 连接建立指示消息，消息中携带数据传输结束指示用于指示该终端没有期待其他数据或信令消息。

（2）如果 MME 认为该终端存在其他的待传输数据或信令消息时，MME 发送下行 S1-AP 消息或初始文本建立请求消息，消息中不携带数据传输结束指示。

5．MT-EDT

物联网 Rel-15 完成了终端起呼（终端有上行数据传输）的提前数据传输（MO-EDT）。物联网 Rel-16 针对降低终端功耗立项，进一步提出支持终端被呼（网络有数据需要传输给终端）的提前数据传输（MT-EDT）。该立项讨论初期确定的 MT-EDT 不用于传输信令，主要用于传输下行数据，且倾向于传输可以包含在一个 TB 中的用户数据。此外要同时考虑有或没有上行确认的场景。对于有上行确认的典型场景可能是网络发送命令给终端，触发终端上报记录或报告给网络。

根据可以传输下行数据的不同时机，MT-EDT 的数据传输有如下方案。

（1）基于寻呼的方案如下。

① 寻呼方案 A：下行数据由寻呼消息承载。

② 寻呼方案 B：专用 RNTI（Radio Network Temporary Identifier，无线网络临时标识符）由寻呼消息承载。

③ 寻呼方案 C：下行授权由寻呼消息承载。

④ 寻呼方案 D：下行数据在 PO 调度。

（2）基于 Msg2 的方案为在随机接入前导后的下行数据接收。

（3）基于 Msg4 的方案如下。

① Msg4 传输下行数据方案 A：基于 MO-EDT。

② Msg4 传输下行数据方案 B：流程增强。

寻呼方案 A。以终端支持 CP 优化方案为例，下行数据包含在 NAS PDU 中，直接放在寻呼消息中由 MME 发送给基站。基站为终端分配非竞争随机接入资源，终端可以使用该资源来发送对下行数据的上行确认。

寻呼方案 B。寻呼方案 B 与寻呼方案 A 的主要差别在于下行数据不是直接包含在寻呼消息中，寻呼消息只包含 MT-EDT 指示、分配给终端的专用 RNTI 及非竞争随机接入资源。终端收到寻呼消息后，可以监听该专用 RNTI 加扰的 NPDCCH 来获取下行调度，进而根据下行调度接收下行数据。与寻呼方案 A 类似，在该方案中，基站也会为终端分配非竞争随机接入资源用于终端发送对下行数据的上行确认。

寻呼方案 C。与寻呼方案 B 相比，寻呼方案 C 进一步提出将下行授权包含在寻呼消息中，终端收到寻呼消息后，无须监听 NPDCCH，可以直接在下行授权上接收终端专用 RNTI 加扰的 NPDSCH 来获取下行数据。该方案中未要求基站为终端分配非竞争随机接入资源，认为终端可以使用该专用 RNTI 加扰的上行 PUSCH（Physical Uplink Shared Channel，物理上行共享信道）来发送对下行数据的上行确认。

寻呼方案 D。该方案与上述 3 种方案差异较大。在该方案中，基站会在上次连接释放时为终端预先分配专用 RNTI，当基站收到核心网发送的下行数据时，它可以使用该专用 RNTI 在 Type-1 CSS 终端监听的 PO 中直接调度下行数据，相当于终端在监听寻呼时有可能收到针对它的下行数据。

基于 Msg2 的方案。在该方案中，基站为终端分配非竞争随机接入资源及终端专用 RNTI，并将其包含在寻呼消息中发送给终端。终端使用非竞争随机接入资源发送随机接入前导，基站收到该前导后开始用终端专用 RNTI 调度下行数据。

Msg4 传输下行数据方案 A。该方案包含一些有细微差别的分支方案。总的来看，该方案以 Rel-15 MO-EDT 流程为基础流程，寻呼消息中仅包含 MT-EDT 指示，终端根据该指示可以获知其是否需要在 Msg4 中接收下行数据。

Msg4 传输下行数据方案 B。该方案针对终端具有有效 TA 的特定场景，在寻呼消息中携带承载调度请求的 NPUSCH 资源，终端收到寻呼消息后直接发起调度请求或者直接发送 Msg3。该方案是 Msg4 传输下行数据方案 A 的变形方案。

下面分别从电池寿命、网络资源效率、安全性、可靠性 4 个角度对各方案进行了对比。

（1）从电池寿命角度考虑。终端发送上行数据的功耗大约是接收下行数据功耗的 7 倍。对于传输同一个下行数据，相关的信令越少，特别是上行信令越少，终端功耗越小。

① 寻呼方案 A。由于该方案无须完整的随机接入过程，流程步骤最少，特别是减少了上行数据传输步骤，因此对于寻呼所指向的目标终端，其功耗最小。但该方案存在的主要问题是寻呼消息中需要包含一些 CP 参数及下行数据，这可能导致寻呼消息很大，会影响寻呼容量。此外，非目标终端也需要解析较大的寻呼消息，会产生额外的功耗和处理开销。

② 寻呼方案 B。由于该方案无须完整的随机接入过程，因此对于寻呼所指向的目标终端，该方案具有和寻呼方案 A 相似的节省目标终端功耗的效果。此外，由于该方案中下行数据是在寻呼消息后利用一个独立的 PDSCH 资源指配传输的，仅有目标终端需要监听并接收相关的 PDCCH/PDSCH，该方案的寻呼消息中仅需包含少量 CP 参数，大大降低了对非目标终端的不利影响。

③ 寻呼方案 C。该方案的有益效果与寻呼方案 B 类似。此外，由于该方案中下行 PDSCH 资源指配是通过寻呼消息直接发送给终端的，相比寻呼方案 B，该方案可以节省寻呼消息后调度 PDCCH 的开销，因此其效果可能比寻呼方案 B 更好一些。由于寻呼消息中包含的 CP 参数比寻呼方案 B 又多了一些，因此该方案对非目标终端的不利影响可能略大于寻呼方案 B，但仍然好于寻呼方案 A。

④ 寻呼方案 D。若仅从 MT-EDT 的流程角度来看，该方案中终端在 PO 中仅需要监听下行数据，无须监听寻呼消息。该方案相比寻呼方案 C 可能有更好的终端节能效果（实际效果可能还要取决于下行数据传输的概率）。此外，在该方案中，CP 参数通过终端专用消息发送给目标终端，不改动寻呼消息，因此对其他终端接收寻呼消息本身没有影响。但是考虑到 PO 非常有限，网络占用有限的 PO 使用专用 RNTI 来调度 PDCCH 及后续的 PDSCH，这种下行数据传输可能会阻塞其他用户的寻呼消息发送，由此造成的寻呼延迟及非目标终端的额外功

耗增加。

⑤ 基于 Msg2 的方案。由于该方案仍需要终端发送上行随机接入前缀（仍保留部分随机接入过程），这些上行随机接入前缀传输会导致较大的终端功耗，因此该方案对节省终端功耗的收益显然不如寻呼方案 B/C/D。

⑥ Msg4 传输下行数据方案 A。由于该方案仍需要完整的随机接入过程，因此该方案相比传统方案，几乎没有节省目标终端功耗的收益。此外，该方案使用的是竞争随机接入资源发送随机接入前缀，与使用非竞争随机接入资源的方案相比冲突可能性更高，也有可能导致额外功耗。

⑦ Msg4 传输下行数据方案 B。由于该方案仍需要多步随机接入过程，因此对它的评估与 Msg4 传输下行数据方案 A 类似。但是在该方案中，由于限定了终端 TA 有效的条件，随机接入前缀被调度请求替代，RAR 也可以不再发送，因此该方案相比 Msg4 传输下行数据方案 A，可以产生一定节省终端功耗的额外收益。

由以上内容可得，将以上 7 种方案按目标终端功耗大小排序：寻呼方案 A/D <寻呼方案 C<寻呼方案 B<基于 Msg2 的方案<Msg4 传输下行数据方案 A/B；按对非目标终端的影响排序：寻呼方案 A >寻呼方案 D>寻呼方案 C/B>基于 Msg2 的方案>Msg4 传输下行数据方案 A/B。

（2）从网络资源效率角度考虑。一方面，由于传输同一个下行数据，相关的信令越少，网络资源效率越高，因此对该角度的分析基本与对终端功耗的分析一致。另一方面，对寻呼过程而言，通常需要在多个小区传输信令或数据，因此需要考虑在多个 S1 接口和 Uu 接口上的资源消耗。

① 寻呼方案 A。该方案需要发送较大寻呼消息，该消息的一个或多个寻呼记录中包含下行数据，因此在这个步骤会占用更多网络资源，特别是在覆盖差、寻呼消息需要重复发送的场景。此外寻呼区域可能存在多个需要发送寻呼消息的基站，这些基站都需要占用 S1 接口从核心网获取用户数据，且占用较多下行资源用于传输较大寻呼消息，这对终端未驻留的基站而言，这些资源是浪费的，也可能会对整个系统的寻呼容量及网络资源效率造成很严重的不利影响。所有发送寻呼消息的基站都需要分配非竞争随机接入资源给有下行数据的用户，以便他们可以发送对下行数据的上行确认，与前述类似，这也会造成终端未驻留基站所分配的非竞争随机接入资源的浪费。当然，如部分方案中描述的那样，如果该方案仅用于静止终端场景，那么上述大部分资源浪费是可以避免的。

② 寻呼方案 B。该方案存在与寻呼方案 A 相同的 S1 接口占用问题，但可以避免寻呼方案 A 中在多个基站发送较大寻呼消息所造成的下行资源浪费问题。不过，收到寻呼消息后，即便只有一个终端需要监听 PDCCH/PDSCH 来接收下行数据，发送寻呼消息的所有基站仍然需要占用资源来调度下行数据，并预留非竞争随机接入资源用于监听终端发送的上行确认，因此可以认为寻呼方案 B 和寻呼方案 A 对网络资源（包括下行资源、专用 RNTI 和非竞争随机接入资源）造成的不利影响相似。进一步比较下，寻呼方案 A 有可能会将寻呼消息发送和下行数据发送合二为一，PDCCH/PDSCH 传输开销更少，但是考虑到如果某个寻呼记录包含大的用户数据，导致原本可以容纳下其他用户寻呼记录的寻呼消息无法再容纳该寻呼记录，该寻呼记录需要通过调度另一个寻呼消息来传递，那么寻呼方案 A 最终的 PDCCH/PDSCH 传输开销有可能与寻呼方案 B 类似或仅仅比其略好一点。此外，与寻

呼方案 A 类似，如果寻呼方案 B 仅用于静止终端场景，那么上述大部分资源浪费是可以避免的。

③ 寻呼方案 C。该方案与寻呼方案 B 有类似的 S1 接口占用、下行资源、专用 RNTI 浪费问题，但是不存在非竞争随机接入资源浪费问题。此外，在存在多个寻呼记录的场景下，寻呼方案 C 只需要一次 PDCCH 传输开销来调度寻呼消息，但寻呼方案 A/B 有可能需要两次甚至多次 PDCCH 传输开销来调度额外的寻呼消息或用于下行数据传输的 PDSCH。因此，寻呼方案 C 对网络资源的不利影响要好于寻呼方案 A 和寻呼方案 B。同样，如果寻呼方案 C 仅用于静止终端场景，那么上述大部分资源浪费是可以避免的。

④ 寻呼方案 D。在该方案中，基站需要在上次连接释放时就提前分配终端专用 RNTI 并一直预留，并在下次数据到达时，在 PO 传输数据给终端。因此，只有上次连接释放的基站可以使用该方案，一方面这使得该方案对于 S1 接口和 Uu 接口占用仅限于最后释放连接的基站，另一方面这也使得该方案仅适用于静止终端场景，移动终端场景不可用。此外，如果终端下行数据到达的间隔很稀疏，在上次连接释放和下次寻呼之间的很长时间内，对该专用 RNTI 的无谓占用也是一种资源浪费，与其他方案仅仅需要在寻呼过程中为终端预留专用 RNTI 相比，这种长时间预留显然对网络资源有更严重的不利影响。寻呼方案 D 也有与寻呼方案 A 类似的节省 PDCCH/PDSCH 传输开销的好处。在寻呼方案 D 中，包含下行数据的 PDSCH 传输有可能阻塞其他用户的寻呼消息发送，导致这些寻呼消息被延迟到下个 PO 发送，且 PDCCH 传输开销仍然存在。

⑤ 基于 Msg2 的方案。该方案对网络资源的不利影响较小，原因在于只有一个基站，即能够在非竞争随机接入资源上收到随机接入前缀作为寻呼响应的基站，需要使用专用 RNTI 向终端传输下行数据，即数据可以直接传输给目标终端，这样可以避免在其他非目标终端驻留的基站上分配用于发送较大寻呼消息或用户数据的下行资源。该方案在移动终端的场景下依然具有对网络资源消耗较小的优点。但是对于该方案，在所有发送寻呼消息的基站上为终端预留专用 RNTI 和非竞争随机接入资源的浪费问题依然无法避免。此外，该方案相比上述基于寻呼的方案具有更多信令，由这些信令开销对网络资源造成的不利影响也需要考虑。

⑥ Msg4 传输下行数据方案 A。即便该方案不存在在其他非目标终端驻留的基站上预留下行资源/终端专用 RNTI/非竞争随机接入资源浪费的问题，但由于使用完整随机接入过程造成的信令开销仍然对网络资源有不利影响。

⑦ Msg4 传输下行数据方案 B。对网络资源的不利影响与上述 Msg4 传输下行数据方案 A 类似。

由以上内容可知，以上 7 种方案按 Uu 接口和 S1 接口占用排序：寻呼方案 A/B>寻呼方案 C>寻呼方案 D>基于 Msg2 的方案>Msg4 传输下行数据方案 A/B。

（3）从安全性角度考虑。由于 CP 优化本就不支持 AS 安全，因此对安全性问题的讨论主要针对各方案用于 UP 优化的流程而言。

① 寻呼 A/B/C/D/方案与基于 Msg2 的方案具有如下共性的安全性问题。

对于所有基于寻呼的方案，发送寻呼消息时，基站和终端尚未激活 AS 安全，寻呼消息中携带的下行数据无法做加密保护。但是，如果基站可以提前获取终端上下文并激活终端 AS

安全，那么终端也可以在收到寻呼消息后恢复终端上下文并激活 AS 安全。基站先将下行数据加密再携带在寻呼消息中发给终端可避免上述安全问题。基于此，大部分公司认为这几种方案的安全性问题不严重。但是也有公司指出，寻呼消息是终端收到的第 1 条下行消息，无论数据是包含在寻呼消息中或通过寻呼消息调度，终端用什么来激活 AS 安全仍然存在疑问。此外，如果终端移动到其他小区，新基站还需要在发送数据之前从旧基站恢复终端上下文，基站是否能够在如此早的阶段就通过安全的方式恢复终端上下文也是很大的挑战。

基于寻呼的各方案不仅需要考虑下行数据加密问题，还需要考虑伪终端或恶意攻击终端问题。由于寻呼消息未进行加密，寻呼区域内的任何终端都可以读取寻呼消息中包含的非竞争随机接入资源，并伪装成目标终端向网络发送随机接入，这样网络无法确定下行数据是否真正送达目标终端。如果目标终端并未收到下行数据，而伪终端使用非竞争随机接入资源发送对下行数据的响应，该响应被进一步传递到核心网和应用层，核心网将不会重发该下行数据，目标终端有可能错失该下行数据中所包含的重要应用层命令。

② Msg4 传输下行数据方案 A 和 Msg4 传输下行数据方案 B：无安全性问题。

由以上内容可得，以上 7 种方案按安全性问题严重程度排序：寻呼方案 A/B/C/D/基于 Msg2 的方案>Msg4 传输下行数据方案 A/B。

（4）从可靠性角度考虑。该角度主要考虑针对目标终端的数据传输可靠性。对于基于寻呼的方案，所有方案都支持针对下行数据的物理层/MAC 层上行确认（或者说重传请求可以代表否定确认应答），但不支持 RLC/RRC 层确认。由于缺少 RLC/RRC 层的确认，接收寻呼消息和下行数据传输可靠性一般较差。

① 寻呼方案 A。此方案数据传输可靠性最差，原因在于，一方面，包含数据的较大寻呼消息更容易发送失败，另一方面，提高数据传输可靠性只能依赖于寻呼重传，而寻呼重传只能发生在特定的 PO，这使得重传时延较大，一旦重传时延超过可容忍的范围，就会导致数据传输失败。

② 寻呼方案 B。该方案的数据传输可靠性要好于寻呼方案 A，因为寻呼消息没有包含用户数据仅包含一些 CP 参数，数据传输可靠性不会受太大影响。此外，对于下行数据传输的部分，网络侧调度重传的灵活性较大，重传时延不会太大。

③ 寻呼方案 C。在该方案中，接收寻呼消息和下行数据传输可靠性与寻呼方案 B 类似。但是即便下行数据可以被终端收到，如果不能保证 TA 始终有效，物理层的上行 HARQ-ACK 仍然有可能传输失败，相比于寻呼方案 B 中使用非竞争随机接入前缀作为上行确认的方式，寻呼方案 C 的上行数据传输可靠性要差一些。如果该方案用于静止终端场景，那么该方案的上行数据传输可靠性问题可以避免。

④ 寻呼方案 D。在该方案中，重传数据的方法还需进一步讨论，可能的方法是数据重传只能使用 PO，那么与寻呼方案 A 类似，重传时延会降低数据传输可靠性。此外，该方案的上行数据传输可靠性与寻呼方案 C 类似（同样，如果该方案用于静止终端场景，那么可以尽量避免上行数据传输可靠性问题）。由此可见，寻呼方案 D 的数据数据传输可靠性与寻呼方案 A 相近，但比寻呼方案 B 和寻呼方案 C 数据传输可靠性差。

⑤ 基于 Msg2 的方案。该方案的数据传输可靠性较好，因为可以尽量避免下行数据重传，在该方案的变形方案中，如果基站在收到随机接入前缀后、传输下行数据给终端之前，先发送一个类似 RAR 的消息给终端，那么可以为终端更新 TA 提高上行确认的传输可靠性。

⑥ Msg4 传输下行数据方案 A。如果仅仅需要对下行数据发送上行物理层确认，该方案的数据传输可靠性与传统方案接近。但是与基于寻呼的方案相比，该方案中包含完整接入流程，由此导致的数据重传时延可能对高层数据传输可靠性略有影响。

⑦ Msg4 传输下行数据方案 B。在该方案中，随机接入前缀被调度请求替代，可能会存在与寻呼方案 C 类似的上行可靠性问题。但如果该方案用于静止终端场景，那么该问题可以避免。

由以上内容可得，以上 7 种方案按数据传输可靠性排序：寻呼方案 A/D<寻呼方案 B/C<基于 Msg2 的方案/Msg4 传输下行数据方案 A。Msg4 传输下行数据方案 B 需要终端具有有效 TA，如果这点不能保证，其可靠性就无法保证。

根据上述方案的对比可得，寻呼方案 D 和 Msg4 传输下行数据方案 B 仅在静止终端场景下可行。寻呼方案 A/B/C 可以不限于静止终端场景，但用于移动终端场景时会占用较多网络资源，基于 Msg2 的方案和 Msg4 传输下行数据方案 A 适用场景最广且具有相对中等程度的网络资源开销和终端功耗。

有一些公司认为可对移动终端和静止终端分别采用不同方案，而另外一些公司则认为对移动终端和静止终端采用相同的方案。经过多次会议比较后，RAN2 首先确定排除对寻呼过程及其他非目标终端影响最大的寻呼方案 A 及收益不明显的寻呼方案 B，然后进一步排除对节省终端功耗收益明显但是对网络资源效率也有明显不利影响的寻呼方案 C、寻呼方案 D 及使用场景受限的 Msg4 传输下行数据方案 B；另外，基于 Msg2 的方案对寻呼消息的扩展和开销影响很大，最后 RAN2 采纳了 Msg4 传输下行数据方案 A。

1）终端能力上报

由于 MT-EDT 流程由 MME 触发，因此 SA2 同意终端需要通过 NAS 信令向 MME 指示其是否支持 MT-EDT 功能，在此基础上，对 AS 终端能力有以下结论。

如果终端对 CP 优化支持 MT-EDT 功能（后文称 CP MT-EDT），它也应该支持针对 CP 优化的 MO-EDT 功能。

如果终端对 UP 优化支持 MT-EDT 功能（后文称 UP MT-EDT），它也应该支持针对 UP 优化的 MO-EDT 功能。

终端在 NAS 分别指示对 CP MT-EDT 和 UP MT-EDT 的支持能力。

2）MT-EDT 对 RAN3 标准的影响

由于对 MT-EDT 采用 Msg4 传输下行数据方案 A，对 RAN3（基站接口工作组）标准的影响比较小，人们主要讨论了 S1 寻呼消息中包含的 MT-EDT 相关指示问题。MT-EDT 流程由 MME 触发，最终是否可以发起由基站决定。MME 可以在 S1 寻呼消息中包含 MT-EDT 指示来向基站指示有数据量较小的下行数据需要传输。人们认为 S1 寻呼消息中可以包含一个简单的 MT-EDT 指示，以便基站根据无线条件更准确地判断是否可以发起 MT-EDT 流程，如果 S1 寻呼消息中包含了下行数据大小信息，那么其可以不用包含简单的 MT-EDT 指示。

由于 S1 寻呼消息不区分 NB-IoT 和 eMTC，因此 S1 寻呼消息中的下行数据大小需要同时考虑 NB-IoT NB1 和 NB2 终端、eMTC M1 和 M2 终端的不同需求。标准制定者在讨论过程中提出以下几种方案。

（1）下行数据大小的取值采用 NB-IoT 和 eMTC 的最小支持能力，即 1000 比特，如果有超出 1000 比特的下行数据，那么 MME 不会发起 MT-EDT 流程。该方案的缺点在于对于能力强的终端，应该发起 MT-EDT 流程而并未发起。

（2）下行数据大小的取值采用 NB-IoT 和 eMTC 的最大支持能力，即 4096 比特，只要小于 4096 比特的下行数据，MME 都可以发起 MT-EDT 流程。该方案的缺点在于对于能力弱的终端，有可能 MME 传递了下行数据而基站判断无法发起 MT-EDT 流程，导致无谓的信令开销。

（3）下行数据大小的取值包含针对不同终端类型的不同支持能力，即定义 2 个长度的下行数据大小，在寻呼辅助消息中包含终端类型信息，基站根据该类型信息进一步判断是否可以对某个终端发起 MT-EDT 流程并将其下行数据大小填在相应的字段中。该方案的缺点在于需要 MME 解析更详细的终端类型信息。

最终 RAN3 采纳了方案（2），并同意终端需要在无线寻呼能力中包含是否支持 CAT-M2 或 CAT-NB2 的信息。这些信息由终端上报到核心网，下次寻呼时核心网会将该信息携带在 S1 寻呼消息中发送给基站。根据这些信息，当核心网指示有较大下行数据时，基站可以判断为某些能力强的终端发起 MT-EDT 流程，即在空口寻呼消息中携带 MT-EDT 指示。如果核心网指示有较大下行数据但终端不支持 CAT-M2 或 CAT-NB2 的信息，那么基站可以发起普通的寻呼流程。

6. 基于预配置上行资源的上行数据传输

为了进一步提高上行数据的传输效率及降低终端的功耗，物联网 Rel-16 引入了基于预配置上行资源（Preconfigured Uplink Resources，PUR）的上行数据传输方案。

1）PUR 工作状态

在基于 PUR 的上行数据传输方案的初期讨论中，使用 PUR 进行上行数据传输的方案既有用于 RRC_CONNECTED 态的，也有用于 RRC_IDLE 态的。但是考虑到物联网主要支持的业务类型为小包非连续传输，同时，终端在 RRC_CONNECTED 态下已经支持使用物理共享信道进行上行数据传输，因此无须再考虑 RRC_CONNECTED 态支持其他的上行数据传输方案了。所以，Rel-16 中引入了 RRC_IDLE 态下的基于 PUR 的上行数据传输方案，可以进一步降低终端功耗。

2）不同类型的 PUR 传输性能对比

在基于 PUR 的上行数据传输方案的初期讨论中，人们提出了 3 种 PUR 类型：专用的预配置上行资源（Dedicated PUR，D-PUR）、基于竞争的共享预配置上行资源（Contention Based Shared PUR，CBS PUR）和基于非竞争的共享预配置上行资源（Contention Free Shared PUR，CFS PUR）。

针对 D-PUR，为 D-PUR 配置的资源及解调参考信号（Demodulation Reference Signal，DMRS）都是终端专用的，并不会受到其他终端的同频干扰。因此，基于 D-PUR 的上行数据传输能够明显提高终端的传输性能。D-PUR 适用于终端业务呈现规律的周期分布且需要传输的数据量比较固定的场景。

针对 CBS PUR，它可以支持多个终端同时在相同的资源上发起上行数据传输，适用于终端业务呈现不规律分布（如突发性质的业务）的场景。由于 CBS PUR 中的解调参考信号并不是终端专用的，因此当发起上行数据传输的终端数量较多时，可能会导致多个终端选择相同的解调参考信号，而解调参考信号的碰撞会影响终端的传输性能。如果接收端可以很好地解决上述问题，那么 CBS PUR 在提高整体频谱效率方面还是有显著增益的。

针对 CFS PUR，其可以看作一种折中的方案，它支持多个终端同时在相同的资源上发起上行数据传输。与 D-PUR 类似，CFS PUR 为终端配置了专用的解调参考信号，这样就可以解决多个终端的解调参考信号碰撞问题。

由于基于 D-PUR 的上行数据传输方案实现简单并且不存在同频干扰，在单用户传输性能方面有不错的表现，因此其被确定为必选方案，并且 D-PUR 的性能指标可作为衡量其他方案（基于 CBS PUR 和 CFS PUR 上行数据传输的方案）是否会被采纳的重要指标。

CBS PUR 存在的问题如下。

（1）资源碰撞问题。由于 CBS PUR 是共享给多个终端的，因此不可避免地会导致多个终端使用相同解调参考信号情况的出现，而解调参考信号的碰撞会影响终端的传输性能。为了解决这个问题，一种方案是配置大量的 CBS PUR 用来降低或避免多个终端解调参考信号碰撞，进而保证终端的传输性能。但是，配置的 CBS PUR 数量和解调参考信号碰撞概率之间并不是简单的线性关系，也就是说，为了使解调参考信号碰撞概率下降一半，需要配置的 CBS PUR 数量要远多于原始 CBS PUR 数量的 2 倍以上。因此，这种降低解调参考信号碰撞概率的方案会导致大量的 CBS PUR 空置，进而使得整体频谱效率降低。另一种方案是在同一个 CBS PUR 中配置大量的解调参考信号，期望降低解调参考信号碰撞概率。类似第 1 种方案的分析，必须要配置大量的解调参考信号才行。考虑到 NB-IoT 这种窄带系统，解调参考信号的数量是有限的，配置大量的解调参考信号必然导致它们之间的正交性被破坏，进而影响终端的传输性能。

（2）一旦 CBS PUR 传输出现碰撞，还需要引入碰撞解决机制，这也是一种资源开销，同样会导致 CBS PUR 的整体频谱效率降低。

（3）由于各个终端传输数据时需要的 TBS、重复发送次数不尽相同，因此接收端在接收检测时，需要盲检测很多种{TBS,重复发送次数}的组合，这样会明显增加接收端的接收检测复杂度。

基于以上的分析，人们决定在物联网 Rel-16 中不支持 CBS PUR。

针对 CFS PUR 的讨论,各公司重点关注的问题在于:最多支持的复用终端数量。与 D-PUR 相比，当 CFS PUR 的重复发送次数小于 64 时，CFS PUR 的性能要弱于 D-PUR；当 CFS PUR 的重复发送次数大于或等于 64，复用终端数量很多时，CFS PUR 的性能同样不如 D-PUR。当 CFS PUR 复用 2 个终端时，每个终端的传输性能与 D-PUR 的性能接近，并且从整体频谱效率方面考虑，CFS PUR 要优于 D-PUR。

最终标准制定者采纳了 CFS PUR，但对其进行了一定的限制，即 CFS PUR 只在重复发送次数大于或等于 64 并且最多复用 2 个终端时才可以使用。

3）PUR 对应的搜索空间配置

D-PUR 在后续标准化中被简称为 PUR。为了保证 RRC_IDLE 态下基于 PUR 的上行数据传输性能，Rel-16 引入了 PUR 专用搜索空间。PUR 专用搜索空间的结构和 Rel-13 的用户专有搜索空间一致。PUR 专用搜索空间参数配置如表 3-13 所示。

表 3-13　PUR 专用搜索空间参数配置

参数	说明
R_max	搜索空间中支持的 NPDCCH 最大重复发送次数
G	用于计算搜索空间的周期
alpha_offset	搜索空间的起始子帧位置信息
pur-SS-window-duration	搜索空间的长度
PUR-RNTI	用于搜索空间中 DCI 的加扰

支持 PUR 的终端首先需要配置专用的 RNTI，即 PUR-RNTI，终端在完成基于 PUR 的上行数据传输之后，直接在 PUR 专用搜索空间上检测 PUR-RNTI 加扰的 DCI，其中承载了基站发送的针对 PUR 的响应消息（如物理层 HARQ-ACK、PUR 重传调度信息）。基于 PUR 的上行数据传输只支持 1 个 HARQ 进程。PUR 专用搜索空间的起始位置位于 PUR 资源之后且与 PUR 资源结束时刻的间隔为 3 个子帧，也就是说，如果 PUR 资源结束时刻所在的子帧索引为 n，那么 PUR 专用搜索空间的起始子帧的索引为 $n+4$。

物理层 HARQ-ACK 承载在 DCI N0 格式中。承载物理层 HARQ-ACK 的 DCI 被称为"PUR L1 ACK DCI"。当 DCI N0 格式中 MCS 域的取值为 14 时，代表当前 DCI 为"PUR L1 ACK DCI"。"PUR L1 ACK DCI"中还可以承载以下信息。

（1）1 比特的确认/回退指示信息。

（2）6 比特的 TA 调整信息；并且只有当"PUR L1 ACK DCI"中 1 比特的确认/回退指示信息指示为确认时才可以承载 TA 调整信息。

（3）3 比特的重复发送次数信息。

当终端收到"PUR L1 ACK DCI"且 1 比特的确认/回退指示信息指示为确认时，终端停止 PUR 专用搜索空间的检测。

当终端收到"PUR L1 ACK DCI"且 1 比特的确认/回退指示信息指示为回退时，表明相应的 PUR 传输失败了，终端停止 PUR 专用搜索空间的检测，执行随机接入过程或 EDT 操作。

4）PUR 回退操作

在终端完成基于 PUR 的上行数据的首次传输后，如果终端在 PUR 专用搜索空间上没有检测到任何信息，那么它需要执行随机接入流过或 EDT 操作。

在终端完成基于 PUR 的上行数据的重传时，如果终端在 PUR 专用搜索空间上没有检测到任何信息，那么它确定基站没有成功接收上述数据的重传。终端可以选择执行随机接入过程或 EDT 操作。

5）PUR 配置请求

由于 PUR 技术需要给终端预配置 RRC_IDLE 态使用的专用资源，因此 PUR 技术只适用于 RRC_IDLE 态终端的 TA 保持不变（终端静止），且所承载业务的业务模式（如业务传输周期、数据包大小）固定的场景。

基站给终端预配置资源时，需要知道终端的移动性特征和业务特征，以便判断业务是否适合使用预配置上行专用资源来传输。在标准制定的讨论过程中，标准制定者对所述信息获取有 2 种观点：一种观点认为基站可以基于核心网提供的信息确定 PUR 配置，该观点认为在 Rel-15 中，S1-AP 已经支持基于核心网签约信息的终端差异化信息传递，在基于核心网签约信息的终端差异化信息传递中，核心网可以向基站传递的信息包括终端是否为静止终端，业务是否为周期业务，周期业务的传输周期、传输时间段等，只要在基于核心网签约信息的终端差异化信息传递中增加数据包大小的信息即可满足 PUR 配置的决策需求；另外一种观点认为终端可以主动请求 PUR 配置信息，该观点认为 PUR 主要用于上行小数据包传输，终端更容易获得准确的上行业务信息。

经过讨论，标准制定者认为 2 种观点都可以支持。其中，基站基于核心网提供的信息确定 PUR 配置可以是基站的实现行为，不涉及特别的标准化；尽管基于核心网签约信息的终端差异化信息传递中没有包含数据包大小的信息，但基站可以从 UP 的数据包信息中推断出业务数据包的大小。所以，标准制定者重点讨论了终端主动请求 PUR 配置的流程。

各公司提出的终端主动请求 PUR 配置的方式主要包括终端在 RRC_IDLE 态主动发起 PUR 配置请求、终端在 PUR/EDT 传输过程中携带 PUR 配置请求、终端在 RRC_CONNECTED 态主动发起 PUR 配置请求。

虽然终端在 RRC_IDLE 态主动发起 PUR 配置请求需要其在 RRC_IDLE 态首先触发 PRACH 流程，这是个比较耗电的行为，但考虑到该流程和普通的 RRC 连接建立/恢复流程没有差异，标准不对终端行为做限制，也不对此请求使用特殊的标准化策略。

终端在 PUR/EDT 传输过程中携带 PUR 配置请求，该请求只能在 RRC Msg3 中携带。而对于 UP 优化方案，人们最开始曾考虑重用 UP 优化方案 RRC 连接恢复流程的 RRCConnectionResumeRequest 消息，但由于该消息大小有限制很难扩展，因此标准制定者决定不支持终端在 PUR/EDT 传输过程中携带 PUR 配置请求。

终端在 RRC_CONNECTED 态主动发起 PUR 配置请求有 2 种选择：一种是重用 LTE 已有的 UEAssistanceInformation 消息，因为该消息中已经包含了业务的传输周期、业务的开始时刻、消息大小等信息；另一种是定义新的 PUR 配置请求消息。为了使流程清晰，标准最终规定了新的 PUR 配置请求消息。

PUR 配置请求消息中包含数据传输周期、数据包大小、数据传输的开始时刻、数据包传输的次数、PUR 传输是否需要层 2/层 3 确认、PUR 配置索引信息。各公司在标准制定过程中的一些讨论如下所示。

（1）PUR 配置请求消息中需要包含数据传输周期和数据包大小。关于数据传输周期的取值范围，一些公司认为其最大值应该考虑不频繁传输的抄表类业务，最大值可以为若干天；另一些公司则认为 SFN/H-SFN 是常用计时单位，数据传输周期的最大值为 1024H-SFN 即可。最终数据传输周期的最大值为 8196 H-SFN（近似一天）。由于 PUR 主要用于承载时延不敏感的业务，为了业务资源调度的灵活性和多用户复用无线资源，因此数据传输周期取值的最小值为 8H-SFN，且取值只能是 2 的幂次方。

（2）PUR 配置请求消息中需要包含数据传输的开始时刻，一些公司认为提供基于 PUR 配置请求时刻的时间偏移即可，如果基站给终端配置的 PUR 不满足其需求，其可以给基站发送 PUR 配置拒绝消息；另一些公司认为如果终端请求精确的资源分配时机，会导致基站在小区负荷高的时刻无法分配合适的资源，所以终端请求中携带的应该是一个期望资源分配的时间段。经过讨论，PUR 配置请求消息中需要包含时间偏移量，但这个时间偏移量不会精确到子帧级别，而是弱化为一个期望的时间段，基站基于 PUR 配置请求来配置 PUR，不支持终端给基站发送 PUR 配置拒绝消息。

（3）PUR 配置请求消息是否需要包含数据包传输的次数。考虑到终端在发起 PUR 配置请求时很难确定数据包传输的次数，所以标准不定义精确的数据包传输次数，而只指示仅传输一次或者无数次，有限的数据包传输的次数通过实验来确定。

（4）PUR 配置请求消息是否需要包含 PUR 传输是否需要层 2/层 3 确认，也就是终端进行 PUR 传输后，是否需要 RRC 响应消息来结束 PUR 传输过程。一些公司认为对于可靠性要求不高的业务，可以通过物理层 PDCCH DCI 来结束 PUR 传输过程，以节省终端接收 RRC 响应消息的开销；而另一些公司认为是否发送 RRC 响应消息应该由基站来决定。考虑到对于 UP 优化方案的 PUR 传输过程，总是需要 RRC 响应消息来携带 NextHopChainingCount 参数用于 AS 安全，所以通过物理层 PDCCH DCI 来结束 PUR 传输过程仅适用于 CP 优化方案的 PUR 传输过程。因此，在 PUR 配置请求消息中需要包含是否允许物理层完成 PUR 传输确认的指示（L1 ACK），该指示用于指示 PUR 传输过程可以没有 RRC 响应消息，而仅通过 L1 ACK 来结束 PUR 传输过程。具体是否使用 L1 ACK 来结束 PUR 传输过程由基站实现策略确定。

（5）PUR 配置请求消息是否需要包含 PUR 配置索引信息。考虑到一个终端可能同时承载多种业务模式，不同业务模式需要对应不同的 PUR 配置。因此，终端有可能需要请求多套 PUR 释放或重配置，此时需要指示针对的是哪一套 PUR 配置。但标准制定者讨论后认为 PUR 通常仅针对业务模式固定的场景，此类场景的终端业务模式相对单一，同一个终端同时承载多种业务模式的可能性不大，出于简化考虑，限制同一终端最多只支持一套 PUR 配置，所以 PUR 配置请求消息中没有引入 PUR 配置索引信息。

终端发起 PUR 配置请求，还需要满足一定的前提条件，即数据包大小是否合适、终端是否静止、基站是否支持 PUR 功能。具体内容如下。

（1）数据包大小是否合适。只有终端的上行数据包大小小于或等于该终端所支持的上行最大 TBS 值，才可以发起 PUR 配置请求。

（2）终端是否静止。尽管该条件是 PUR 技术能否使用的必要条件，如需要保证终端的 TA、覆盖增强等级或服务小区不变。但考虑到 PUR 配置请求是终端发起的，终端只有认为业务可以由 PUR 承载才会发起 PUR 配置请求。所以，终端是否静止不在标准中体现，而基于终端实现策略确定。

（3）基站是否支持 PUR 功能。考虑到 UP 优化方案和 CP 优化方案 PUR 传输过程的差异（例如，UP 优化方案的 PUR 传输过程总需要携带 NextHopChainingCount 参数的 RRC 响应消息来结束，而 CP 优化方案的 PUR 传输过程可以通过 L1 ACK 来结束；UP 优化方案的 PUR 传输过程支持数据分段，而 CP 优化方案的 PUR 传输过程不支持数据分段等），标准决定引入基站是否支持 PUR 功能的指示，且该指示对 UP 优化方案和 CP 优化方案是不同的。另外，考虑到连接 EPC 和 5GC 时，终端和基站的 PUR 行为都有区别，因此基站是否支持 PUR 功能的指示需要进一步区分 EPC 和 5GC，即在 SIB2 中指示：小区是否支持连接 EPC 时 UP 优化方案的 PUR 传输、小区是否支持连接 EPC 时 CP 优化方案的 PUR 传输、小区是否支持连接 5GC 时 UP 优化方案的 PUR 传输、小区是否支持连接 5GC 时 CP 优化方案的 PUR 传输。

基于如上讨论过程，关于 PUR 配置请求的标准化结果如下。当满足如下条件时，RRC_CONNECTED 态终端可以发起 PUR 配置请求。

（1）当上行总数据包的 MAC PDU 大小小于或等于终端支持的 TBS 值，且当终端连接 EPC 时，SIB2 中携带的指示如下。

① 对于 UP PUR，SIB2 中携带了小区是否支持连接 EPC 时 UP 优化方案的 PUR 传输指示。

② 对于 CP PUR，SIB2 中携带了小区是否支持连接 EPC 时 CP 优化方案的 PUR 传输指示。

（2）当上行总数据包的 MAC PDU 大小小于或等于终端支持的 TBS 值，且当终端连接 5GC 时，SIB2 中携带的指示如下。

① 对于 UP PUR，SIB2 中携带了小区是否支持连接 5GC 时 UP 优化方案的 PUR 传输指示。

② 对于 CP PUR，SIB2 中携带了小区是否支持连接 5GC 时 CP 优化方案的 PUR 传输指示。

RRC_CONNECTED 态终端发起的 PUR 配置请求中可携带 PUR 释放请求（PUR 释放请求中不包含任何信息）或者 PUR 配置请求。

PUR 配置请求可进一步包含如下信息。

① 请求的 PUR 资源数目。

② 请求的业务传输周期。

③ 请求的 TBS。

④ 请求的业务传输时间相对于请求发送的时间偏移量（可选）。

⑤ 是否可以通过 L1 ACK 结束 PUR 传输过程的指示（可选）。

6）PUR 配置

考虑到 PUR 配置主要用于 RRC_IDLE 态终端的 PUR 传输，所以提供 PUR 配置的最直接方式是在终端转入 RRC_IDLE 态的最后一条专用消息中携带 RRCConnectionRelease 或 RRCEarlyDataComplete 消息。由于 RRCEarlyDataComplete 消息是通过透明模式传输的，且没有高层确认，因此该消息传输存在一定不可靠性，可能导致终端和基站的资源配置不一致。为 此 人 们 提 出，要 么 RRCEarlyDataComplete 消 息 支 持 透 明 模 式，要 么 引 入 RRCEarlyDataCompleteConfirm 消息来响应 RRCEarlyDataComplete 消息，以确保终端能收到基站发送的 RRCEarlyDataComplete 消息，保证终端和基站的资源配置一致性。人们讨论后确定终端在 PUR/EDT 传输过程中不会发起 PUR 配置请求，即通过 RRCEarlyDataComplete 消息承载 PUR 配置信息的应用场景不多，决定不用 RRCEarlyDataComplete 消息承载 PUR 配置信息，基站仅使用 RRCConnectionRelease 消息来提供 PUR 配置。

由于只有终端支持 PUR 传输，基站才可以为其配置 PUR，因此终端需要先上报其 PUR 能力给基站。由于 CP 优化方案和 UP 优化方案的 PUR 传输方案有所不同，连接 EPC 和 5GC 时的 PUR 传输方案也有所差异，且终端可能只支持其中一种 PUR 传输方案，因此终端需要区分如下几种不同能力：连接 EPC 时 CP 优化方案的 PUR 传输能力、连接 EPC 时 UP 优化方案的 PUR 传输能力、连接 5GC 时 CP 优化方案的 PUR 传输能力、连接 5GC 时 UP 优化方案的 PUR 传输能力。

PUR 配置信息中需要包含的内容如下。

（1）用于 TA 有效性判决的定时器配置。能够触发 PUR 传输的终端首先需要有有效的 TA 值。因为 PUR 传输使用的是终端最近获得的 TA 值，而 TA 值可能发生变化，所以需要引入 TA 有效性判决机制。TA 只在 TA 有效性定时器运行时有效。有人认为 PUR 的 TA 有效性定时器可以重用 RRC_CONNECTED 态 TA 有效性定时器的值。但人们讨论后认为，由于终端保持在 RRC_IDLE 态的时间比较长，且基站不可能给 RRC_IDLE 态终端发送 TA 更新命令，因此 PUR 的 TA 有效性定时器的取值至少要大于 PUR 配置请求中的数据传输周期，且落在同一数据传输周期的不同 TA 有效性定时器结束时机是没有差别的。所以，RRC_CONNECTED 的 TA 有效性定时器取值范围不适合于 RRC_IDLE 态 PUR 传输的 TA 有效性定时器。最终标准规定为 PUR 配置单独的 TA 有效性定时器，且取值范围是数据传输周期的整数倍。

由于 PUR 传输使用的 TA 值是终端最近获得的 TA 值，因此其有效性定时器在收到对应配置时启动，在收到 TA 更新命令后重新启动，在 PUR 配置释放或 PUR 配置中未包含 TA 有效性定时器相关配置时停止。TA 更新命令可以为定时提前命令 MAC CE（Control Element，控制单元）或者通过 PDCCH 携带的 TA 更新信息。

（2）用于 TA 有效性判决的 RSRP 门限配置。PUR 传输使用的是终端最近获得的 TA 值，而 TA 有效性定时器的值是个静态的值，无法反映出由于终端移动导致 TA 变化的场景。标准规定另外引入基于 RSRP 变化的 TA 有效性判决策略，具体内容如下。

若配置了用于 TA 有效性判决的 RSRP 门限，则进行基于服务小区 RSRP 变化判决 TA 有效性。判决策略准则：从上一次有效的 TA 值获取开始，服务小区 RSRP 的增加量不超过 nrsrp-IncreaseThresh，且从上一次有效的 TA 值获取开始，服务小区 RSRP 的降低量不超过 nrsrp-DecreaseThresh。

（3）用于判决 PUR 释放的次数门限，即 PUR 连续多次不使用时，会被自动释放。为防止 PUR 长期不使用导致无线资源浪费，尤其避免 PUR 挂死的情况（如由于基站和终端的资源配置不一致），引入了用于 PUR 释放的次数门限。当 PUR 连续不使用的次数达到所述门限时，PUR 被自动释放。PUR 释放的次数门限不宜太大。人们经过讨论权衡认为，该次数门限最大值为 8。有人认为最小值可以设置为 1，即如果 PUR 一次不使用就被自动释放，但标准制定者认为在实际应用中这种情况不多，且设置为 1 时会导致 PUR 由于传输异常而发生不期望的释放，所以 PUR 释放的次数门限不可以设置为 1。考虑到参数配置的比特数开销及参数值设置场景需求，标准制定者最终决定该门限的取值为{2, 4, 8}。

（4）PUR 传输过程使用的 RNTI。从终端角度看，PUR-RNTI 是终端的专用资源，终端可以通过 PUR-RNTI 唯一地识别其调度资源。

（5）PUR 传输的响应定时器。该参数指示了终端触发 PUR 传输后，等待 PUR 传输响应的最大时长。如果终端在所述定时器时间内未收到 PUR 传输响应，那么它会认为 PUR 传输失败。

（6）PUR 的开始时机。该参数指示了从终端收到 PUR 配置到第 1 个 PUR 传输时机之间的时间偏置，用于确定 PUR 的时域位置。

（7）PUR 的周期。该参数指示了 PUR 的周期，取值范围和 PUR 配置请求中的数据传输周期保持一致。

（8）PUR 物理层配置信息。该参数主要包括上下行频点信息、PDCCH 的 RRC 配置、资源单元数目、PUSCH 物理层重复发送次数、PUSCH SCS、PUSCH MCS 等。

标准制定者讨论了承载 PUR 配置的 RRC 释放消息中是否可以携带载波重定向指示及 extendedWaitTime 信息，他们经过讨论得出，RRC 释放消息中携带 PUR 配置与携带其他信息不冲突。由于 extendedWaitTime 信息由 NAS 维护，且其运行期间 NAS 不会给 AS 传递用户数据信息，因此在 extendedWaitTime 信息运行期间 PUR 传输不会进行，基站可以通过配置 extendedWaitTime 信息使其小于 PUR 周期以避免其与 PUR 传输发生冲突。

7）PUR 传输

PUR 传输触发条件主要涉及 TA 有效性判决、数据包大小是否适合 PUR 传输的判决等。

PUR 传输可以使用终端最近获取的 TA 值，并且它需要通过 TA 有效性定时器是否超时和服务小区 RSRP 变化是否超过预定义门限来决定终端最近获取的 TA 值是否有效。因为 CP 优化方案的 PUR 传输使用透明模式在 CCCH 上运行，不支持数据分段，所以 CP 优化方案的 PUR 可传输的数据包大小不能超过 PUR 配置中的 TBS 值；而 UP 优化方案的 PUR 传输在 DTCH 上运行，可支持数据分段（例如，第 1 个数据包在 PUR 上传输，后续数据包在终端回落到 RRC_CONNECTED 态时传输），所以 UP 优化方案的 PUR 可传输的数据包大小没有明确的限制，可基于终端实现策略确定。

标准制定者对 PUR 传输时用户数据携带策略主要有 2 种观点。一种观点为 PUR 传输时无须使用 RRC 消息，可以在 PUR 专用资源上直接传输用户数据，因为基站需要存储 PUR 配置信息，基站可以通过 PUR 识别出终端，即便对于 CP 优化方案，考虑到 PUR 的重配置和释放等场景，存储 PUR 配置等上下文信息也是必要的，且所述上下文信息可以与 S-TMSI（SAE-Temporary Mobile Subscriber Identity，核心网侧临时移动用户标识）关联来识别终端，如果 NAS 更新了终端的 S-TMSI，那么终端可以通知基站更新存储的 S-TMSI。另一种观点为 PUR 传输应尽可能重用 EDT Msg3，每次传输都携带 UE_ID，可以避免基站存储 CP 优化方案的终端上下文及 S-TMSI 更新问题，但需要基站将终端的 PUR 配置信息传给 MME，基站在 PUR 重配置或者释放时从 MME 获取终端的 PUR 配置信息。为了流程简化，PUR 传输时要使用 EDT Msg3，但基站在 PUR 重配置或者释放时如何获取 PUR 配置信息还需要进一步优化。

另外，标准制定者讨论了在 PUR 时机如果没有数据传输时，PUR 是否可以传输单独的 RRC 消息。最终标准规定 PUR 资源可用于传输 RRC 消息、用于数据量和功率余量上报的 MAC CE 等信息。

如上所述，PUR 传输要使用 EDT Msg3，对于 UP 优化方案，AS 安全在 PUR 上进行上行传输时被激活。终端进行 PUR 传输后，开始在 PUR 专用搜索空间内监控 PDCCH，并启动 PUR 传输响应定时器。终端启动与停止 PUR 传输响应定时器的具体策略如下。

（1）终端在承载 PUR 传输的 PUSCH 结束子帧加 4 个子帧启动 PUR 传输响应定时器。

（2）如果终端收到了 PUR 的重传调度，那么它在 PUR 重传的 PUSCH 结束子帧加 4 个子帧会重新启动 PUR 传输响应定时器。

（3）当 PUR 传输过程结束或终端收到了 PUR 响应消息时，PUR 传输响应定时器停止。如果 PUR 传输响应定时器超时，那么终端认为 PUR 传输失败。

类似于 EDT 传输，基站收到 PUR 传输时，可以通过给终端发送 RRC Msg4 将终端回落到 RRC_CONNECTED 态。由于 PUR-RNTI 的有时效性问题，因此在终端从 PUR 传输过程回落到 RRC_CONNECTED 态后，如果基站沿用 PUR-RNTI 可能导致 RNTI 冲突，那么其将在终端从 PUR 传输过程回落到 RRC_CONNECTED 态后通过 RRC Msg4 给终端配置新的 C-RNTI。如果终端配置了新的 C-RNTI，那么它在 RRC_CONNECTED 态就使用新配置的 C-RNTI；如果终端未配置新的 C-RNTI，那么它在 RRC_CONNECTED 态的 C-RNTI 就沿用回落到 RRC_CONNECTED 态之前的 PUR-RNTI。

对于 UP 优化方案的 PUR 传输，基站总是需要通过给终端发送 RRC 释放消息来结束 PUR

传输过程。对于 CP 优化方案的 PUR 传输，当基站确定没有数据传输时，如果 PUR 配置请求中携带了 L1 ACK 指示，那么基站可以通过 L1 ACK 或 RRC 消息（RRCEarlyDataComplete 消息）来结束 PUR 传输过程。

因为 PUR 传输过程触发的 S1 接口连接建立/恢复也可以被核心网看作寻呼的响应，所以当 PO 和 PUR 传输冲突时，终端优先进行 PUR 传输。也就是说，如果 PUR 传输时刻和监听寻呼 PDCCH 时刻冲突，那么在冲突时刻终端无须监听寻呼 PDCCH。

因为 PUR 在 PUSCH 上传输，所以 PUSCH 下行传输间隔机制同样适用于 PUR 传输。

8）PUR 释放和重配

由于 PUR 通常针对具有相对固定业务模式的终端配置，因此需要释放 PUR 的场景非常少。一般来说，终端和基站都可以触发释放 PUR。如果终端因为某些原因不再使用 PUR 配置，应该有方法释放 PUR，以避免其一直不被使用而导致资源浪费。PUR 释放的场景如下。

（1）终端主动发起的释放：可能的原因包括 TA 失效、终端移动到其他小区、PUR 传输失败、覆盖等级变化导致指配的重复发送次数不足等。

（2）网络发起的释放：可能的原因包括基站发现业务模式变化、网络资源堵塞、因为传输失败等原因导致已配置的 PUR 多次未使用等。

（3）基于次数的隐含释放：预先设定一个次数 m，当 PUR 传输超过该次数后，即可以释放 PUR。m 可以为 1，即一次性 PUR 配置；m 也可以为无穷大，即 PUR 配置可以被一直使用。以下几种原则得到大多数公司的认同。

① 终端处于 RRC_IDLE 态且未使用 PUR 时机，终端对 m 加 1。

② 终端处于 RRC_IDLE 态且已在 PUR 时机传输 PUR 业务，但未收到确认，终端对 m 加 1。

③ 基站在 PUR 时机未发出确认，基站对 m 加 1。可能的情况包括基站未收到 PUR 传输或基站收到 PUR 传输但解析失败无法发出确认。

④ 当终端处于专用 RRC 连接时，即便此时有 PUR 时机（例如，终端在 PUR 时机之前已经建立了常规连接，且连接一直持续到当前 PUR 时机），基站和终端都不增加 m。

⑤ 终端和基站之间只要成功通信（无论终端是处于 RRC_IDLE 态还是 RRC_CONNECTED 态）后，m 的值都将被重置为零。

多数公司都认为原则②有可能导致终端和基站对 m 的统计不一致。例如，对于下行传输失败的场景，终端发送了 PUR 传输且基站已正确收到，基站发送确认，但确认丢失，根据原则②，终端将对 m 加 1，但根据原则③，基站不会对 m 加 1。这种情况下，基站对 m 的统计会少于终端，当终端统计跳过 PUR 的次数达到 m 次时，终端将提前释放 PUR，对基站而言，剩余的 PUR 不会再被使用。人们称这种情况为不一致 A。

为避免出现这种情况，可以去掉原则②仅保留原则①，即仅当终端没有使用 PUR 时机时，终端才对 m 加 1。如果终端使用 PUR 时机并在该时机传了 PUR 业务，即便终端没有收到确认，终端也不对 m 加 1。但是这里又存在另外一种不一致的可能性，即对于上行传输失败的场景，终端在 PUR 时机传了 PUR 业务，终端不对 m 加 1，根据原则③，基站在 PUR 时机没有正确收到 PUR 传输，则基站会对 m 加 1。这种情况下，终端对 m 的统计会少于基站，当基站统计跳过 PUR 的次数达到 m 次时，基站将提前释放 PUR，对终端而言，它在剩余的 PUR 上传输数据不会被处理或响应。人们称这种情况为不一致 B。

需要指出的是，上述任何一种原则都无法完全避免终端和基站对 m 的统计不一致问题，但不一致 B 的不利影响，特别是对终端的不利影响更大，因此多数公司同意采纳原则①～③。

经过若干次讨论，最后 RAN2 仅同意通过终端专用信令为使用 CP 优化的终端重新配置或释放 PUR。该专用信令通常为 RRCConnectionRelease 消息，在该消息中将引入用于 PUR（重）配置的信元。

在早期讨论中，有提案建议在 PUR 传输过程中支持发送下行确认的同时，也可以通过 RRC 消息重配或释放 PUR。但是对于 CP 优化，目前考虑可以携带下行确认的 RRC 消息为 RRCEarlyDataComplete 消息，该消息采用非确认模式发送，没有 RLC 层确认，也没有对应的 RRC 层确认，如果使用该消息包含 PUR 重配或释放信息，还需考虑引入另一个上行 RRC 消息来指示重配或释放的成功或失败。为简化考虑，RAN2 讨论确定对 PUR 传输沿用现有 MO-EDT 的 Msg3/Msg4，且不引入额外的成功或失败指示。在 PUR 传输过程中进行 PUR 的重配或释放至少对 CP 优化方案不可行。此外，由于仅当终端处于 RRC_CONNECTED 态时才可以发起 PUR 配置请求，PUR 释放和重配的主要触发条件是基站响应终端请求，因此 PUR 的重配或释放一般在传统的连接释放流程中进行。

为了通过终端专用信令来重配或释放 PUR，基站首先需要识别某个 PUR 是否为某个特定终端配置的。假设对于 UP 优化，PUR 为终端上下文的一部分，这意味着如果网络要为某个终端重配或释放 PUR，它可以根据该终端的恢复 ID 来查找终端上下文中的 PUR。

但对于 CP 优化，根据现有协议，人们尚不清楚如何将 PUR 与某个特定终端相关联。换句话说，使用 CP 优化的终端通过何种标签来标识 PUR 尚待确定。如果没有标识 PUR 的标签，基站也可以为使用 CP 优化的多个终端分配和存储多个 PUR，但不能将它们一一关联。当基站为某个终端分配了 PUR，且该终端使用该资源发送了 PUR 传输，则基站会在 PUR 上解码到使用某个特定 PUR-RNTI 加扰的 PUR 传输，即没有标识 PUR 的标签也不影响基站接收 PUR 传输，但如果基站仅想在释放某个终端时专门为它重配或释放 PUR，目前基站尚无可行方式做到这一点。

对于 CP 优化，需要定义一个标签在基站和终端间唯一标识为该终端分配的 PUR，基站根据该标签为某个特定终端查找与其关联的 PUR。标签方式有以下几种。

（1）方式 1：基站使用 S-TMSI 标识本地存储的 PUR。当基站从某终端收到 PUR 配置请求时，基站可以直接在本地查找到 PUR，并为该终端进行 PUR 重配或释放。

（2）方式 2：基站将 PUR 配置传到 MME 并存储在 MME 中。MME 可将 S-TMSI 与相关 PUR 进行关联。当基站从某终端收到 PUR 配置请求时，基站可以通过 S-TMSI 从 MME 获取该终端的 PUR，并为该终端进行 PUR 重配或释放。

（3）方式 3：基站为 CP-PUR 配置引入一个短 PUR 配置 ID，通过该 PUR 配置 ID 与 C-RNTI 相结合来唯一识别 PUR。

（4）方式 4：基站为 CP-PUR 配置引入一个长 PUR 配置 ID，用来唯一识别 PUR。

对于方式 1，尽管可以假设终端的 S-TMSI 在一个 MME 中很少发生改变，但还是要考虑其在某些特殊情况下发生改变的可能性，且这种改变是通过 NAS 信令发生的，只有终端和 MME 才知道新的 S-TMSI。此后，基站将无法正确查找终端的 PUR 配置。对此问题的解决方案是，S-TMSI 改变仅在终端处于 RRC_CONNECTED 态时通过 NAS 信令发生，这种场景下基站可以知道终端的旧 S-TMSI。一旦 S-TMSI 发生改变，则要使用 CP 优化且具有 PUR 配置的终端向基站上报（如通过 ULInformationTransfer 上行消息上报）新 S-TMSI，基站可以基于旧 S-TMSI 来查找终端的 PUR 配置，并将其中的旧 S-TMSI 替换成终端上报的新 S-TMSI。上述 S-TMSI 更新上报过程可能会带来额外的空口开销。

对于方式 2，首先将 PUR 这种纯粹的 AS 配置存储在 MME 并不是一种常规做法，然后基站重配或释放 PUR 之前需要在 MME 中查找并获取 PUR，这需要引入新的 S1 接口流程并引入额外的接口时延。

对于方式 3，考虑到基站 RNTI 的分配策略，可能只会有少数 RNTI 用作 PUR 传输，通过 RNTI 与比特数较少的 PUR 标识相结合来识别 PUR，对小区内允许的最大 PUR 用户数会产生限制。

对于方式 4，PUR 标识的比特数较多，对空口负荷有影响。

经过讨论与权衡，标准制定者最终采用了方式 4，即基站给终端配置 CP-PUR 时，同时为其引入一个 PUR 标识（PUR-ConfigID-r16），当终端请求更新 PUR 配置时，在请求中携带该 PUR 标识，以便基站能关联到为其分配的 PUR。

7. NRS 增强

NRS 增强是针对 NB-IoT 的优化技术。NRS 增强是否使能通过高层信令配置。

1）物理层设计

如果每个子帧都包含 NRS，那么开销太大。所以，基于 PO 确定包含 NRS 子帧的方案被采纳。至于哪些 PO 有对应的 NRS 子帧则取决于抽取模式的设计。

在 Rel-16 中 NRS 增强主要用于非锚定载波上没有寻呼时的 NRS 发送，目的是进行 NPDCCH 的提前中止。所以，包含 NRS 的子帧可能由 2 部分组成：PO 前 10 个 NB-IoT 下行子帧中的前 M 个子帧；NPDCCH 搜索空间的前 N 个 NB-IoT 下行子帧。

图 3-13 所示为 PO 分布示意图。由图 3-13 可以看出，nB 的值不同，PO 的分布也不同。

图 3-13　PO 分布示意图

无线帧 #K	无线帧 #K+1	无线帧 #K+2	无线帧 #K+3
0 1 2 3 4 5 6 7 8 9	0 1 2 3 4 5 6 7 8 9	0 1 2 3 4 5 6 7 8 9	0 1 2 3 4 5 6 7 8 9

（e）nB = T/4

图 3-13　PO 分布示意图（续）

因此，标准规定基于 nB 来确定 M、N 和抽取模式。其中，T 为寻呼周期，nB 为网络配置中决定寻呼资源密度的参数。由于 PO 的分布不同，因此人们对 nB 分成了以下 2 种情况进行讨论。

（1）nB <T/2。

当 nB <T/2 时，标准规定每个 PO 都包含 NRS 子帧且 $M+N$ = 10。由于 NRS 增强的目的是进行 NPDCCH 的提前中止，因此 NRS 应该在 NPDCCH 搜索空间之前发送，即 M = 10，N = 0。

（2）nB ≥T/2。

当 nB ≥T/2 时，抽取模式为每 2 个 PO 中有 1 个 PO 包含 NRS 子帧，即抽取因子为 1/2。根据 nB <T/2 时 NRS 子帧的个数可知，每 40ms 内存在 10 个含有 NRS 的子帧是 NRS 子帧的最大开销，所以当 nB ≥T/2 时，40ms 内含有 NRS 的子帧个数也不能超过 10。当 nB = $4T$ 或 $2T$ 时，因为 40ms 内 NRS 子帧个数为 4 的倍数，所以将 $M+N$ 的值定义为 8；当 nB = T 或 T/2 时，因为 40ms 内 NRS 子帧个数为 2 的倍数，所以 $M+N$ 的值仍为 10。结合抽取因子和 PO 的分布可得，当 nB ≥T/2 时，最终确定的 M 和 N 的取值如表 3-14 所示。

表 3-14　M 和 N 的取值

nB	M	N
$4T$	1	0
$2T$	2	0
T	5	0
$\dfrac{T}{2}$	10	0

在抽取模式中，如果 2 个 PO 中总有 1 个 PO 有对应的 NRS，这对处在另一个 NRS 的终端来说，存在不公平的问题。为了解决该不公平问题，标准规定了基于如下公式确定包含 NRS 子帧的 PO。

$$R = (\text{PO\_Index} + \text{offset})\bmod 2$$

$$\text{PO\_Index} = (\frac{\text{SFN}}{T}\text{nB} + \text{i\_s})\bmod \text{nB}$$

$$\text{offset} = (\text{floor}\left(\frac{\text{SFN} + 1024\text{H - SFN}}{T}\right))\bmod 2$$

其中，当 R = 1 时，PO 包含 NRS 子帧；当 R = 0 时，PO 不包含 NRS 子帧。SFN、H-SFN 分别为 PO 所在的无线帧索引、超系统帧索引。nB 的取值为 $4T$、$2T$、T、T/2、T/4、T/8、T/16、T/32、T/64、T/128、T/256、T/512 和 T/1024。i_s 用来确定 PO 所在的子帧。T 为基于小区的 DRX 循环。

2）NRS 增强的信令配置

NRS 增强引入了配置于非锚定载波上的无寻呼时的 NRS 配置，主要为非锚定载波上参考信号的 EPRE（Energry Per Resource Element，每资源单元的能量）与锚定载波上的参考信号 EPRE 间的偏置。基站可以使能或去使能非锚定载波上的 NRS 增强功能。通过非锚定载波上是否配置有 NRS 相关偏置信息可以隐式指示该功能是否使能。

对于终端来说，支持非锚定载波的 RRM 测量是可选功能。终端首先要支持对非锚定载波的 NRSRP（Narrowband Reference Signal Receive Power，窄带参考信号的接收功率）测量，并且只有在邻区放松测量的情况下，终端才会测量非锚定载波的 NRSRP，否则，终端仅测量锚定载波的 NRSRP。

当终端测量非锚定载波的 NRSRP 时，它需要通过已配置的偏置来转化得到锚定载波的 NRSRP。

由于 NRSRQ（Narrowband Reference Signal Received Quality，窄带参考信号接收质量）不仅反映了接收信号的强度还反映了干扰的程度，而影响干扰的因素有很多，终端无法通过测量非锚定载波的 NRSRQ 来转化得到锚定载波的 NRSRQ，因此标准未支持非锚定载波的 NRSRQ 测量。相应地，对于小区选择，与终端在锚定载波上执行测量时不同（需要同时保证 NRSRP 和 NRSRQ 测量结果满足 Srxlev > 0 且 Squal > 0，才可以执行 S 准则），如果终端在非锚定载波上执行测量，那么只要满足 Srxlev > 0，就可以执行 S 准则。

8．NB-IoT 终端级别的 DRX 支持策略

在 NB-IoT 标准研究初期，人们认为 NB-IoT 主要用来承载传输时延没有要求的小数据包业务。为了使终端实现简单，NB-IoT 不支持终端特定 DRX 周期，仅支持小区级的默认 DRX 周期，该 DRX 周期至少为 1.28s。

随着市场及 NB-IoT 应用的扩展，更多业务被包括进来，如共享单车、智能门锁、POS 机等，这些新业务需要更小的 DRX 周期，以保证用户体验。例如，在共享单车应用中，用户为将开锁指示发给单车上的 NB-IoT 模块，需要通过无线网络尽快寻呼到 NB-IoT 模块。此外，NB-IoT 最初的设计目标之一是取代 GPRS，而在实际部署中，GPRS 寻呼周期通常可以配置为 0.47s。因此，为了取代 GPRS，NB-IoT 的最小 DRX 周期也应该支持类似于或小于 GPRS 寻呼周期。

针对上述需求，Rel-16 后期的工作项目描述中增加了终端特定 DRX 周期的研究内容。

传统 LTE 中的终端特定 DRX 策略为，终端和核心网通过 NAS 消息协商终端特定 DRX 参数，核心网通过寻呼消息将所述终端特定 DRX 参数带给基站。基站寻呼终端时，按照所述终端特定 DRX 参数和网络配置的寻呼 DRX 取最小值来确定实际使用的寻呼 DRX，并按照所确定的 DRX 来寻呼终端，终端也按照相同的策略来监控寻呼消息。

考虑到 Rel-16 以前版本的基站无法识别寻呼消息中的终端特定 DRX 参数，并且 NB-IoT 的 NAS 标准与 LTE 的 NAS 标准是一个标准，因此 NAS 标准在 NB-IoT 标准化时并没有针对 NB-IoT 不支持终端特定 DRX 策略做特别的标准化描述，也就是说虽然 Rel-16 以前版本 NB-IoT 的 NAS 标准不支持终端特定 DRX 策略，但终端和核心网在 NAS 消息协商过程中仍然可能携带终端特定 DRX 参数。当终端和核心网在 NAS 消息协商过程携带了终端特定 DRX 参数时，核心网也判断不出终端是否为支持终端特定 DRX 的 Rel-16 终端。所以，Rel-16 NB-IoT 支持终端特定 DRX 需要考虑 NAS 和基站的兼容性问题。SA2 提供了如下 2 种策略供选择。

（1）策略 1：NB-IoT 和宽带演进通用陆地接入网使用相同的 NAS 终端特定 DRX 策略，RAN 侧做兼容性处理，具体包括以下内容。

① 终端和核心网在附着/TAU（Tracking Area Update，跟踪区更新）过程通过 NAS 信令协商终端特定 DRX 参数，核心网通过寻呼消息将所述终端特定 DRX 参数带给基站。

② 终端在无线寻呼能力信元中为基站提供是否支持终端特定 DRX 的指示（注：基站会将所述无线寻呼能力信元传给核心网，核心网存储该无线寻呼能力信元，并在后续寻呼消息中将其带给基站）。

③ 基站基于无线寻呼能力信元中的终端特定 DRX 指示来判断终端是否支持终端特定 DRX。

④ 基站在系统广播消息中指示小区是否支持终端特定 DRX。终端基于所述指示确定小区是否支持终端特定 DRX。当小区和终端都支持终端特定 DRX 时，基站按照终端特定 DRX 参数和网络配置的寻呼 DRX 取最小值来确定实际使用的寻呼 DRX，并按照所确定的 DRX 来寻呼终端；终端也按照相同的策略来监控寻呼消息。

（2）策略 2：NB-IoT 使用独立于宽带演进通用陆地接入网的 NAS NB-IoT 终端特定 DRX 参数，RAN 侧和 NAS 同时做兼容性处理，具体包括以下内容。

① 终端和核心网在附着/TAU 过程通过 NAS 信令协商 NB-IoT 特有的终端特定 DRX 参数（如 NB-IoT 终端特定 DRX）。

② 核心网在寻呼消息中将 NB-IoT 特有的终端特定 DRX 参数带给基站。基站基于寻呼消息中是否携带 NB-IoT 特有的终端特定 DRX 参数来确定终端是否支持终端特定 DRX。

③ 基站在系统广播消息中指示小区是否支持终端特定 DRX。终端基于所述指示确定小区是否支持终端特定 DRX。当小区和终端都支持终端特定 DRX 时，基站按照终端特定 DRX 参数和网络配置的寻呼 DRX 取最小值来确定实际使用的寻呼 DRX，并按照所确定的 DRX 来寻呼终端；终端也按照相同的策略来监控寻呼消息。

由于 SA2 已经决定在 NAS 侧附着/TAU 过程中为其引入 NB-IoT 特有的终端特定 DRX 参数，以区别于 Rel-16 版本之前的终端特定 DRX 参数，并且策略 2 相对来说对 RAN 侧的影响较小（如不涉及 AS NB-IoT 终端特定 DRX 相关的终端能力上报），因此绝大多数公司倾向于选择策略 2。

RAN2 讨论了 NB-IoT 终端特定 DRX 周期的取值范围。因为 NB-IoT 小区广播的默认 DRX 周期取值范围为 ENUMERATED {rf128, rf256, rf512, rf1024}，所以 NB-IoT 终端特定 DRX 周期的取值范围至少要包含 {rf128, rf256, rf512, rf1024}。另外，因为 NB-IoT 终端特定 DRX 功能的引入主要是为了满足低时延业务寻呼的需求，所以有公司提出需要支持较小的 DRX 周期（注：宽带演进通用陆地接入网支持的 DRX 周期取值范围为 ENUMERATED {rf32, rf64, rf128, rf256}），并且大部分公司同意扩展 NB-IoT 终端特定 DRX 周期取值范围使其包含 {rf32, rf64}。

3.3.5　多 RAT 技术

多 RAT 技术是指 NB-IoT/eMTC 与其他无线接入技术之间（如 NB-IoT 与 EUTRA/GERAN 之间、eMTC 与 NB-IoT 之间）的小区重选等互操作技术、NB-IoT/eMTC 与 NR 频谱共存、NB-IoT/eMTC 接入 5GC。

1. 异系统间小区选择

eMTC 默认可以支持基于优先级的异系统间小区选择和重选。但是，早期 NB-IoT 部署主要以单模 NB-IoT 芯片组为主，常用于具有极低移动性、极低功耗特征的简单公用事业计量设备，不支持异系统间小区选择和重选。随着物联网市场和产业链的发展，市场上开始出现双模或多模芯片组（如 NB-IoT / GSM、NB-IoT / eMTC、NB-IoT / GSM / eMTC）。双模甚至多模芯片组可以提供单一平台设计，使得设备能够同时连接到 NB-IoT、GSM / GPRS 或 eMTC / LTE 等多个网络，这有助于 NB-IoT 扩大市场应用范围，且可以逐步扩展到具有语音需求的市场。

表 3-15 所示为 NB-IoT 中双模或多模芯片组的用例及主要特征。

表 3-15　NB-IoT 中双模或多模芯片组的用例及主要特征

芯片组	用例	移动性	功耗敏感性	覆盖场景
仅 NB-IoT	水表、气表、电表等测量仪表	低	高（终端电池是不可充电或不可替换的）	室内深覆盖
NB-IoT+GSM（无语音业务）	可穿戴设备，如宠物智能跟踪设备、安防或工业应用设备	高	高（终端电池是不易充电或不易替换的）	室内深覆盖或室外有遮挡
NB-IoT+GSM（有语音业务）	可穿戴设备，如可通话智能手表	高	中等（终端电池可替换）	普通室外覆盖
NB-IoT+eMTC/LTE	可穿戴设备，如医疗设备（有中等或更大的数据传输需求）	高	中等或低（终端电池可充电或可替换）	普通室外覆盖
NB-IoT+GSM+eMTC/LTE	内置于智能终端的 NB-IoT 芯片	高	低（终端电池易充电）	普通室外覆盖

根据表 3-15 对芯片组的分析，带有双模甚至多模芯片组的终端（双模甚至多模终端）很有可能具有中等或较高的移动性。但是，即便当前网络部署可使得不同 RAT 间存在重叠覆盖，由于当前的 NB-IoT 完全不支持 RAT 间的移动性，且仅支持基于排序的同频和异频测量及小区重选，因此支持多 RAT 的 NB-IoT 终端在无线环境较差时始终无法接入附近可能存在且无线条件良好的其他网络，从而导致更大功耗使业务性能受到影响。为此，Rel-16 希望对这类双模或多模终端进行优化，目的之一在于帮助多模终端找到具有最优覆盖或最适合当前业务的接入技术（如为具有高数据速率需求或语音需求的业务选择 eMTC/LTE 网络）。

在标准讨论初期，很多提案建议对包含 NB-IoT 的多模终端支持与传统 LTE 类似的、不同 RAT 间基于优先级的小区选择和重选。但部分公司对基于优先级的小区重选所需要的多 RAT 测量可能造成的终端耗电有所担心。最终标准规定仅支持基于多 RAT 辅助信息的小区选择。

标准随后规定可通过网络广播消息为多模终端发送不同 RAT 信息，来辅助多模终端获知周围存在的其他 RAT 网络，以便终端选择驻留的 RAT。在此基础上，标准制定者又讨论了如下细节问题。

（1）基站是否需要提供其他 RAT（eMTC/LTE/GERAN）的优先级信息。部分公司认为需要由网络提供其他 RAT 的优先级信息，而且与传统 LTE 类似，该优先级信息是配置到载频级别的。假设不同多模终端支持的应用各不相同，对处于 RRC_IDLE 态的多模终端，因小区选择期间尚未发起业务，其无法基于业务来选择合适的接入技术，因此小区选择期间有必要提供其他 RAT 的优先级信息来帮助终端尽可能快速地找到一个总体良好的小区（如具有良好无线覆盖和较低负载的小区）。当然，无论基站是否提供其他 RAT 的优先级信息，终端都可以在内部根据历史信息维护不同 RAT 的优先级信息，以便优化 RAT 间小区评估/选择。但显然终端内部的优先级信息是一种统计信息，缺乏网络侧实时信息，如网络覆盖、网络负荷状态、运营商策略提供的服务偏好，甚至网络运行状态等。即便网络支持广播 RAT/载频以帮助终端，但网络广播消息只能指示这些 RAT/载频的存在，而不能给出更多详细的信息。基于下面的一些用例，用户会明白网络广播消息的重要性及缺少此类消息会带来怎样的问题。

① 从网络覆盖质量的角度来看，不同 RAT 或 RAT 中不同载频的覆盖条件可能各不相同。为了给处于不同位置的终端提供帮助，网络会广播尽可能多的 RAT 或载频，但其中一些 RAT 或载频的覆盖质量可能并不好。如果基站没有提供其他 RAT 的优先级信息，那么终端可能需要评估所有广播的 RAT 或载频，由此导致很大的功耗。反之，如果网络可以将一些良好的 RAT 或载频标记为较高优先级，那么终端可以缩小初始评估的 RAT 或载频范围，只有当终端在这个范围内找不到适合驻留的小区时，终端才有必要进一步评估那些具有较低优先级的 RAT 或载频。

② 从网络覆盖连续性的角度来看，不同 RAT 或载频可能会提供不同的覆盖连续性。如果具有中等或较高移动性的终端无法获知这一点，而只是选择一个质量最好但覆盖连续性较差的 RAT 或载频内的小区，那么此终端可能会在后续移动过程中丢失覆盖。反之，如果网络可以将一些具有覆盖连续性的 RAT 或载频标记为较高优先级，那么可以避免此类问题的出现。

③ 从网络负载的角度来看，为了给处于不同位置的终端提供帮助，网络会广播尽可能多的 RAT 或载频，即使某个 RAT/载频具有中等或高负载，它仍然有可能存在于 RAT 或载频列表中，因为它可能是某些终端可以检测到的唯一接入网络。基于这样的配置，在最坏情况下，终端选择的最强 RAT 或载频也可能具有最高负载，终端可能经过多次尝试后仍无法接入该网络并导致不必要的功耗。在这种情况下，终端选择次优无线质量但是具有较低负载的 RAT 或载频更加合适。

④ 从服务偏好的角度来看，如果某些多模终端需要支持语音业务，但基于业务成熟度，不同的运营商可能对于将不同 RAT 用于语音业务有不同的偏好。例如，某些运营商可能选择 GERAN 提供语音业务，其他运营商可能选择 LTE 提供语音业务。为此运营商需要使用某种机制来向终端指示对首选策略的偏好性。

综上所述，网络侧可以考虑结合上述规则来设置 RAT 或载频的优先级，终端可以利用优先级信息简化小区选择过程，以节省耗电并获得更好的小区选择结果。

在标准制定的讨论过程中，大部分终端厂商认为物联网终端具有多样化操作方案，不同终端可能倾向不同的优先级设置。例如，具有 NB-IoT 的智能手机可能会选择 LTE，而其他物联网终端，如可穿戴设备，可能更喜欢驻留在 NB-IoT 上。对于运营商而言，其很难定义适用于所有终端的 RAT 优先级。因此，RAT 优先级主要取决于终端实现。

（2）基站如果需要提供其他 RAT（eMTC/LTE/GERAN）的优先级信息，那么它是通过广播消息还是单播消息来提供呢？或两者都需要。

在标准制定的讨论中，有公司认为，广播是一种基站提供 RAT 优先级信息的常规方式，但考虑到不是所有终端都具有双模或多模能力，此时通过广播消息提供 RAT 间的相关信息，并让所有终端都解析该消息是一种不必要的资源浪费。因此，网络也可以选择通过专用信令仅为有能力的终端提供 RAT 间参数及其他一些可根据终端定制的参数。基站提供 RAT 优先级信息的另一种方式是网络需要基于某些规则来设置 RAT 或载频优先级，并通过广播方式发给终端，后续通过专用信令来修改 RAT 或载频优先级。

（3）优先级的配置方式及使用方式。在标准制定的过程中，部分公司认为可以使用优先级来反映网络覆盖范围或负载状态，并希望为每个 RAT 的每个载频配置优先级（类似传统 LTE 中的优先级）。当然考虑到前述功能上的差异，仅仅配置 RAT 的优先级也是可以接受的。

在小区选择期间，终端可以按照 RAT 间优先级从最高到最低的顺序对 RAT 或载频进行评估。终端可以在具有较高优先级的 RAT 范围内搜索，仅当终端找不到适合驻留的小区时，终端才会进一步评估具有较低优先级的其他 RAT 或载频。此外，也可以考虑仅允许某些终端使用该优先级信息，而其他终端不允许使用。例如，对于功耗敏感的终端，它可以仅评估具有较高优先级的那部分 RAT 或载频，而对于功耗不敏感的终端，它可以评估所有优先级的 RAT 或载频。

传统 LTE 针对优先级还设置了阈值、测量间隔及其他 RAT 的接入门限等参数。为简单起见，大部分公司认为这些参数对 NB-IoT 的终端进行多 RAT 小区选择不太必要，当然，考虑到测量间隔对避免终端在 RAT 间乒乓重选有一定好处，引入该参数是可以的。引入接入门限参数的好处是避免终端选择不可接入的 RAT 驻留并读取开销信息，但部分公司认为即使提供了相邻 RAT 或载频的接入门限参数，终端仍然需要测量相邻小区的无线质量，这对节省终端功耗没有太大收益，另外引入该参数对广播 RAT 间参数会带来额外的信令开销。因此，该参数的引入是没有必要的。

也有不少公司指出有必要引入更多 RAT 相关的参数，如优先级等。但出于简化终端处理的考虑，RAN2 仅同意引入简单的其他 RAT/载频列表信息。

2. 接入 5GC

与支持 LTE 接入 5GC（eLTE）的需求类似，为进一步支持物联网系统演进，物联网（包括 NB-IoT 和 eMTC）的 Rel-16 终端中也支持接入 5GC。

1）数据传输方案

物联网终端接入 EPC 支持 CP 优化方案和 UP 优化方案，其中 CP 优化方案通过信令传输用户数据，UP 优化方案通过简化信令流程在 UP 传输用户数据。各公司在讨论接入 5GC 之初，有一致共识：为保持终端节能，物联网终端接入 5GC 仍然需要支持 CP 优化方案，但对于是否支持 UP 优化方案则有很多争议，原因在于，LTE 接入 5GC（eLTE），新引入了 RRI_CNACTIVE 态（未激活态）来支持 UP 数据传输，因此对于物联网终端接入 5GC，首先各公司要讨论的是继续支持 UP 优化还是引入 RRI_CNACTIVE 态。

一些公司认为，Rel-16 终端需要达到与 Rel-13 终端相同的节能目标，现有 RRC_INACTIVE 态尚不支持更大的 eDRX 周期。因此，支持 UP 优化是唯一可以保证终端节能的方案。若要求物联网终端同时支持 UP 优化和引入 RRC_INACTIVE 态，则会增加终端复杂度和成本。而另一些公司则认为 RRC_INACTIVE 态如果能够支持更大的 eDRX 周期，同样可以满足终端的节能要求。因为 5GC 已经引入 RRC_INACTIVE 态，因此该方案对核心网标准影响最小。

物联网终端引入 RRC_INACTIVE 态还有如下好处：RRC_INACTIVE 态对频繁数据传输有优势，可以预期 Rel-16 终端会支持更多样的应用，一旦物联网终端在接入 5GC 时数据传输可能会很频繁,而引入 RRC_INACTIVE 态可以为那些具有不频繁数据传输业务的终端配置更大的 eDRX 周期来达到终端节能的目的。但如果仅支持 UP 优化，对于那些具有频繁数据传输业务的终端，就只能容忍连接被频繁挂起和恢复，这将导致更多的信令开销及终端功耗；Rel-15 物联网已支持 MO-EDT 功能，Rel-16 物联网即将支持 MT-EDT 和 PUR 功能，对于接入 5GC 的终端，如果其能够引入 RRC_INACTIVE 态，那么可以仅释放空口连接而维持 Ng 接口，在下一次执行 EDT 或 PUR 传输时，仅需要恢复空口而避免在 EPC 中恢复 S1 接口的流程，数据可以直接通过激活的 Ng 接口在核心网和基站间传递，这样可以进一步缩短 EDT 或 PUR 流程并有助于终端节能。

反对引入 RRC_INACTIVE 态的公司则认为，更大的 eDRX 周期对核心网可能存在如下潜在影响。

（1）终端在 RRC_INACTIVE 态下需要同时监听网络侧和 RAN 侧寻呼。而为了最小化监听寻呼的功耗，终端需要对齐核心网寻呼和 RAN 寻呼之间的 PO，故核心网需要将所有终端特定寻呼周期参数在终端建立连接时传递给基站。

（2）在配置较大的 eDRX 周期的情况下，到达核心网的数据只能在特定窗口发送给终端，且这些窗口之间的间隔可能很大，此时可能需要 5GC 或基站支持较长时间缓存。支持 RRC_INACTIVE 态的大量物联网终端维持激活会给基站和核心网之间的接口（Ng 接口）造成较大开销。

经过多轮讨论,标准规定对 Rel-16 NB-IoT 接入 5GC 仅支持 UP 优化的 UP 数据传输方案，不引入 RRC_INACTIVE 态。对 Rel-16 eMTC 接入 5GC，则同时支持 UP 优化和引入 RRC_INACTIVE 态，但为了终端节能，对 RRC_INACTIVE 态的 RAN 寻呼周期进行了扩展，可支持更大的取值，即 5.12s 和 10.24s。

此外，对于 UP 优化方案，与接入 EPC 中传统的 UP 优化方案不同，接入 5GC 的 UP 优化采用与 eLTE 及 MO-EDT 类似的在发送 Msg3 之前就提前激活 AS 安全机制，相应地，基站需要在上次连接释放时将 NextHopChainingCounter 参数发送给支持 UP 优化方案的终端。在 EDT 中，由于 Msg3 需要携带数据，因此在激活 AS 安全机制的同时需要提前恢复 DRB。但对于接入 5GC 的终端，不存在 Msg3/Msg4 携带数据的需求，因此提前恢复 DRB 的必要性不大。如果允许提前恢复 DRB，且终端是在一个新小区恢复连接（非连接挂起的小区），那么新小区无法在接收 Msg3 时获知 DRB 是否继续使用 RoHC（Robust Header Compression，鲁棒性头压缩）配置。在 Rel-15 UP MO-EDT 流程中就存在上述问题，为此人们引入了相关限制，要求终端只有在相同小区恢复时才能继续使用 RoHC 配置，只要终端在其他小区恢复连接，需要重置 RoHC 配置。由此可见，提前恢复 DRB 必要性不大还会带来额外的复杂度，因此 RAN2 同意对于接入 5GC 且非 EDT 的场景，终端在收到 Msg4 后恢复 DRB。

之后，有公司提出可以参考 eLTE，应使用 I-RNTI（非激活态的 RNTI）作为恢复 ID，不应使用原有接入 EPC 所使用的 ResumeID 作为恢复 ID，主要有以下 2 个原因。

（1）ResumeID 长度为 40 比特，其中基站 ID 和 UE_ID 的长度均为 20 比特，I-RNTI 则支持灵活的基站 ID 和 UE_ID 的长度分配。

（2）如果终端在同一个基站挂起和恢复连接，那么使用 ResumeID 或 I-RNTI 都可以，但是在移动场景下，且特殊的旧基站和新基站都是在既连接接入 5GC 的邻区，也连接接入 EPC 邻区的场景下，使用 ResumeID 可能会存在问题。详细来说，接入 5GC 的终端在 A 基站挂起连接，并在 B 基站尝试恢复连接。如果终端发送 RRCConnectionResumeRequest 消息给 B 基站且包含 ResumeID，即便 B 基站可以根据 ResumeID 中的基站 ID 识别出 A 基站，但 B 基站无法判定应该使用 Xn 接口还是 X2 接口去向 A 基站恢复终端上下文。如果 B 基站盲目选择使用 X2 接口去向 A 基站恢复终端上下文，A 基站也可以通过 ResumeID 查找到唯一的终端上下文，并通过 X2 接口带给 B 基站，但因为该终端在 A 基站是接入 5GC 的，其上下文是接入 5GC 的存储结构（用 ResumeID 来标识这种新结构的上下文），B 基站如果按照 X2 接口终端上下文响应消息的结构来解析，会导致终端上下文解析错误。针对该问题的解决方案是在 RRCConnectionResumeRequest 消息中携带一个额外的指示，以使终端向新基站指示使用哪种接口（X2 接口还是 Xn 接口）恢复终端上下文，故新基站能触发正确的恢复终端上下文流程。但是如果标准制定者采纳该方案，eMTC 也需要采用相同的方案，但 eMTC 的 RRCConnectionResumeRequest 消息只剩余一个保留比特，大部分公司反对使用该比特用作上述区分需求。相对而言，在 RRCConnectionResumeRequest 消息中使用 I-RNTI 就比较容易达成一致的接口区分方式。

标准制定者经多轮讨论后同意，当终端接入 5GC 时，在 RRCConnectionResumeRequest 消息中使用 I-RNTI 作为恢复 ID。

2）RRC_INACTIVE 态下的寻呼监听

如上文所述，接入 5GC 的终端引入了 RRC_INACTIVE 态，且在 RRC_INACTIVE 态仅支持小的 eDRX 周期（rf512 和 rf1024）。处于 RRC_INACTIVE 态的终端需要同时监听 RAN 发起的寻呼（简称 RAN 寻呼）及来自核心网的寻呼（简称核心网寻呼）。

因为在 5G 基站（gNB）将终端释放为 RRC_INACTIVE 态后，gNB 和核心网可能因为某些原因（如核心网没有下行数据）释放 Ng 接口的终端上下文，但因为终端处于 RRC_INACTIVE 态，该操作不会通知到终端。当核心网有下行数据需要发给终端时，它会发送寻呼给 gNB。由于 gNB 已经没有终端上下文，因此它会假定终端处于 RRC_IDLE 态并将核心网寻呼转发给终端。尽管终端知道其处于 RRC_INACTIVE 态，原本只需要监听 RAN 寻呼，但为避免错失上述提及的核心网寻呼，它还需要监听核心网寻呼。为此，终端采用如下方案确定 DRX 周期。

若终端没有配置 eDRX，则其取终端特定 DRX 周期、默认 DRX 周期（高层配置）、RAN 寻呼周期中的最小值作为 DRX 周期来确定 PO。

若终端配置了 eDRX，则其需要在 PTW 内、外分别确定寻呼监听时机，具体方案如下。

（1）方案 1。

① 在 PTW 内，终端需要同时监听 RAN 寻呼和核心网寻呼，应取终端特定 DRX 周期、默认 DRX 周期（高层配置）、RAN 寻呼周期中的最小值作为 DRX 周期来确定 PO。

② 在 PTW 外，终端仅需要在 RAN 寻呼周期监听 RAN 寻呼。

（2）方案 2。

① 如果终端配置了扩展的 RAN 寻呼周期（5.12s 或 10.24s），那么其会根据 RAN 寻呼周期确定 PO。

② 如果基站没有为终端配置扩展的 RAN 寻呼周期（5.12s 或 10.24s），那么终端取终端特定 DRX 周期、默认 DRX 周期（高层配置）、RAN 寻呼周期中的最小值作为 DRX 周期来确定 PO。

3）AS RAI

针对接入 5GC，与接入 EPC 类似，SA2 同意针对 CP 优化引入 NAS RAI，即终端通过 NAS 信令向核心网指示是否有更多上下行数据需要传输。它建议引入新的 AS RAI，主要用于 UP 优化，即要求终端在 AS 上报指示以便基站能够区分以下情况。

（1）没有更多上行高层 PDU 和下行高层 PDU。

（2）没有更多上行高层 PDU，仅期待一个下行高层 PDU 。

在终端接入 EPC 的 MAC 层标准中，已经支持一种 AS RAI，即如果终端认为没有上行或下行数据，那么终端可以发送 BSR = 0，即指示缓存区大小为 0，基站收到该信息后可以尽快发起释放流程。一些公司认为在接入 5GC 时可以继续沿用该方式，但另一些公司坚持认为该指示不够详细，特别是无法指示上述 SA2 提出的第 2 种情况。

对于终端接入 EPC，终端通常在连接维持过程中发送 BSR=0 以便触发连接快速释放。一方面，SA2 认为新的 AS RAI 可以在 RRC 连接建立或恢复流程中发送，可以进一步触发在 Ng 接口上初始终端消息中包含的关于没有更多上行/下行传输或仅有一个下行传输的 N2 RAI 指示供核心网使用。另一方面，SA2 认为新的 AS RAI 还可以用于增强基于 UP 优化的数据传输、基于空口的指示，基站可以发送包含 N2 RAI 的 N2 终端上下文释放命令给接入与移动管理功能节点，如果该节点判断没有其他待传的下行数据，那么它将发送 N2 终端上下文释放命令给基站。基站一旦从接入与移动管理功能节点收到 N2 终端上下文释放命令且已收到过一次下行数据，那么其可以释放该终端的连接。RAN2 在讨论过程中认为如果终端使用 UP 优化，通常终端会有较大或较多用户数据待传输，而终端很难在连接初始建立时就获知仅有一个上行或下行数据，特别是对下行数据，终端很难判断准确，在连接建立流程中发送该信息显然"为时过早"。一些公司则认为参考 EDT 或 PUR 的讨论，某些情况下终端有能力指示该信息。

关于如何携带该指示，常用的方式是使用 RRC 消息或 MAC CE。由于该指示可以在连接初始建立流程中发送，也可以在连接维持流程中发送，因此大部分公司同意将该指示定义为新的 MAC CE，以避免修改多条 RRC 消息，另外也便于单独发送该指示或与其他 RRC 消息（或上行数据）一起发送。为了尽量避免占用新的 LCID（Logical Channel Identification，逻辑信道标识）来指示新的 MAC CE，RAN2 同意对接入 5GC 也支持下行信道质量上报功能，并允许 AS RAI 与下行信道质量上报共享同一个 MAC CE。

4）UAC

LTE 接入 5GC 采用与 NR 一致的新接入控制机制，即 UAC（Unified Access Control，统一接入控制）。该机制基于终端的接入标识（指示多媒体是否优先或关键任务等类型）和接入分类（指示支持时延容忍、语音等不同业务）对终端进行更精细的接入控制，可适用于所有终端状态（RRC_IDLE 态、RRC_INACTIVE 态和 RRC_CONNECTED 态）。与此相关的接入控制参数通过 SIB25 发送。接入标识如表 3-16 所示。接入分类的对照关系如表 3-17 所示。

表 3-16　接入标识

接入标识号	终端配置
0	不配置
1	多媒体优先（MPS）
2	关键任务（MCS）
3-10	保留
11 (NOTE 3)	接入等级 11
12 (NOTE 3)	接入等级 12
13 (NOTE 3)	接入等级 13
14 (NOTE 3)	接入等级 14
15 (NOTE 3)	接入等级 15

表 3-17　接入分类的对照关系

规则序号	接入尝试的类别	需要达到的要求	接入类别
1	通过非 3GPP 接入的寻呼响应或告知；为传输 LET 定位协议消息而建立的 5GMM 连接管理流程	接入尝试为终端被呼的接入	0（= MT_acc）
2	突发事件	用于突发场景	2（突发）
3	运营商定义的接入类别	根据当前的 PLMN,终端存储运营商定义的接入类别	32-63（基于运营商的定义）
4	时延不敏感	NAS 信令为低优先级，或者支持 S1 模式的终端被配置为 EAB；终端收到其中一种类别，作为 UAC 中的部分参数，在系统广播中通知，而且该终端是选定的 PLMN 的一个成员	1（延时不敏感）
5	MO MMTel 语音电话	MO MMTel 语音电话或在语音电话正在进行时的 NAS 指示连接恢复	4（MO MMTel 语音）
6	MO MMTel 视频电话	MO MMTel 视频电话或在视频电话正在进行时的 NAS 指示连接恢复	5（MO MMTel 视频）
7	NAS 承载 MO 短信，或者 MO SMSoIP	NAS 承载 MO 短信	6（MO SMS 和 SMSoIP）
8	终端 NAS 发起的 5GMM 特定流程	MO 信令	3（MO 信令）
9	终端 NAS 发起的 5GMM 连接管理流程或 5GMM NAS 传输流程	MO 数据	7（MO 数据）
10	一个用户的上行数据在 PDU 期间采用挂起的 UP 资源	无进一步要求	7（MO 数据）

UAC 可基于更细致或更综合的因素/标准（如运营商策略、部署方案、用户配置文件和发生拥塞时的可用服务）来执行访问限制，比较适合 NR 与 5GC 这种终端和业务类型丰富的系统。虽然大部分公司通常认为终端较为简单，但考虑到未来接入 5GC 后终端功能可能会进一步扩展，它们认为终端也有必要支持 UAC。

部分公司希望即便终端支持 UAC，其也应该继续沿用基于比特位图的简单接入控制算法的方式，而不是使用 UAC 中接入控制因子及配置相关定时器的方式。大部分公司认为这 2 种方式都可以达到将具有相同接入类别的终端进行离散化处理的目的，差别在于，当使用基于比特位图简单接入控制算法的方式时，一旦网络想要选择不同终端进行接入控制，就需要修改比特位图设置并更新 SIB14，而当使用 UAC 中接入控制因子及配置相关定时器的方式时，基于特定的因子设置，不同终端是否被接入禁止的结果是随机变化的，不需要基站频繁更新参数，对避免信令开销有益处。最终标准制定者同意尽量沿用与 5GC 一致的 UAC 方案。NB-IoT 支持最多 64 个接入分类，但 NB-IoT 在此基础上做了一些简化，即针对终端接入标识的接入控制位图对所有接入分类都是一样的，只有接入控制因子及相关定时器需要针对不同接入分类进行配置。

此外，大部分公司也同意即便对于终端接入 5GC，在无线侧仍然需要控制终端以大覆盖等级及多次重复传输接入系统，因此同意支持类似于接入 EPC 时基于覆盖等级的接入控制。

在现有物联网中，接入控制相关参数都包含在 SIB14 中，对于新引入的 UAC 功能，其相关参数如何放置，一开始不同公司的放置也不同，有些公司希望引入 SIB25 来单独放置 UAC 相关参数，另一些公司则认为 UAC 相关参数可以放在 SIB14 中由终端统一读取。RAN2 最终同意，eMTC 和 eLTE 中的 UAC 相关参数放置方式保持一致，将 UAC 相关参数放在 SIB25 中，而 NB-IoT 中的 UAC 相关参数合并在 SIB14 中。为了区分针对 EPC 和针对 5GC 的接入控制，MIB 还引入了新的 5GC 接入控制的使能比特。接入 5GC 的终端只有根据该比特获知接入 5GC 的接入控制使能后，才需要读取 SIB14 中的 UAC 相关参数。

5）QoS 与网络切片

5GC 和 NR 中引入了基于流的 QoS 概念和新的 SDAP（Service Data Adaptation Protocol，服务数据适配协议）层，并将其应用于 eLTE 中。SDAP 用于支持基于 NAS 的 QoS 流和 AS DRB 之间的映射。NG-RAN（Next Generation Radio Access Network，下一代无线电接入网）中的 QoS 体系结构如图 3-14 所示。该结构对连接到 5GC 的 NR 和连接到 5GC 的 eLTE 都适用。

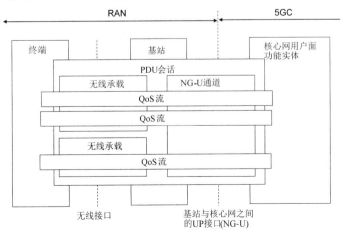

图 3-14　NG-RAN 中的 QoS 体系结构

对于 eMTC，一些公司建议尽量沿用 eLTE 的策略，另一些公司则考虑到 eLTE 终端的复杂度，建议简化相关策略。标准规定 eMTC 接入 5GC 还是沿用 eLTE 的策略，即使用 NR PDCP，支持 SDAP，支持 AS 反向 QoS 作为可选功能。

对于 NB-IoT，多数公司认为其对 UP QoS 支持有限。目前 NB-IoT 仅支持 2 个 DBR，因此无须将 SDAP 引入 UP 协议，避免增加 UP 协议栈复杂度。最终 RAN2 同意不支持 SDAP，对 NB-IoT 接入 5GC 与接入 EPC 相同，仍然仅支持 2 个 DRB，且仅支持 2 个 PDU 会话，DRB 与 PDU 会话一一映射。

最初，有些公司认为对于接入 5GC 的 NB-IoT，同样可以考虑引入 NR PDCP 用于 SRB1 和 DRB。但是，考虑到 NB-IoT 针对 LTE PDCP 已经支持多种简化，如果其改为支持 NR PDCP，需要讨论其是否也对 NR PDCP 引入如下类似的简化。

（1）在 NB-IoT 中，PDCP SDU（Service Data Unit，服务数据单元）/ PDCP 控制 PDU 的最大支持尺寸已缩减为 1600 字节，此值远小于 NR PDCP 中 PDCP SDU 的最大支持尺寸（9000 字节）。如果 NB-IoT 支持 NR PDCP，那么需要讨论其是否及如何缩减 PDCP SDU 最大支持尺寸。

（2）在 NB-IoT 中，DRB 使用 7 位 PDCP 序列号。NR PDCP 区分并定义了上行和下行的 PDCP 序列号，且 PDCP 序列号长度仅定义了 12 位或 18 位。如果 NB-IoT 支持 NR PDCP，那么需要讨论其是否及如何简化 NR PDCP 序列号长度。

（3）在 NB-IoT 中，PDCP 状态报告接收操作不适用。如果 NB-IoT 支持 NR PDCP，那么需要讨论其是否及如何对 PDCP 状态报告进行简化。

在上述问题的讨论过程中，部分公司指出，将 NR PDCP 引入 eLTE 的原因主要有 2 个，一是为了与 SDAP 配合使用，二是为了保证终端在 NR 和 eLTE 之间切换时的业务连续性。而 NB-IoT 不支持 SDAP，因此上述 2 个原因在 NB-IoT 接入 5GC 时都不适用。最终标准规定对 NB-IoT 接入 5GC 不支持 NR PDCP。

NR 和 LTE 接入 5GC 支持网络切片功能。在标准制定的讨论过程中，大部分公司认为在 5GC 中支持网络切片功能使将 eMTC 和 NB-IoT 作为一个独立切片使用成为可能，且对 eMTC 和 NB-IoT 的空口影响不大，因此可以支持。RAN2 最终同意允许对 eMTC 和 NB-IoT 最多同时支持 8 个切片，相应地，RRC 信令中需要支持终端上报切片标识。

6）PO 计算

在终端接入 EPC 的寻呼功能中，需要使用 IMSI 部分比特作为 UE_ID 来确定 PF 及 PO。为了不在网元接口间暴露太多 IMSI 信息，MME 仅能向基站传递 IMSI 的低 10 比特（eMTC）或低 14 比特（NB-IoT），这意味着 eMTC UE_ID 最多有 1024 个，或者 NB-IoT UE_ID 最多有 16384 个。

在 NB-IoT 中，每个小区最多可以配置 16 个寻呼载波，每个寻呼载波最多可以配置 4096 个 PO，因此每个小区最多可以配置 65536 个 PO。如果每个小区配置的 PO 数量大于 UE_ID 的最大数量，将导致某些 PO 不会被使用。为了保证这些 PO 按照相等概率被选择，基站只能限制 PO 数量的配置，以便每个小区的 PO 数量小于或等于 UE_ID 的最大数量。因此，NB-IoT 接入 EPC 仅允许 MME 向基站传递 IMSI 的低 14 比特，这会对基站侧的寻呼资源配置带来不必要的限制。另外，在 Rel-16 NB-IoT 中，为避免寻呼误检，在引入唤醒信号的基础上，进一步引入了组唤醒信号及基于 UE_ID 的组唤醒信号监听机制。在每个 PO 前，基站最多支持发送 16 个组唤醒信号，这意味着每个小区最多需要支持 1048576 个 UE_ID。如果标准不能支持更大范围的 UE_ID，那么在满配置非锚定载波和组唤醒信号的情况下，将导致映射到某个 PO 的所有终端只能监听某个组唤醒信号，而无法监听其他组唤醒信号。

针对上述需求，人们有必要对 Rel-16 NB-IoT 扩展 UE_ID 范围，但是由于 IMSI 无法提供更多比特，因此无法对 UE_ID 范围进行扩展。在 eLTE 中，人们已经采用 5G-S-TMSI 作为 UE_ID 计算 PO。5G-S-TMSI 中包含的 5G-TMSI 为 32 比特，足够满足扩展 UE_ID 范围的需求。因此，对 NB-IoT 接入 5GC，标准规定采用 5G-S-TMSI 作为 UE_ID 计算 PO。基于类似原因，对 eMTC 接入 5GC，标准也规定采用 5G-S-TMSI 作为 UE_ID 计算 PO。与此同时，多数公司认为目前用于寻呼的 UE_ID 范围是否扩展的需求尚不明确，因此 1024 和 16384 的 UE_ID 范围仍保持不变。

标准规定使用 5G-S-TMSI 作为输入计算哈希 ID，该哈希 ID 用于计算 PH（Paging Hyper-frame，寻呼超帧）和 PTW_start。

7）RRC 重建立

当终端接入 EPC 时，在 CP 优化不支持 AS 安全的前提下，为提高终端移动性能，人们引入了基于 NAS 安全校验的 RRC 重建立流程。终端先上报 NAS 安全校验信息给基站（ul-NAS-MAC 和 ul-NAS-Count），再由基站传递到 MME 进行校验。标准规定对终端接入 5GC 也需要支持该功能。

为了使基站能够区别终端是请求与接入 EPC 的小区还是与接入 5GC 的小区重建立连接，人们考虑对现有重建立消息进行关键扩展，定义新的用于接入 5GC 的重建立消息。该消息中包含新的终端重建立标识、NAS 安全校验信息等。

另外，如果处于 RRC_CONNECTED 态的终端触发 RRC 重建立流程，且目标小区和原小区的核心网类型不同，那么终端需要转移到 RRC_IDLE 态，并触发 NAS 恢复流程。

3. 物联网和 NR 共存

1）eMTC 和 NR 共存

Rel-15 NR 已经支持和常规（Rel-13/14/15）LTE-MTC 的频谱共享。Rel-16 eMTC 中进一步提高了 eMTC 和 NR 共存时的性能。

eMTC 和 NR 有多个工作频段相互重叠，为了保证 2 个系统都能正常工作，需要保证 2 个系统各自重要信道的正常发送，如同步信道、广播信道和发送系统消息公有信道的发送。在 NR 中，NR SSB（Synchronization Signal Block，同步信号块）是发送同步和主系统信息的重要信息块，为了保证 NR 的性能，尽量不被与之共存的系统干扰。因此，在 eMTC 和 NR 共存设计中，首先需要考虑预留 LTE-MTC 上的部分资源来保证 NR 重要信息的发送性能，而且需要在 eMTC 中支持上行和下行时隙级别及符号级别的资源预留。此外，为了实现 eMTC 和 NR 的 PRB 对齐，eMTC 引入了下行子载波打孔功能，即打掉 6-PRB 窄带上下边缘的 1 个或 2 个子载波。

根据 RAN1（无线电接入网工作组 1）标准制定的讨论，资源预留和下行子载波打孔功能只影响单播传输，但最初 RAN1 标准制定者建议相关的参数配置通过小区级信令提供，这主要考虑可能需要为多个终端提供相同的 NR 共存配置参数，使用小区级信令效率更高。若将 NR 共存配置参数放在专用信令中，终端会进行反复建立连接，则会导致这些 NR 共存配置参数在每次连接建立时都会被传输。但是基于如下原因，更多公司建议由单播信令提供共存配置参数。

（1）首先，通常只有 RRC_IDLE/ RRC_INACTIVE 态使用的参数才会通过广播消息发送，然后，为了保证广播消息被全小区终端接收，广播消息通常采用较多重复发送次数来发送，而更细粒度的 NR 共存配置参数需要占用较多比特，会导致广播消息过大。基站发送较大的广播消息会导致信令开销过大，以及对不使用共存配置参数终端的电置消耗也有不利影响（在 NB-IoT 中，它需要为多个非锚定载波提供 NR 共存配置参数，广播的开销问题会非常严重，相比之下，在 eMTC 中该问题影响相对较小），另外，考虑到 SIB 发送周期可能较长，也会导致这些共存配置参数的传输有一定延迟。

（2）对使用 UP 优化方案的终端而言，多次连接建立的问题可以通过连接恢复流程来避免。

（3）由于 eMTC 支持 RRC_CONNECTED 态小区间的移动性，且它总是需要在切换过程中通过专用信令交互 NR 共存配置，因此 RAN2 同意由专用信令来提供 eMTC 的 NR 共存配置参数。

在后续进一步讨论中，大部分公司认为 eMTC 的 NR 共存配置可以是小区级别的，因此它们不再强烈反对由广播消息来提供 eMTC 的 NR 共存配置参数，但是为了避免对其他不支持 NR 共存配置终端的影响，它们建议定义一个新的广播消息来提供这些 NR 共存配置参数。此外，关于广播消息和专用消息中的 NR 共存配置参数有怎样的关系，讨论中曾提到过如下内容。

（1）专用信令提供基准配置参数，通过 SIB 提供配置参数是可选的。

（2）SIB 提供一个或多个"公共的"配置参数，这些配置参数可以被专用信令提供的配置覆盖。

（3）SIB 提供一个或多个"公共的"配置参数，专用信令中提供指针来指示使用这些配置参数中的某一个。

（4）一部分配置参数放在 SIB 中，其余的配置参数放在专用信令中。

（5）较粗粒度的配置参数放在 SIB 中，较细粒度的配置参数放在专用信令中。

下行子载波打孔功能主要指示被打掉的下行子载波个数及其位置，多数公司理解应是一个小区级参数，因此也同意由 SIB 提供。

最终标准规定，在使用专用信令提供资源预留配置参数之外，定义一个新的 SIB（SIB29）来提供资源预留配置参数，SIB29 和专用信令使用相同的资源预留配置参数结构。专用信令中的相应字段采用 setuprelease 方式定义。若 setuprelease 被设置为 setup，则表示使能该功能。如果专用信令包含了资源预留配置参数，就使用专用信令中的配置参数，如果未包含，就使用通过 SIB29 提供的配置参数。其中，puncturedSubcarriersDL-r16 参数没有放在 SIB29 中，而是仍然放在 RadioResourceConfigCommon 结构中，即在 SIB2 中。

为了进一步降低提供 NR 共存配置的信令开销，RAN2 还讨论了是否需要对上下行单独配置预留资源的问题。引入下行资源预留主要是为了避免与 NR SSB、NR 公共资源集合和 NR 下行 SPS 冲突，而引入上行资源预留主要是为了避免与 NR SPS 和 NR 上行 SPS 冲突。以 SPS 为例，由于下行 SPS 和上行 SPS 的特性可能不同，因此 eMTC 为规避对 NR 下行 SPS 和上行 SPS 的影响所作的资源预留配置参数也可能不同，即很难假设任何资源预留配置参数对于上行和下行是相同的。最终为了保证配置灵活性,标准规定区分上下行提供的 NR 共存配置参数。在 Rel-16 eMTC 新增的 NR 共存配置参数中,没有提供子帧级资源预留配置参数。物理层的初衷是可以使用时隙级配置来指示子载波级配置,即提供了 Rel-16 配置也要提供子载波级配置,将 slotBitmap-r16 中连续 2 个时隙配置为 "11" 即可。这一点与 NB-IoT 不同,Rel-16 NB-IoT 提供了显式的子帧级参数配置结构。

标准在制定之初还存在一个问题,在由 SIB29 提供 Rel-16 资源预留配置参数,且专用信令使能了该功能但是又没有专用信令提供专用 Rel-16 资源预留配置参数的场景下,终端应使用 SIB29 中提供的配置参数。但对于仅仅支持子载波级资源预留而不支持时隙级资源预留的终端,如果 SIB29 中的 slotBitmap 设置为 01 或 10,那么终端会因为不支持时隙级资源预留无法正常解析。为此有如下方案被提出讨论。

① 如果 SIB 中的 slotBitmap 设置为 01 或 10,那么对于仅支持子载波级资源预留的终端,基站必须要在专用信令中包含资源预留配置参数,且 slotBitmap 要设置为 00 或 11。

② 如果 SIB 中的 slotBitmap 设置为 01 或 10,且专用信令使能了该功能而没有提供额外的专用配置,那么对于仅支持子载波级资源预留的终端,它按如下方式解读 SIB 中的 slotBitmap 设置:00 表示子载波未预留;01/10/11 表示子载波已预留。

标准采纳了第 2 种方案,并且明确规定,对于仅支持子载波级资源预留的终端,如果基站通过专用信令提供了专用配置,那么 slotBitmap 不能设置为 01 或 10。此外,对于这种终端,将忽略 symbolBitmap1 和 symbolBitmap2 的设置。

在标准制定的讨论过程中,部分公司提出应考虑不同邻区的 NR 共存配置参数是否有可能相同?如果相同的可能性很大,那么应简化切换过程中传输 NR 共存配置参数的信令,但其后续讨论认为大多数场景下没有什么邻区配置的 NR 共存配置参数是相同的,因此其没有继续该问题的相关讨论及标准化。

2)NB-IoT 和 NR 共存

目前 NB-IoT 的终端 NB1 和 NB2 工作在频段 1、2、3、4、5、8、11、12、13、14、17、18、19、20、21、25、26、28、31、41、66、70、71、72、73、74 和 85。而 NR 的终端工作在频段 1、2、3、5、7、8、12、20、25、28、34、38、39、40、41、50、51、65、66、70、71、74、77、78 和 79。由于 NB-IoT 终端的设计使用寿命至少是 10 年,在频段 1、2、3、5、8、12、20、25、28、41、66、70、71、74 这些小于 3 GHz 以下的工作频段,NB-IoT 和 NR 都有可能在一个频段内共存配置。在频段内带宽足够大的情况下,为了降低系统间的干扰,NB-IoT 和 NR 应尽量部署在各自独立的带宽范围内。然而,由于 NB-IoT 海量终端的需求,频段内部署的 NB-IoT 非锚定载波的数量会很大,NB-IoT 和 NR 难免会在相同频带内共存。

当 NB-IoT 和 NR 在相同频带内共存时,为了保证它们都能正常工作,首先需要保证它们的重要的信道(如同步信道、广播信道和发送系统消息的公有信道)的发送。NR 的设计过程采用了资源预留的方式,将一部分资源预留给与之共存的系统使用。在 NB-IoT 中,同步信号、系统消息等重要信息在 NB-IoT 锚定载波上发送,为了保证这部分发送的信息不受干扰,可以将 NR 中 NB-IoT 锚定载波发送位置对应的 PRB 设置为预留资源。同样,在 NR 中,NR SSB 是发送同步和主系统信息的重要信息块,为了保证 NR 的性能,需要尽量不被与之共存的系统干扰。相比于 NB-IoT 锚定载波,NB-IoT 非锚定载波传输的信息对 NB-IoT 影响要小一些,在 NB-IoT 和 NR 共存设计中，需要考虑预留 NB-IoT 上的部分资源来保证 NR 重要信息的发送性能。

针对 NB-IoT 和 NR 的共存，物理层工作组对下述共存相关问题进行了研究。

（1）NB-IoT 和 NR SSB 的资源重叠。

（2）NB-IoT 的符号级/时隙级/子帧/子载波级资源预留。

（3）如果支持 NB-IoT 的资源预留，那么 NB-IoT 的资源预留是动态还是半静态。

（4）是否支持及如何支持 NB-IoT 在子帧中的部分区域发送。

（5）NB-IoT 资源预留对传统 NB-IoT 终端的影响。

（6）NB-IoT 在预留资源上的发送是推迟还是丢弃。

（7）NB-IoT 资源预留是在锚定载波上还是非锚定载波上。

单个 NB-IoT 载波的带宽是 180kHz（在频域占据 1 个 PRB）。由于 NB-IoT 锚定载波上需要发送 NB-IoT 同步信号、广播信道等重要的系统信息，因此在 NB-IoT 和 NR 共存时，要尽量保证锚定载波不受干扰。NR SSB 信号的带宽是 3.6MHz（在频域占据 20 个 PRB）。在 NB-IoT 和 NR 共存时，NB-IoT 锚定载波带宽比 NR 小。系统能通过部署保证 NB-IoT 锚定载波和 NR SSB 不重叠。

因为系统可能配置多个 NB-IoT 非锚定载波，所以其通过部署可能无法完全避免 NB-IoT 非锚定载波和 NR SSB 的重叠。当系统部署无法避免 NB-IoT 非锚定载波和 NR SSB 重叠时，它可以通过设置 NB-IoT 下行有效子帧位图来避免这种情况的发生。然而，设置 NB-IoT 下行有效子帧位图会影响 NB-IoT 非锚定载波上的资源利用率。人们可通过定义 NB-IoT 非锚定载波上更细粒度的资源预留提高非锚定载波上的资源利用率。由于每个非锚定载波的带宽只有 180kHz，考虑到对资源分配的影响，不考虑子载波级资源预留。

NB-IoT 资源预留支持下行资源预留和上行资源预留。NB-IoT 资源预留通过高层信令配置，每个 NB-IoT 非锚定载波上的资源预留独立配置。针对 NR 共存的资源预留配置独立于传统的有效子帧配置。

对于 NB-IoT 下行资源预留，除了传统的子帧级有效子帧配置，还引入了时隙级和符号级的更细粒度的资源预留，其中携带 NRS 的符号不能被预留。NB-IoT 上行资源预留支持子帧级、时隙级和符号级资源预留。对于 NB-IoT 上行时隙级资源预留，丢弃预留时隙上的解调参考信号发送；对于 NB-IoT 上行符号级资源预留，解调参考信号符号可以预留。

如果 10ms 的预留周期只支持子帧级的预留粒度，那么预留的子帧可采用 10 比特的位图来指示。所述配置针对每个非锚定载波独立配置，非锚定载波上的有效子帧配置可以和锚定载波的配置不同。如果支持更细粒度的资源预留，可采用灵活的分层配置方法，首先用 20 比特的第 1 资源预留位图指示子帧内的时隙预留情况，如果时隙内需要进一步支持更细粒度的符号级资源预留配置，那么通过第 2 资源预留位图和第 3 资源预留位图分别表示第 2 个时隙和第 1 个时隙上的符号预留情况。其中，每个子帧中的预留情况用第 1 资源预留位图中的 2 比特来表示。

（1）00 表示子帧中的 2 个时隙均不预留，可以用于 NB-IoT 传输。

（2）01 表示子帧中的第 2 个时隙预留。如果配置了第 2 资源预留位图，那么表示第 2 个时隙用的是符号级资源预留。如果是下行资源预留，那么第 2 资源预留位图的长度为 5 比特；如果是上行资源预留，那么第 2 资源预留位图的长度为 7 比特。

（3）10 表示子帧中的第 1 个时隙预留。如果配置了第 3 资源预留位图，那么表示第 1 个时隙用的是符号级资源预留。如果是下行资源预留，那么第 3 资源预留位图的长度为 5 比特；如果是上行资源预留，那么第 3 资源预留位图的长度为 7 比特。

（4）11 表示子帧中的 2 个时隙均预留。此时如果没有配置第 2 资源预留位图和第 3 资源预留位图，相当于子帧预留。

时隙级或符号级资源预留根据预留的周期是 10ms 还是 40ms，可配置第 1 资源预留位图的长度为 20 比特或 80 比特。为了支持更为灵活的资源预留，提高 NB-IoT 非锚定载波上的资源利用率，基站可以通过配置资源预留的周期和起始位置来支持只配置周期内部分区域上的资源预留。资源预留的周期（单位：ms）可以从 {10, 20, 40, 80, 160} 中选择，针对不同的资源预留的周期，资源预留的起始位置配置方法如下。

（1）资源预留的周期为 10ms 时，其起始位置可配置为 {0}。

（2）资源预留的周期为 20ms 时，其起始位置可配置为 {0, 10}。

（3）资源预留的周期为 40ms 时，其起始位置可配置为 {0, 10, 20, 30}。

（4）资源预留的周期为 80ms 时，其起始位置可配置为 {0, 10, 20, 30, 40, 50, 60, 70}。

（5）资源预留的周期为 160ms 时，其起始位置可配置为 {0, 10, 20, 30, 40, 50, 60, 70, 80, 90, 100, 110, 120, 130, 140, 150}。

例如，对于上行资源预留，第 1 资源预留位图的长度为 20 比特（00010010001100000000），第 2 资源预留位图的长度为 7 比特（1110000），资源预留的周期为 80ms、起始位置为 10 表示在一个周期的 10ms 处开始进行的 10ms 的资源预留。NB-IoT 资源预留周期中配置的资源预留示例如图 3-15 所示。

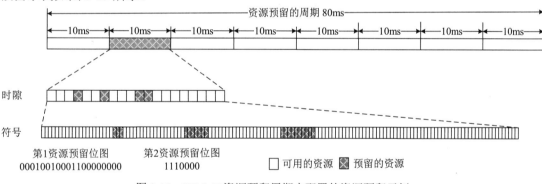

图 3-15　NB-IoT 资源预留周期中配置的资源预留示例

当用于 NB-IoT 发送的资源位置落在子帧级预留资源上时，基站或终端将映射到该子帧上的 NB-IoT 发送推迟到下一个非子帧级预留的子帧上发送。当用于 NB-IoT 发送的资源位置落在时隙级或符号级预留资源上，映射在预留资源上的 NB-IoT 发送会被丢弃。对于单播传输，如果 NPDCCH 的发送落在符号级和子帧级预留资源上，相应预留资源上的发送会被丢弃。动态 DCI 信令可以用于指示当前所调度的 NB-IoT 发送是应用 Rel-16 资源预留还是连续发送。如果当前所调度的 NB-IoT 发送应用 Rel-16 资源预留，通过 C-RNTI 扰码的 NPDSCH 发送落在符号级和子帧级预留资源上，相应预留资源上的发送会被丢弃；通过 C-RNTI 或 SPS-C-RNTI 扰码的 NPUSCH 落在子帧级预留资源上将推迟发送，落在时隙级或符号级预留资源上将被丢弃。

基于物理层的共存设计需要在高层提供 NB-IoT 和 NR 共存配置参数。共存配置参数主要指在 NB-IoT 的资源上用于指示无效资源的参数。各公司首先讨论了是由广播信令还是专用单播信令来提供配置的问题。基于如下原因，大多数公司倾向于由专用单播信令提供配置。

① 如果对每个非锚定载波提供上行和下行共存配置参数，参数列表大小可能会超过 200比特，而这仅是一个非锚定载波的配置。NB-IoT 的 SIB1 和 SI 的最大长度为 680 比特，显然，要想在 SIB 中包含多个非锚定载波的共存配置参数将非常困难。

② 为了保证 SIB 能被所有终端收到，通常需要使用很大功率及重复发送次数来发送 SIB。因此，发送很大的 SIB 对所有终端的功耗都有不利影响并会造成 SIB 接收延迟。

③ 目前 NB-IoT 系统可部署 100 多个非锚定载波，但如果由 SIB 提供 NR 共存配置参数，那么仅有用于寻呼或随机接入的非锚定载波可以被配置资源预留，其他更多服务非锚定载波无法被配置与 NR 共存的预留资源，这样会降低 NR 共存配置的灵活性和共存效率。

但也有公司认为使用专用单播信令时终端每次进入 RRC_CONNECTED 态都需要重新配置 NR 共存配置参数，信令效率也不高。对使用 UP 优化方案的终端而言，它通过使用连接恢复流程可尽量避免每次进入 RRC_CONNECTED 态时重新配置 NR 共存配置参数。对其他终端，则可以考虑一些增量配置的信令优化方式。

最终标准规定对 NB-IoT，仅支持由专用单播信令来提供 NR 共存配置参数，并规定 FDD和 TDD 都支持上行和下行共存配置参数分别配置。NR 共存配置参数按照子帧级和时隙级分别配置，时隙级配置下又可以进一步提供符号级配置。

3.3.6 频谱效率增强

1. SPS

针对一些上行业务周期性上报的特点，为了降低资源分配的信令开销，Rel-15 NB-IoT 物理层引入了对上行 SPS 的支持。BSR（Buffer Status Report，缓存状态报告）的上行 SPS 专门针对 BSR 上报配置上行 SPS 资源。终端在需要发送 BSR 时，可以在上行 SPS 资源上直接发送 BSR。该策略与 LTE 中现有上行 SPS 策略类似。

2. 调度请求增强

Rel-15 之前版本的 NB-IoT 不支持 PUCCH 及专用调度请求上报，且终端没有上行授权，因此其只能通过触发基于竞争的 NPRACH 过程来进行调度请求上报，这个过程既浪费终端功耗又浪费无线资源。所以，引入物理层调度请求上报方式可以降低调度请求上报的开销。

物理层支持如下 2 种调度请求上报方式。

（1）HARQ-ACK/否定确认携带调度请求。

当终端有下行数据时，调度请求通过 HARQ-ACK/否定确认携带。通过调度请求编码域将调度请求携带在 HARQ-ACK/否定确认上。

（2）专有的物理层调度请求信号。

当 HARQ-ACK/否定确认不携带调度请求时，调度请求需要通过专有的物理层调度请求信号发送。在 Rel-15 中，专有的物理层调度请求信号不考虑携带 BSR 信息，但它可考虑在 NPUSCH资源或预留的 NPRACH 资源上发送。如果专有的物理层调度请求信号在 NPUSCH 资源上发送，应避免其和 NPUSCH 数据发送发生冲突。为了避免和 NPUSCH 的数据发送发生冲突，专有的物理层调度请求信号在 NPRACH 资源上通过基于 NPRACH 的信号发送。

除非和其他的物理层发送/接收发生冲突,终端要发送专有的物理层调度请求信号时会在第 1 个发送机会发送。若专有的物理层调度请求信号和 NPDSCH 数据发送发生冲突,则调度请求会保持挂起不发送。

3．测量精度提高

测量精度主要通过引入新的测量对象(如 NPSS、NSSS)与 NRS 相结合来提高。

对于带内工作模式、保护带工作模式和独立工作模式,除 NRS 之外,可以考虑将 NSSS 用作提高测量精度。NPBCH 在各无线帧的子帧#0 发送,由于 NPBCH 的工作 SNR 比 NSSS 和 NRS 的要高,因此 NPBCH 的测量没有 NSSS 和 NRS 可靠,会影响测量精度。对于 RRC_CONNECTED 态终端,考虑到 NPDCCH 和 NPDSCH 的性能比 NPBCH 要差,不考虑将其作为增强服务小区或邻区测量精度的候选方法。对于 NSSS 辅助测量精度的提高,由高层指示使用 NSSS 的可能性,通过高层信令把服务小区和邻区的 NSSS-NRS EPRE 比值通知给终端。

4．RLC 非确认模式支持

在 NB-IoT Rel-13 标准化时,NB-IoT 主要用来承载小数据传输,一般支持 RLC 确认模式,为了简化,不再支持 RLC 确认模式。在 NB-IoT Rel-14 中引入 SC-PTM(单小区点到多点)时,由于多播不适合按用户反馈,因此 SC-PTM 引入了 RLC 非确认模式。在 NB-IoT Rel-15 立项时,因为 NB-IoT 已支持 RLC 非确认模式,将 RLC 非确认模式应用到单播业务对标准影响不大,所以单播业务也可支持 RLC 非确认模式。

5．PHR 增强

在 Rel-14 及之前版本的 NB-IoT 中,因为 PHR(Power Head Report,功率余量报告)只能通过用于数据量和功率余量上报的 MAC CE 中的 2 比特功率余量域来上报,所以同一覆盖等级下的 PHR 值只能区分 4 个粒度。PHR 值太小会导致上报的 PHR 值不精确。可通过增加功率余量粒度来提高 PHR 值的精确度。

6．终端测量信息上报

在 Rel-13 及之前的版本中,RRC_IDLE 态终端只能在锚定载波上测量 NRSRP,因为在 RRC_IDLE 态下只有锚定载波上有 NRS 发送。终端根据测量的 NRSRP 来确定自身的覆盖等级,并在随机接入过程中,根据确定的覆盖等级选择对应的 NPRACH 资源来发送前导码。这样,基站在检测到对应的前导码后,也就知道终端的覆盖等级了,进而基站可以根据终端的覆盖等级为随机接入过程中 Msg2、Msg4 及调度 Msg2、Msg4 的 NPDCCH 配置适合的资源与对应的重复发送次数,这样做可以提高下行调度的精准度及资源例用率。但是有一些情况(如由于同频干扰导致上行性能变差)会导致上行性能要明显弱于下行,这样终端基于 NRSRP 测量值选择的覆盖等级对应的前导码就不适合实际的上行了,可能会导致前导码发送失败,进而导致覆盖等级的抬升。当基站成功收到终端发送的前导码时,此时的前导码已经经过了至少一次覆盖等级抬升,但基站并不清楚已经发生了覆盖等级抬升。如果基站基于抬升后的前导码对应的覆盖等级为随机接入过程中的下行(Msg2、Msg4 及调度 Msg2、Msg4 的 NPDCCH)配置适合的资源与对应的重复发送次数就会导致分配的资源过多,严重降低下行资源利用率。此外,运营商也提出如下新需求。

(1)NB-IoT 不支持 RRC_CONNECTED 态切换,也不支持无线质量测量上报,这样网络侧无法获知网络覆盖问题来进行网络优化。网络实现上只能通过终端上报的覆盖等级、业务信道质量等间接判断网络覆盖、覆盖等级粒度。参考现有 LTE 中一般基于 NRSRP 和 NRS-SINR 识别网络覆盖差问题，运营商希望 NB-IoT 终端也能上报实际测量的 NRSRP 值，如果 NRS-SINR 可获取的话也可以上报。另外，由于测量上报只是为了发现网络质量问题，因此人们可以引入一个测量上报门限来控制终端仅在网络质量变差（测量结果低于配置门限）时上报。

（2）由于外界干扰的存在，导致 NB-IoT 小区上下行不平衡问题比较严重（如上行干扰大于下行干扰，外场测试结果显示最高相差 10～20dB），采用同一个 RSRP 门限（rsrp-ThresholdsPrachInfoList）映射得到的覆盖等级可能无法同时保证配置的上行物理层重复发送次数和下行物理层重复发送次数都合适。例如，下行物理层重复发送次数可能合适，但上行物理层重复发送次数偏小导致上行物理层性能较差，容易接入失败；上行物理层重复发送次数可能合适，但下行物理层重复发送次数偏高导致资源浪费。因此，运营商建议为上、下行物理层分别配置 RSRP 门限以便分别映射覆盖等级。

上述第 1 个需求需要支持额外的测量上报，可以上报服务小区的 RSRP 和 RSRQ（Reference Signal Received Quality，参考信号接收质量）测量结果，上报 RSRP 可以帮助网络更准确地判定下行物理层重复发送次数，可以一并解决第 2 个需求，甚至于网络还可以根据上报结果及网络配置的锚定载波和非锚定载波 NRS 发射功率之间的偏移量来推断非锚定载波的实际覆盖质量。基于这个考虑，Rel-14 中引入了锚定载波的下行信道质量测量上报机制，主要用于解决上行和下行不匹配时随机接入过程中 Msg4 及调度 Msg4 的 NPDCCH 传输造成的影响。终端在 Msg3 中承载下行信道质量测量信息并且发送给基站，基站在收到上述信息后，就可以调整 Msg4 及调度 Msg4 的 NPDCCH 配置的资源与对应的重复发送次数，进而达到提高下行资源利用率的目的。

此外，Rel-14 NB-IoT 支持为随机接入过程配置多个载波，终端可以选择锚定载波或非锚定载波来发起随机接入过程。此时，仅仅通过 Msg3 反馈锚定载波的下行信道质量信息，显然不能解决非锚定载波发起随机接入过程中出现的上行和下行不匹配而对下行传输造成影响的问题。为此，Rel-16 对下行信道质量测量及上报进行了增强，进一步支持非锚定载波的下行信道质量测量及上报。

另外，Rel-16 之前版本中 RRC_CONNECTED 态是不支持下行信道质量测量及上报的，因为 RRC_CONNECTED 态保持时间较长或将终端指派到一个新载波上无法获取实时的信道质量。为此，Rel-16 中引入了 RRC_CONNECTED 态下锚定载波/非锚定载波的下行信道质量测量及上报功能。

Rel-16 讨论的测量上报包括如下内容。

（1）RRC_IDLE 态非锚定载波的下行信道质量测量及上报。

（2）RRC_CONNECTED 态下行信道质量测量及上报。

对于 RRC_IDLE 态非锚定载波的下行信道质量测量及上报，终端可以在 RRC_IDLE 态完成非锚定载波的下行信道质量测量，在 RRC 连接过程中完成上报，如在发送 Msg3 消息时完成上报。测量的非锚定载波是终端接收 Msg2 所在的载波，并且终端在 Msg3 中上报的载波数量是 1。

当基站在 SIB2 中显式地使能非锚定载波的质量测量及上报功能后，终端可以在 Msg3 时上报非锚定载波的下行信道质量。终端是否上报非锚定载波的下行信道质量是可选的，不需要上报该能力。

现有的 Msg3 可用于上报下行信道质量，前期主要讨论用何种方式来上报该质量，主要有 2 种方式：一种是直接通过 RRC 消息，另一种是通过 MAC CE 的方式。通过 MAC CE 的方式上报下行信道质量更灵活（可以随 Msg3 上报，也可以随数据随路上报），而且不受 RRC 消息剩余比特的限制。最终标准规定通过 MAC CE 的方式完成下行信道质量上报。

RRC_CONNECTED 态下行信道质量上报被触发后，将进行相应载波的测量并执行上报。其中，进行测量和上报质量的载波为 Msg4 或由后续重配置信令配置的用于专用传输的载波。为使基站能够为 RRC_CONNECTED 态终端触发该功能，终端需要向基站上报其支持该功能的能力，对于支持该能力的终端，基站在需要获取终端的下行信道质量时，通过一个新的 MAC CE 命令来触发终端上报下行信道质量。当终端接收到 MAC CE 命令后，将执行下行信道质量的测量。当后续有可用的上行资源授权时，终端则利用该上行资源授权完成上报。

7．基站调度辅助信息增强（终端特征区分）

基站调度辅助信息增强目标在于提供业务相关 QoS 参数，以便网络侧有针对性地调度无线资源，提高网络资源管理效率，降低网络拥塞率。

针对终端节能需求，由于 DRX 参数、连接相关定时器及 SPS 参数等配置缺少 QoS 参数做依据，因此有必要引入新的 QoS 参数，即终端特征区分参数。一些可能的参数如下。

（1）通信模式。

（2）周期通信参数，如周期通信指示、通信时长、周期长度、调度时长等信息。

（3）静止状态指示。

（4）需保证的误包率。

（5）业务描述信息，如单包或多包交互、仅上行业务、上行业务接下行业务、典型数据包大小等。

（6）功耗需求相关信息，如电池充电模式（如易充电、不易充电）、目标生命周期等。

（7）新的可用于反映典型 NB-IoT 业务需求的服务质量等级标识值，如能反映时延要求和数据量的服务质量等级标识信息。

（8）覆盖增强需求相关信息。

（9）终端上报的关于 RRC 不活动定时器的倾向值。

（10）终端上报的 RRC_CONNECTED 态 DRX 参数的倾向值。

周期通信参数、静止状态指示、业务描述信息和功耗需求相关信息可以做进一步讨论和定义。

终端特征区分参数的描述如表 3-18 所示。

表 3-18　终端特征区分参数的描述

终端特征区分参数	参数描述
周期通信指示	用于标识终端是否具有周期性的通信业务参数，如果不是周期性的，可能仅是按需发起的（可选参数）
通信时长	周期通信业务的持续时长参数（可选参数，可以和周期通信指示联合使用），如 5min
周期长度	周期通信的间隔参数（可选参数，可以和周期通信指示联合使用），如每小时
预计通信时间	终端可用于通信的时区及星期、日期等信息（可选参数），如时间为 13:00-20:00、日期为周一

终端特征区分参数	参数描述
静止状态指示	用于标识终端是静止还是移动的信息（可选参数）
数据传输模式指示	数据传输类型信息，如单包传输、双包传输、多包传输等（可选参数）。 ① 单包传输（上行或下行） ② 双包传输（上行接后续下行，或下行接后续上行） ③ 多包传输（多个上下行数据包）
终端电源类型	用于标识终端是否用电池供电，电池是否可充电、可替换或没有电池供电的信息（可选参数）。 ① 可充电/可替换电池 ② 不可充电/不可替换电池 ③ 没有电池供电

静止状态指示和终端电源类型可以准确地预定义，可作为开户参数的一部分被可靠地提供，这些参数与其他参数没有依赖关系。与业务模式相关的参数为周期通信指示、周期长度、预计通信时间和数据传输模式指示。许多 NB-IoT 应用具有预测性很高的流量模式，这些应用可以准确地预定义相关参数，并将其作为开户参数存储在 HSS 中，由核心网可靠地提供。所有终端特征区分参数均为静态或半静态。其中，周期长度和数据传输模式指示是关键参数，与其他参数没有依赖关系。预计通信时间、静止状态指示可以与周期长度结合使用。终端有可能在不同时期具有不同业务描述文件，这使得很难准确预测或配置这些参数。而基站有可能以所需要的粒度、可靠性和适用性更准确地观测终端行为。开户参数和 RAN 侧 AS 上下文中存储的参数是终端特征区分参数的补充。

8. 接入控制增强

在 NB-IoT 中，每个覆盖等级都对应不同的上、下行物理层重复发送次数。基站根据终端上报的覆盖等级为其分配无线资源，以满足传输可靠性的要求。越糟糕的覆盖环境需要的重复发送次数越多，消耗的无线资源也越多，这可以视为在 NB-IoT 中造成网络拥塞的一个原因。因此，对于存在大量 NB-IoT 终端的网络，为了提高网络资源管理效率，接纳尽可能多的用户并保证用户体验，就需要引入新机制来防止大量具有高覆盖等级的终端使用大量上、下行重复尝试接入小区时造成的过载问题。

对于基于覆盖等级的接入控制，新机制不影响原有机制的应用，而且新机制只针对覆盖等级做控制，不考虑终端的接入类别。另外，因为基于覆盖等级的接入控制主要针对无线资源管理进行优化，不存在不同运营商间的策略差异，所以没有必要针对不同 PLMN（Public Land Mobile Network，公用陆地移动网）配置不同参数。

基于 RSRP 门限做接入控制的协议实现方式，即新增的接入控制参数只定义 3 个或 4 个取值，某个取值对应限制某个 RSRP 门限以下的资源不能被使用。采用这种方式，既可以避免直接将 MAC 层 NPRACH 重复发送次数作为判定条件，也可以通过限制某个覆盖等级及以下的资源不可用，来实现在覆盖等级跳变时需要进行的接入控制。

具体流程上，NB-IoT 终端在发起 RRC 连接建立之前，先进行现有接入控制检查，检查通过后再进行基于 RSRP 门限的接入控制检查，若该检查也通过，才可以发起 RRC 连接建立。

9. 多个 TB 联合调度

为降低 NPDCCH 占用的资源开销，提高数据速率，Rel-16 支持多 TB 联合调度，旨在通过一个 DCI 或不使用 DCI 来调度多个 TB，降低控制信令占用的资源开销。其主要应用于有更大数据传输需求的场景，主要涉及以下几方面技术研究。

1）DCI 设计

DCI 中相关的域主要是 HARQ 进程域和 NDI（New Data Indicator，新数据指示符）域。对于原来的进程调度，1 比特指示一个进程被调度，1 比特指示该进程对应 TB 的 NDI 信息。在支持多 TB 联合调度后，可能需要同时调度多个进程，多个进程对应 TB 的 NDI 信息也需要被指示。一个 DCI 同时混合调度新传 TB 和重传 TB，相比一个 DCI 只能全部调度新传 TB 或重传 TB，能进一步降低 NPDCCH 占用的资源开销，且不会造成 DCI 大小增大而导致 NPDCCH 性能下降，因此多 TB 联合调度被支持。具体信令指示包括基于所有可能状态的联合指示及分别指示 2 个方向。另外，对于支持进程数量比较多的终端，也可以考虑进一步限制支持同时调度的进程数量，从而达到降低信令开销的目的。

2）交织设计和功率配置

对于重复发送次数大于 1 的场景，时域交织能够带来时域分集增益。因此，时域交织被 NB-IoT 和 LTE-M 采纳。多 TB 的交织示意图如图 3-16 所示。

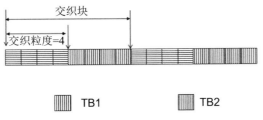

图 3-16　多 TB 的交织示意图

交织设计主要聚焦于交织粒度设计，设计的方式主要有：基于 N 个子帧的交织，该方式的交织粒度较小，TB 在时域的离散程度更高，时域分集增益更大；基于 N 次重复的 TB，该方式能保证原来的循环重复不被破坏，且时域分集增益和基于 N 个子帧交织的差别不大。循环重复是指每个 TB 或 TB 内的 RU 需要先重复 L 次。例如，$L=4$ 是指进行基于 4 次 TB 的循环重复传输。循环重复原理如图 3-17 所示。

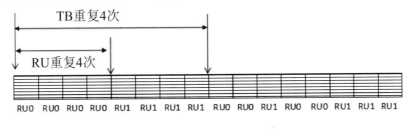

图 3-17　循环重复原理

考虑到 NB 中重复发送次数较多，为了不破坏循环重复，保证下行设计和上行设计的一致性，下行和上行的多频传输都采用 4 次 TB 重复作为交织粒度，而对于上行的单频传输，由于没有循环重复，因此采用 1 次 TB 重复作为交织粒度。交织使能条件为重复发送次数大于交织粒度。

一个 TB 内通过连续的相位旋转获得较低的 PAPR（Peak to Average Power Ratio，峰值平均功率比），但在多 TB 联合调度且交织使能时，若保持一个 TB 内相位旋转规则不变，则每个交织块内 TB 之间相位的不连续会导致 PAPR 升高。多 TB 联合调度时的相位不连续问题如图 3-18 所示。

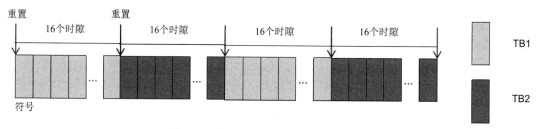

图 3-18　多 TB 联合调度时的相位不连续问题

通过修改相位旋转规则，可以保证相位连续变化，从而解决多 TB 联合调度由于相位不连续导致的 PAPR 升高问题，如图 3-19 所示。

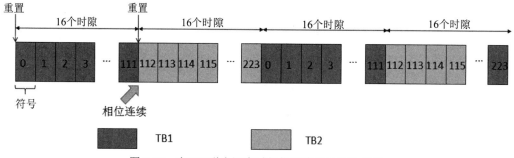

图 3-19　多 TB 联合调度时相位不连续的解决方案

3）反馈方式及其他

在原有的设计中，一个 DCI 调度一个 TB，一个 TB 需要一个确认/否定确认反馈。当多 TB 联合调度时，其主要的反馈方式有单独反馈、捆绑反馈和复用反馈。单独反馈是指每个 TB 都有一个确认/否定确认反馈对应。捆绑反馈是指多 TB 联合调度使能时，若多个 TB 被调度，则将多个 TB 的确认/否定确认反馈通过逻辑与操作后，只反馈一个确认/否定确认。复用反馈是指一个反馈的资源指示多个 TB 的反馈信息。考虑到对码字设计的影响，复用反馈还会带来复杂度和上行反馈信号性能的降低，所以其没有被采用。单独反馈是基础的反馈方式，默认其被采用。捆绑反馈适用于多个 TB 性能相近的场景，因此在交织时，捆绑反馈被采用。

在多 TB 联合调度相关的讨论过程中，人们对多个 TB 的时频域位置设计、定时关系和单播的传输间隔等问题都进行了简单的讨论。为简单起见，一次调度的多个 TB 均分布在相同的频域位置，在时域连续。定时关系和单播的传输间隔则沿用原有的方式。

4）多 TB 联合调度对 DRX 相关的定时器的影响

高层引入多 TB 联合调度后主要会对 DRX 进程产生影响，因此需要对 DRX 相关的定时器进行影响分析。

（1）对 onDurationTimer 的影响。onDurationTimer 用于控制周期性监听 NPDCCH。高层引入多 TB 联合调度对 onDurationTimer 无影响。

（2）对 drx-InactivityTimer 的影响。drx-InactivityTimer 总是在收到指示有新传的 NPDCCH 时启动或重新启动。drx-InactivityTimer 用于控制对后续 NPDCCH 的监听。在 Rel-14 中，针对 HARQ 进程，drx-InactivityTimer 在收到调度新传的 NPDCCH 后启动，在第 1 个 NPDCCH 和相应的调度传输之间还可能有其他的 NPDCCH。

对于多 TB 联合调度，一个 DCI 最多可以调度 2 个 HARQ 进程和 2 个 TB。当终端收到同一个 DCI 调度的 2 个 TB 时，其在相应的传/重传结束之前不可能再接收其他的 NPDCCH。因此，对于多 TB 联合调度，drx-InactivityTimer 只有在 (UL) HARQ RTT（HARQ 往返时延）定时器都超时后才会启动或重新启动。当 NPDCCH 指示传输的多 TB 被接收时，drx-InactivityTimer 将会停止。

（3）对 drx-(UL)RetransmissionTimer 的影响。在(UL) HARQ RTT 定时器超时后，drx-(UL)RetransmissionTimer 用于控制终端监听重传的 NPDCCH。高层引入多 TB 联合调度对 drx-(UL)RetransmissionTimer 无影响。

（4）对(UL) HARQ RTT 定时器的影响。(UL) HARQ RTT 定时器用于避免终端在没有发送 NPDCCH 时不必监听 NPDCCH。高层引入多 TB 联合调度对(UL) HARQ RTT 定时器的影响，主要考虑 (UL) HARQ RTT 定时器的开启时间点和时长。

(UL) HARQ RTT 定时器的开启时间点是在最后一个被调度的 TB 包含最后一次重复的 PUSCH 传输或 PDSCH 接收的子帧。对于(UL) HARQ RTT 定时器的时长，无交织和有交织传输是不同的。在无交织传输的情况下，HARQ RTT 定时器的时长为 $k+2N+1+delta$，其中 k 为下行传输的最后一个子帧与相应的 HARQ 反馈传输的第一个子帧间的间隔，N 为相应的 HARQ 反馈传输的持续时间；UL HARQ RTT 定时器的时长为 $1+delta$。在有交织传输的情况下，UL HARQ RTT 定时器的时长为 $1+delta$。在无多 TB 绑定传输 HARQ 的情况下，HARQ RTT 定时器的时长为 $k+2N+1+delta$。在有多 TB 绑定传输 HARQ 的情况下，HARQ RTT 定时器的时长为 $k+N+3+delta$。

多 TB 联合调度时序图如图 3-20 所示。

图 3-20 多 TB 联合调度时序图

10．SON

在 NB-IoT 标准的初期版本，为了终端实现简单，网络优化相关功能都没有标准化。在 NB-IoT 网络部署过程中，运营商发现网络优化相关测量上报对降低网络运维成本、提高网络优化效率非常重要。尽管 Rel-15 已经支持在 RRC Msg5（如 RRCConnectionReestablishmentComplete、RRCConnectionResumeComplete 、 RRCConnectionSetupComplete ） 中上报服务小区的NRSRP/NRSRQ 测量结果，但上报所述测量结果还不够，因为运营商无法判断服务小区质量差是否是由小区重选参数不合适导致终端驻留于质量差的小区或无线参数配置是否合适等。因此，Rel-16 增强了 NB-IoT 的网络优化工具相关功能，主要引入了 RACH 性能优化（包括 rach-Report及 X2 接口 NPRACH 参数配置交互）、RLF（Radio Link Failure，无线链路故障）报告（rlf-Report及 X2 接口交互)和 ANR(Automatic Neighbour Relation,自动邻区关系)测量报告(anr-MeasReport)相关的 SON 功能，所述功能主要用于网络覆盖和无线参数优化，没有实时性要求，所述报告不会主动触发 RRC 过程。

考虑到 CP 蜂窝物联网优化方案不支持 AS 安全策略，可能会有测量上报的安全性问题。另外，人们不希望 SON 功能影响 Xn 接口，因此 NB-IoT SON 功能只支持终端接入 EPC 且使用 UP 优化方案时的测量上报及 X2 接口交互。

SON 功能相关的测量上报方式主要有 2 种：一种方式是采用随路上报，如在 EDT Msg3或 RRC Msg5 中上报即可；另一种方式是应该尽量重用 LTE 的 SON 上报过程（在RRC_CONNECTED 态通过终端信息请求和响应过程来上报），以简化标准化过程。NB-IoT决定尽量重用 LTE 的 SON 上报过程，给 NB-IoT 引入 RRC_CONNECTED 态的终端信息请求和终端信息响应过程。此外，SON 报告中的内容也尽量参照 LTE 中的 SON 报告内容，并基于 NB-IoT 特点进行适当扩展。

1）RLF 报告

由于终端发生 RLF 时一般会触发 RRC 重建立，因此 RLF 报告基本可以在 RRC 重建立后上报给基站。因为 RRC 重建立有失败的可能，所以 NB-IoT 标准支持终端发生 RLF 后存储 RLF信息，并在后续的 RRC 建立或 RRC 恢复成功后上报。所以，终端发生 RLF 后，可以在 RRC Msg5中上报 RLF 信息指示（rlf-InfoAvailable），基站可以基于所述指示决定是否请求终端上报 RLF报告。

另外，RLF 报告与运营商网络优化需求相关，只有当终端驻留的 PLMN 包含于发生 RLF的终端所处小区归属的 PLMN 列表内，且 RLF 报告存在时，终端才可以在 RRC Msg5 中包含RLF 信息指示。

RLF 报告内容主要包含如下信息：发生 RLF 时终端所在服务小区的标识、发生 RLF 后RRC 重建立小区标识、发生 RLF 时终端所在服务小区的 NRSRP/NRSRQ 测量结果、从 RLF发生时刻到 RLF 报告上报时刻之间的时间差、发生 RLF 时的物理位置信息。其中，前 3 个信息所有运营商都能理解，但有运营商提出发生 RLF 时的物理位置信息涉及终端定位策略，而考虑到 NB-IoT 终端的节能特性，NB-IoT 终端可能无法提供发生 RLF 时的物理位置信息。由于到发生 RLF 时的物理位置信息对网络优化是有好处的,因此标准支持 RLF 报告中携带发生RLF 时的物理位置信息，但具体能否上报基于终端实现。

因为 RLF 报告可能在邻区上报（如 RLF 发生后终端在邻区触发 RRC 重建立），而 RLF报告主要用于 RLF 触发小区的无线参数优化，所以如果 RLF 报告在邻区上报，目标邻区可通过 X2 接口将所述报告传递到发生 RLF 的小区。

2）ANR 测量报告

标准制定者在讨论过程中主要有 2 种观点：一种观点认为处于 RRC_IDLE 态的终端会记录小区重选过程的信息列表（重选时刻、重选前服务小区标识、重选前服务小区测量结果、重选后服务小区标识、重选后服务小区测量结果），终端在 RRC_CONNECTED 态上报所述重选记录即可，无须进行额外的测量；另一种观点认为为了使终端节能，处于 RRC_IDLE 态的终端只需针对 ANR 测量信息进行一个测量周期的 ANR 测量。标准制定者经过讨论，决定采用如下策略：终端进入 RRC_IDLE 态后，基于 ANR 测量信息进行一个测量周期的 ANR 测量，获取一次测量结果集合后即测量结束。

由于 ANR 测量是小区通过终端专用信令配置给终端的，因此只有终端驻留于收到 ANR 测量信息的小区内时才需要进行 ANR 测量（终端重选到新小区后不再进行 ANR 测量）。

当 ANR 测量与 PSM 的休眠时机冲突时，终端先完成 ANR 测量再进入 PSM 休眠状态（ANR 测量不影响 NAS 定时器的启动/停止机制）。

ANR 测量不影响小区的 DRX/eDRX 操作。

小区重选的邻区不测量策略/邻区测量放松的机制不适用于 ANR 测量过程。

考虑到终端测量能力，除服务载波外，最多可以给终端配置 2 个 ANR 测量载波。

（1）ANR 测量配置。ANR 测量配置的相关信息包含 ANR 测量过程中的 CGI（Cell Global Identifier，小区全局识别码）读取 RSRP 门限（终端只要求对测量目标载波的最强小区进行测量，且只有当最强小区的 RSRP 测量值高于该门限时才进行小区的 CGI 读取）、ANR 测量的目标载波列表和待测载波的黑名单小区列表。虽然待测载波的黑名单小区列表是否有必要存在争议（如基站如何决策将哪些小区加入黑名单小区列表），但 ANR 测量配置的相关信息的可选信息包含待测载波的黑名单小区列表，具体是否包含由基站实现决定。

由于 ANR 测量需要网络侧给终端配置测量相关参数，终端基于所述配置在 RRC_IDLE 态进行测量，因此 ANR 测量配置的相关信息应放在 RRC 连接释放专用消息中。因为只有终端支持 ANR 测量，基站才能给终端配置 ANR 测量相关参数，所以需要终端上报 ANR 测量报告支持能力给基站，用于决策是否可以给终端配置 ANR 测量相关参数。

（2）ANR 测量报告内容。ANR 测量报告内容的相关信息包含服务小区标识、服务小区的测量结果、测量载波最强邻区的测量结果。其中，服务小区标识主要是考虑终端测量完成后可能重选到新的小区发起 RRC 连接的情况，在这种情况下测量上报需要携带测量所在服务小区的标识；测量载波最强邻区的测量结果主要包含邻区的频点信息、邻区的物理小区标识、邻区的 NRSRP/NRSRQ 测量结果、邻区的 CGI 信息。

关于 ANR 测量报告内容，RAN2 首先同意 ANR 测量结果需要设置一个有效时长，当 ANR 测量结果生成后没有在有效时长内上报公司，则终端将丢弃 ANR 测量结果。上述方法可以规避 ANR 测量结果无效的问题。部分公司建议有效时长由基站配置，最长可达 1 个月；但大部分公司认为标准规定一个固定的有效时长即可。经过讨论，标准规定终端保存 ANR 测量结果的有效时长为 96h，无须基站配置。

RAN2 还讨论了是否需要上报 ANR 测量的时间信息问题。由于 ANR 测量结果主要用于网络覆盖优化,而 NB-IoT 终端主要用于不频繁的小数据传输,因此 NB-IoT 终端在 RRC_IDLE 态的时间比较长。如果终端完成 ANR 测量后先进行了网络覆盖优化,然后才上报 ANR 测量结果,这种情况下 ANR 测量结果对后续的网络覆盖优化就没有参考意义了。没有 ANR 测量的时间信息,基站就无法判断 ANR 测量结果是在网络覆盖优化前还是网络覆盖优化后生成的。所以,有公司认为需要在 ANR 测量报告中包含 ANR 测量结果生成的时间戳信息。但是由于终端保存 ANR 测量结果的有效时长为 96h,因此也有公司认为在 ANR 测量报告中包含 ANR 测量结果生成的时间戳信息必要性不大。目前,ANR 测量报告中暂时没有包含 ANR 测量结果生成的时间戳信息。

另外,考虑到某些载波可能没有小区可以覆盖到终端所在区域,所以有公司认为这种场景可以允许终端在该载波上报测量信息为空的测量结果(针对所述载波,不携带小区标识和 NRSRP/NRSRP 测量结果)。也有公司质疑这种场景下 ANR 测量报告中不包含载波的信息即可达到相同的指示目的。但经过讨论,各公司认为包含载波的信息是必要的,表明终端对所述载波进行了 ANR 测量,只是所述载波没有测量到信号足够强的小区而已。

(3)ANR 测量信息存在指示。ANR 测量在终端处于 RRC_IDLE 态时进行,且 ANR 测量结果只能在终端下次进入 RRC_CONNECTED 态后上报。由于终端的节能需求,因此 RAN2 同意在 EDT Msg3(RRCConnectionResumeRequest)和 RRC Msg5 中允许携带 ANR 测量信息存在指示(anr-InfoAvailable)。如果终端发起 EDT 流程,且在 EDT Msg3 中携带了所述指示,基站可以基于指示来决定是否将 EDT 流程回落到 RRC_CONNECTED 态,以便请求终端上报 ANR 测量结果;如果终端在 RRC Msg5 中携带了所述指示,基站可以基于所述指示决定是否请求终端上报 ANR 测量结果。

另外,ANR 测量与运营商网络优化需求相关,只有终端驻留的 PLMN 包含在 ANR 测量配置的终端所处小区归属的 PLMN 列表内,且 ANR 测量信息存在时,终端才可以在 EDT Msg3 或 RRC Msg5 中包含 ANR 测量信息存在指示。

(4)ANR 测量结果的有效性处理。为了保证 ANR 测量结果的有效性,如果终端通过 EDT Msg3 或 RRC Msg5 携带了 ANR 测量信息存在指示,但基站没有请求终端上报 ANR 测量结果,那么终端回到 RRC_IDLE 态后就会丢弃 ANR 测量结果和 ANR 测量配置。

如果终端存储了 ANR 测量结果,并执行了关机操作或去附着操作,那么其会丢弃已经不需要的 ANR 测量结果和 ANR 测量配置。

如果终端收到 ANR 测量配置超过 96h,那么其会丢弃 ANR 测量结果和 ANR 测量配置。

(5)ANR 测量结果的 X2 接口交互。有公司提出,当 ANR 测量结果在邻区上报时,需要通过 X2 接口将 ANR 测量结果传递到源小区。但考虑到 NB-IoT 不支持 RRC_CONNECTED 态的移动性,ANR 测量主要为了网络覆盖优化而不是邻区配置优化,所以其认为只要终端上报 ANR 测量结果即可,没必要将其从邻区传递到源小区。

3）RACH 报告

RACH 报告主要报告终端在 PRACH 过程中的尝试次数、是否发生前导码资源冲突等信息给基站，用于辅助基站进行随机接入参数优化等工作。由于 NB-IoT 有多种类型的 PRACH 资源（如 EDT PRACH 资源和 Non-EDT PRACH 资源、格式 0/1 PRACH 资源和格式 2 PRACH 资源），且不同类型的 PRACH 资源需要区分无线覆盖等级进行配置，因此基站收到 RACH 报告时需要判断终端是在哪种 PRACH 资源的哪种无线覆盖等级上发起的 PRACH 过程，以准确进行 PRACH 资源配置优化。

在标准制定的讨论过程中，基于 NB-IoT 标准中 PRACH 资源的使用策略如下。

（1）如果终端支持格式 2 PRACH 过程，且终端所选择的无线覆盖等级配置了格式 2 PRACH 资源，那么终端总会选择格式 2 PRACH 资源；如果基站在小区的某个无线覆盖等级配置了格式 2 PRACH 资源，那么小区的更高无线覆盖等级也会配置格式 2 PRACH 资源，而基站可以判断出 PRACH 过程成功时所使用的 PRACH 资源类型。

（2）终端在进行 PRACH 资源选择时，首先在初始无线覆盖等级选择 PRACH 资源并进行 PRACH 过程尝试；当某个无线覆盖等级的 PRACH 过程尝试次数达到该无线覆盖等级配置的最大尝试次数时，终端才会攀升到下一个更高无线覆盖等级选择 PRACH 资源。

（3）终端在 EDT 资源上发起 PRACH 过程，当其攀升到下一无线覆盖等级时如果没有配置 PRACH 资源，那么它会选择 Non-EDT PRACH 资源继续进行 PRACH 过程尝试。

基站根据终端上报 PRACH 过程的初始无线覆盖等级、PRACH 过程的最大尝试次数、PRACH 过程成功时所使用的 PRACH 资源类型、终端有没有从 EDT PRACH 过程回落到 Non-EDT PRACH 过程等信息就能推断出终端在此次 PRACH 过程的哪些资源、哪些无线覆盖等级上进行了 PRACH 过程尝试。

此外，在标准制定的讨论过程中，标准制定者还提到了如果 PRACH 过程最终没有成功（如无线网络覆盖太差等因素），是否可以在下次 PRACH 过程成功后上报 PRACH 过程失败时的 RACH 报告，但讨论认为 PRACH 过程失败是小概率事件，无线网络覆盖差等问题可以通过其他 SON 功能发现。所以，PRACH 过程失败时的 RACH 报告上报策略没有被标准采纳。RACH 报告只上报最近成功的一次 PRACH 过程的相关信息，终端进入 RRC_IDLE 态后 RACH 报告记录就会被丢弃。

基于如上讨论，RACH 报告中需要包含如下内容。

（1）前导码发送的总次数。

（2）在 PRACH 过程中是否发生了资源冲突问题指示。

（3）PRACH 过程的初始无线覆盖等级。

（4）PRACH 过程有没有发生 EDT PRACH 过程回落到 Non-EDT PRACH 过程的指示。

因为支持 RACH 报告的终端总能提供 RACH 报告信息，所以其无须向基站提供 RACH 报告信息存在指示。但由于 RACH 报告请求是基站通过终端专用信令发起的，只有终端支持 RACH 报告（如 Rel-16 之前版本的终端不支持、Rel-16 终端也不一定支持），基站才能请求终端上报 RACH 报告。RACH 报告是 Rel-16 终端的必选能力，但需要终端上报 RACH 报告支持能力的物联网比特给基站。

因为 RACH 报告只上报最近成功的一次 PRACH 过程的相关信息，所以终端只会上报其驻留小区的最近一次 RACH 测量结果。

4）X2 接口 NPRACH 参数配置交互

为了尽可能避开 NPRACH 前导码之间的干扰，邻区之间 NPRACH 参数配置尽可能不重叠。所以，邻区之间需要知道彼此的 NPRACH 参数配置，并且 NPRACH 参数配置需要通过 X2 接口传递到邻区。由于 NPRACH 参数很多，且不同功能的 NPRACH 参数基本按独立信元来定义，因此为了降低 NPRACH 参数配置交互对 X2 接口的影响，X2 接口 NPRACH 参数配置交互以透传信元（Container）的方式直接引用 36.331 中的 NPRACH 参数信元定义。

3.3.7 定位服务增强

NB-IoT/eMTC 主要支持基于 OTDOA（到达时间差）的定位功能。eMTC 的定位功能与原有 LTE 类似，主要支持更频繁的 PRS（Positioning Reference Signal，定位参考信号）传输及 PRS 跳频，高层需要支持每小区最多 3 种不同的 PRS 配置，且基站需要将增强的 PRS 配置发给 E-SMLC。

NB-IoT 的早期版本不支持定位功能，为此其需要引入专用的 NB-IoT NPRS（Narrowband Positioning Reference Signal，窄带定位参考信号），并引入相关定位架构和定位流程。

1. NPRS 图样

NPRS 图样的设计主要有以下 2 种方案。

（1）方案 1：在传统 LTE PRS 基础上的增强设计沿用传统 LTE PRS 的生成公式。对于独立工作模式和保护带工作模式，通过相同的公式生成前 3 个符号上的 NPRS 图样。LTE PRS 扩展至独立工作模式和保护带工作模式如图 3-21 所示。

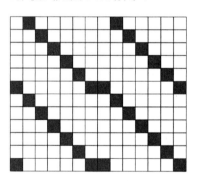

图 3-21　LTE PRS 扩展至独立工作模式和保护带工作模式

（2）方案 2：新 NPRS 图样设计如图 3-22 所示。将一个子帧上发送 NPRS 的资源单位分为 6 组，每个符号上的 2 个资源单位分给 1 组以支持复用因子 6。从终端的角度来看，给相邻小区分配不同的 NPRS 资源单位组可以最小化相邻小区 NPRS 碰撞的发生。

2 种 NPRS 图样设计方案在性能上差异不大，最终标准规定采用方案 1，即在传统 LTE PRS 基础上的增强设计。

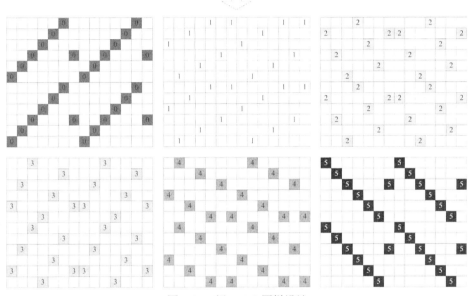

图 3-22　新 NPRS 图样设计

NPRS 通过天线端口 p 发送，时隙 n_s（子载波索引 k，符号索引 l）位置上对应的 NPRS 表达式 $a_{k,l}^{(p)}$ 为

$$a_{k,l}^{(p)} = r_{l,n_s}(m')$$

其中，NPRS 使用的天线端口 p 为端口 2006。

（1）若 NB-IoT 载波工作在带内工作模式，则有

$$k = 6m + (6 - l + v_{shift}) \bmod 6$$

$$l = \begin{cases} 3,5,6, & \text{if } n_s \bmod 2 = 0 \\ 1,2,3,5,6, & \text{if } n_s \bmod 2 = 1 \text{ 及 1 个或 2 个 PBCH 天线端口} \\ 2,3,5,6, & \text{if } n_s \bmod 2 = 1 \text{ 及 4 个 PBCH 天线端口} \end{cases}$$

$$m = 0,1$$

$$m' = m + 2 n'_{PRB} + N_{RB}^{max,DL} - \tilde{n}$$

其中，n'_{PRB} 为 NPRS-SequenceInfo 指示的 NB-IoT 载波所在的 LTE PRB 索引。当 NPRS-SequenceInfo 指示的 NB-IoT 载波所在的 LTE PRB 索引对应的 N_{RB}^{DL} 为奇数时，$\tilde{n} = 1$；当 NPRS-SequenceInfo 指示的 NB-IoT 载波所在的 LTE PRB 索引对应的 N_{RB}^{DL} 为偶数时，$\tilde{n} = 0$。带内工作模式下的 NPRS 映射如图 3-23 所示。

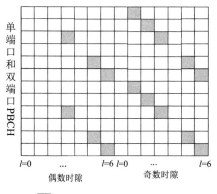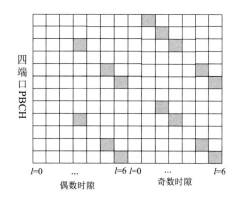

图 3-23　带内工作模式下的 NPRS 映射

（2）若 NB-IoT 载波工作在独立工作模式或保护带工作模式，则有

$$k = 6m + \left(6 - l + v_{\text{shift}}\right) \bmod 6$$

$$l = 0, 1, 2, 3, 4, 5, 6$$

$$m = 0,1$$

$$m' = m + N_{\text{RB}}^{\max,\text{DL}} - 1$$

其中，$v_{\text{shift}} = N_{\text{ID}}^{\text{NPRS}} \bmod 6$，若高层没有配置 $N_{\text{ID}}^{\text{NPRS}}$，则 $N_{\text{ID}}^{\text{NPRS}} = N_{\text{ID}}^{\text{Ncell}}$。PBCH 天线端口数量由高层配置。若高层没有配置 nprsBitmap，则每个时隙中符号 5、6 不用作 NPRS 发送。

2. NPRS 序列

NPRS 序列取自于 Rel-14 LTE 定位序列中的 2 个元素。

当 NB-IoT 载波工作在独立工作模式或保护带工作模式时，2 个长 NPRS 序列为 Rel-14 LTE 定位序列中心的 2 个元素。

当 NB-IoT 载波工作在带内工作模式时，2 个长 NPRS 序列为 Rel-14 LTE 定位序列中的 2 个元素，且这 2 个元素为 NB-IoT 载波所在的 LTE PRB 索引对应的 Rel-14 LTE 定位序列中的 2 个元素，通过 NPRS-SequenceInfo 来指示 NB-IoT 载波所在的 LTE PRB 索引。NB-IoT 载波所在的 LTE PRB 索引指示如表 3-19 所示。

表 3-19　NB-IoT 载波所在的 LTE PRB 索引指示

名称	NPRS-SequenceInfo	LTE PRB 索引 n'_{PRB} （$N_{\text{RB}}^{\text{DL}}$ 为奇数）	NPRS-SequenceInfo	LTE PRB 索引 n'_{PRB} （$N_{\text{RB}}^{\text{DL}}$ 为偶数）
数值	0～74	−37、−36、…、37	75～174	−50、−49、…、49

NPRS 序列 $r_{l,n_s}(m)$ 按照下面的公式生成。

$$r_{l,n_s}(m) = \frac{1}{\sqrt{2}}\left(1 - 2c(2m)\right) + \text{j}\frac{1}{\sqrt{2}}\left(1 - 2c(2m+1)\right), \quad m = 0,1,\cdots,2N_{\text{RB}}^{\max,\text{DL}} - 1$$

其中，n_s 为无线帧中的时隙号；l 为时隙中 OFDM 符号序号。PN 序列 $c(i)$ 按照 TS36.211 中规定的方法生成，并且每个 OFDM 符号开始时 c_{init} 按照下式初始化。

$$c_{\text{init}} = 2^{28}\left(\frac{N_{\text{ID}}^{\text{PRS}}}{512}\right) + 2^{10}\left[7(n_s + 1) + l + 1\right] \cdot \left[2\left(N_{\text{ID}}^{\text{PRS}} \bmod 512\right) + 1\right] + 2\left(N_{\text{ID}}^{\text{PRS}} \bmod 512\right) + N_{\text{CP}}$$

其中，$N_{ID}^{PRS} \in \{0,1,\cdots,4095\}$，若高层没有配置 N_{ID}^{PRS}，则 $N_{ID}^{PRS} = N_{ID}^{cell}$，$N_{CP} = 1$。

3．NPRS 配置

包含 NB-IoT PRS 的子帧被称为 NPRS 子帧。NPRS 子帧由高层配置，每个 NB-IoT 载波分别配置 1 种 NPRS 配置参数。NPRS 子帧首先需要是无效的 NB-IoT 下行子帧，NPRS 子帧不会出现在包含 Rel-13 NPDCCH、NPDSCH、PBCH、NPSS、NSSS 等的 NB-IoT 下行有效子帧中。标准中支持 2 种 NPRS 配置参数，分别为 PartA 和 PartB。

PartA 用来指示 1 个 NPRS 时机中的 NPRS 子帧，通过比特位图形式指示，比特位图长度为 10 比特或 40 比特，比特位配置为"1"表示 NPRS 子帧，比特位配置为"0"表示非 NPRS 子帧。

PartB 通过 T_{NPRS} 指示 NPRS 时机的配置周期，T_{NPRS} 的取值为{160ms, 320ms, 640ms, 1280ms}；通过 N_{NPRS} 指示 1 个 NPRS 时机中包含的 NPRS 子帧数量，N_{NPRS} 的取值为{10, 20, 40, 80, 160, 320, 640, 1280}；通过 αT_{NPRS} 指示 NPRS 时机的起始子帧偏置，其中 $\alpha \in \{0,1/8,2/8,3/8,4/8,5/8,6/8,7/8\}$。

NB-IoT 的锚定载波及非锚定载波都支持 PartA/PartB，但是当 NB-IoT 载波工作在带内工作模式时，其并不支持只配置 PartB。若 PartA 和 PartB 都配置了，则只有被 PartA 和 PartB 都指示为 NPRS 子帧的子帧才算 NPRS 子帧。

终端在接收 NPRS 时，不会接收 NPRS 所在带宽之外的其他参考信号。

若 NB-IoT 的锚定载波仅仅支持 PartB 的 NPRS，则需要通过高层信令指示锚定载波上 SIB1-NB 的重复发送次数，以避免终端误将 SIB1-NB 子帧当作 NPRS 子帧。

为了消除小区间 PRS 的相互干扰，NPRS 静默序列可用来设置 NB-IoT PRS 的静默图样。PartA 和 PartB 分别配置 NPRS 静默序列。

NPRS 静默序列是长度为 2、4、6 和 16 比特的比特流。针对 PartA，比特流的 1 比特对应连续 10 个子帧。针对 PartB，比特流的 1 比特对应 1 个 NPRS 时机。

4．NB-IoT 定位架构

NB-IoT 重用传统 LTE 的定位架构和协议，NB-IoT 终端需要支持 LPP（LET Positioning Protocol，LET 定位协议）。LPP 的传输与 NAS 信令类似，通过 RRC 信令来承载。

LTE 支持 LPP 主要用于 RRC_CONNECTED 态的定位，但 NB-IoT 出于终端节能和简化的考虑，最终只支持 RRC_IDLE 态的定位，为此对 LPP 本身做了一些适应性的修订。

5．定位过程

NB-IoT 曾使用过多种定位方式，如 E-CID（Enhanced Cell-ID，增强小区标识）、OTDOA、UTDOA（Uplink Time Difference Of Arrival，上行到达时间差）等。在确定可用于 NB-IoT 的定位方式时，应综合考虑其精度、复杂度、功耗等问题。

在标准制定的讨论过程中，一些公司认为 NB-IoT 应主要支持 RRC_IDLE 态的定位测量，原因在于 RRC_CONNECTED 态的定位测量相比 RRC_IDLE 态的定位测量没有明显优势，而且 RRC_CONNECTED 态可用于测量的资源较少，执行 RRC_CONNECTED 态的定位测量，终端需持续监听 PDCCH，导致其耗电较高，另外 RRC_CONNECTED 态的定位测量还需考虑传输间隔配置，较为复杂。更可行的方案是，终端先在 RRC_CONNECTED 态进行定位测量配置，然后在 RRC_IDLE 态进行定位测量，并通过连接建立将测量结果上报给网络。当需要终端进行 RRC_IDLE 态的定位测量时，网络将 RRC_CONNECTED 态终端主动释放到 RRC_IDLE 态。另一些公司则认为 RRC_IDLE 态和 RRC_CONNECTED 态的定位测量都可以支持。标准规定仅支持 RRC_IDLE 态的定位测量，即 RSTD 和 RSRP/RSRQ 的测量。

由于 NB-IoT 只支持 RRC_IDLE 态的定位测量，其与 LTE 相比，在测量状态和定位需求上都存在差异性，标准制定者进一步讨论了 NB-IoT 是否可以重用 LTE 的定位辅助数据传输方式。对 RRC_IDLE 态的定位测量采用广播方式来传输定位辅助数据可能更加高效，但是考虑到定位辅助数据较大，而系统消息受到带宽限制不能过大，并且对于小区边缘处于覆盖增强模式的终端可能需要更大的重复发送次数，而重复发送次数过大的系统消息对其他覆盖较好的终端而言又是不必要的资源浪费，为此标准规定仍通过 LPP 方式传输定位辅助数据。

对于收到过定位辅助数据和定位请求的终端，何时触发定位测量是另一个要讨论的问题，可能的方式是基站触发或终端触发。由于 NB-IoT 仅支持 RRC_IDLE 态的定位测量，基站可以在连接释放消息中包含定位使能指示，或者基站可以通过寻呼消息更加实时地指示终端开始测量。但标准规定采用最简单方案，对处于 RRC_CONNECTED 态的终端不会引入额外的 RRC 信令来主动释放 RRC 连接，也不会增强连接释放信令或寻呼信令，终端仍按现有机制释放到 RRC_IDLE 态后启动与进行定位测量。

3.3.8 多播传输增强

物联网系统支持下行广播业务传输需求，为此需要支持 SC-PTM 功能。

1. SC-PTM 架构

Rel-13 中传统的单小区广播功能 SC-PTM 主要为支持对业务感兴趣的终端分布于不连续的小区下，且站点间不同步使得不存在大的用于 MBSFN（Multimedia Broadcast multicast service Single Frequency Network，多媒体广播与多播业务的单频网络）区域场景引入。物联网系统的 SC-PTM 传输重用了 eMBMS（增强型多媒体广播与多播业务）架构。在 SC-PTM 模式下，用户数据通过 BM-SC（广播组播业务中心）而非 PGW 传输到终端。

在传统 SC-PTM 中，终端在 RRC_IDLE 态和 RRC_CONNECTED 态都可以接收多播业务，但如果让物联网终端也在 RRC_CONNECTED 态接收多播业务，那么终端需要同时监听专用搜索空间及用于 SC-MCCH（SC-PTM Multicast Control Channel，SC-PTM 多播控制信道）和 SC-MTCH（SC-PTM Multicast Traffic Channel，SC-PTM 多播业务信道）的搜索空间，对物理层传输有较大影响，另外考虑到物联网终端通常在 RRC_CONNECTED 态保持时间比较短，因此物联网系统仅支持终端在 RRC_IDLE 态接收多播业务，并且为了保证业务性能和用户体验，它还需要支持 RRC_IDLE 态的业务连续性。

eMTC 尽量重用 LTE 设计。NB-IoT 为支持 SC-PTM 传输，定义了 2 个逻辑信道（SC-MCCH 和 SC-MTCH），分别用于 SC-PTM 控制信息（如 SC-MTCH 的调度参数）和实际的组播业务传输。所有的组播控制 SC-MCCH 和组播业务 SC-MTCH 在 NPDSCH 上发送，用于调度 NPDSCH 的 DCI 在 NPDCCH 上发送。调度 SC-MCCH 和 SC-MTCH PDSCH 的 DCI 分别通过 SC-RNTI（SC-PTM 无线网络临时标识符）和 G-RNTI（组 RNTI）加扰。

2．SC-PTM 调度

传统 SC-PTM 中，SC-MCCH 和 SC-MTCH 均采用动态调度方式。在物联网系统中，SC-MTCH 可以采用动态调度方式，以获得足够的调度灵活性。

对于 SC-MCCH 消息传输，eMTC 仍然采用动态调度方式。但对于 NB-IoT 则有较多讨论，有人认为，如果 SC-MCCH 仍然采用动态调度方式，在每个 SC-MCCH 重复周期内，终端需要监听每个 PDCCH，在较差覆盖条件下，控制信道和数据信道需要重复发送较多次才能被终端收到，这对终端耗电会有较大影响，因此有公司建议对 SC-MCCH 考虑半静态或无 PDCCH 调度方式，即终端无须监听 PDCCH，而是在半静态配置的子帧上接收 SC-MCCH 消息。半静态调度方式显然会减少终端对 PDCCH 的监听，有助于终端节能，但通过系统消息广播静态配置参数，对不接收多播业务的终端而言是额外开销。最终标准规定对 NB-IoT 的 SC-MCCH 仍然采用动态调度方式。为了节能，NB-IoT 的 SC-MCCH 和 SC-MTCH 有一些特殊设计。

1）NB-IoT 的 SC-MCCH 调度

（1）调度 SC-MCCH 的搜索空间设计。调度 SC-MCCH 的搜索空间设计方法有以下 2 种备用方案。

① 方案 1：重用 Type-1 CSS 设计。

② 方案 2：重用 Type-2 CSS 设计。

对于方案 1，搜索空间的每一个重复发送次数只对应一个候选集，并且所有候选集都开始于该搜索空间的开始时刻。该方案的好处是低功耗和低的盲检测复杂度，因为只有始于搜索空间开始时刻的候选集需要被检测，并且方案 1 支持检测的重复发送次数比方案 2 大，所以方案 1 具有比方案 2 更优的资源利用率。对于方案 2，候选集不局限于始于搜索空间开始时刻的候选集（有更多的候选集将被检测），所以方案 2 提供了相比方案 1 更好的 DCI 传输灵活性。

考虑到用于调度 SC-MCCH 的候选集通常具有较大的重复发送次数，方案 2 只能提供非常有限的 DCI 传输灵活性且以增加的功率损耗为代价。基于以上原因，调度 SC-MCCH 的搜索空间采用重用 Type-1 CSS 设计被标准采纳。类似于调度单播信道的搜索空间配置，调度 SC-MCCH 搜索空间的配置参数（α_{offset}、R_max 和 G）由高层提供。从灵活性角度，α_{offset} 的取值范围可扩展为 {0, 1/8, 1/8, 3/8, 1/2, 5/8, 3/4, 7/8}。

（2）SC-MCCH 的调度和跳频。为简化设计和降低功耗，SC-MCCH 传输限制于一个 NB-IoT 载波（不支持跳频）。

类似于单播，下行传输间隔配置也适用于承载 SC-MCCH 的 NPDSCH 及 SC-MCCH 只允许在配置的组播有效子帧上发送，其中组播有效子帧的配置由高层提供。从配置的灵活性及降低组播控制/业务和单播控制/业务之间干扰的角度，组播有效子帧的配置与单播有效子帧的配置可以相同或不同。

（3）SC-MCCH 的 DCI 设计。由于调度 SC-MCCH 的搜索空间采用重用 Type-1 CSS 设计，因此调度 SC-MCCH 的 DCI 重用 DCI 格式 N2 的字段，如表 3-20 所示。其中，NPDSCH 默认开始于 NPDCCH 传输结束后的第 5 个子帧（与寻呼类似），最大 TBS 值为 2536 比特。

表 3-20　调度 SC-MCCH 的 DCI 的内容

字段	大小
资源分配	3 比特
调制编码方案	4 比特
NPDSCH 重复发送次数	4 比特
DCI 重复发送次数	3 比特

2）NB-IoT 的 SC-MTCH 调度

（1）调度 SC-MTCH 的搜索空间设计。调度 SC-MTCH 的搜索空间设计方法有以下 2 种备用方案。

① 方案 1：重用 Type-1 CSS（寻呼）设计。

② 方案 2：重用 Type-2 CSS（Msg2/Msg3）设计。

对于方案 1，搜索空间的每一个重复发送次数只对应一个候选集，并且所有候选集都开始于该搜索空间的开始时刻。该方案的好处是低功耗和低的盲检测复杂度，因为只有始于搜索空间开始时刻的候选集需要被检测，并且方案 1 支持检测的重复发送次数比方案 2 大，所以方案 1 具有比方案 2 更优的资源利用率。对于方案 2，被检测的候选集不局限于始于搜索空间开始时刻的候选集（有更多的候选集将被检测），所以方案 2 提供了相比方案 1 更好的 DCI 传输灵活性。

当 R_max 不是非常大时，方案 2 能够提供较好的 DCI 传输或调度灵活性，调度 SC-MTCH 的搜索空间采用重用 Type-2 CSS（Msg2/Msg3）设计被标准采纳。类似于调度单播信道的搜索空间的配置，调度 SC-MTCH 搜索空间的配置参数（α_{offset}、R_max 和 G）由 SC-MCCH 提供。从灵活性和避免不同 SC-MTCH 之间冲突的角度，α_{offset} 的取值范围为 {0, 1/8, 1/4, 3/8, 1/2, 5/8, 3/4, 7/8}。

（2）SC-MTCH 的调度和跳频。为简化设计和降低功耗，SC-MTCH 传输限制于一个 NB-IoT 载波（不支持跳频）。

为提高 SC-MTCH 容量，不同的 SC-MTCH 能够在不同的 NB-IoT 载波上发送。

类似于单播，下行传输间隔配置也适用于承载 SC-MTCH 的 NPDSCH 及 SC-MTCH 只允许在配置的组播有效子帧上发送，其中组播有效子帧的配置由高层提供。从配置的灵活性及降低组播控制/业务和单播控制/业务之间干扰的角度，组播有效子帧的配置与单播有效子帧的配置可以相同或不同。

NB-IoT SC-MTCH 只支持一个 HARQ 进程且不支持 HARQ 重传。

（3）SC-MTCH 的 DCI 设计。由于调度 SC-MTCH 的搜索空间采用重用 Type-2 CSS（Msg2/Msg3）设计，因此调度 SC-MTCH 的 DCI 重用 DCI 格式 N1 的字段，如表 3-21 所示。与 DCI 格式 N2 字段不同的是，为进一步改善 SC-MTCH 的 DCI 传输灵活性，调度时延不再依赖于 R_max，取值为 {0, 4, 8, 12, 16, 32, 64, 128}。其中，最大 TBS 值为 2536 比特。

表 3-22　调度 SC-MTCH 的 DCI 的内容

字段	大小
资源分配	3 比特
调制编码方案	4 比特

续表

字段	大小
NPDSCH 重复发送次数	4 比特
DCI 重复发送次数	2 比特
调度时延	3 比特

3）NB-IoT 的冲突处理机制

考虑多播业务与单播业务共存情况，标准规定使用如下优先级处理原则，其他场景则主要依赖终端实现处理。

（1）MT 的寻呼消息与 SC-PTM：被呼业务的寻呼接收比 SC-PTM 具有更高优先级。

（2）MO（除信令外）与 SC-PTM：依赖终端实现。

（3）MO 的信令与 SC-PTM：MO 的信令发送具有更高优先级。

当 NB-IoT 终端正在监听 Type-1 CSS 或接收承载寻呼的 NPDSCH 时，或者当 NB-IoT 终端正在接收或发送随机接入消息时，终端不需要监听调度 SC-MCCH 或 SC-MTCH 的搜索空间，也不需要接收承载 SC-MCCH 或 SC-MTCH 的 NPDSCH。

由于 NB-IoT 终端的低成本特性，因此终端不需要同时监听调度 SC-MCCH 的搜索空间和调度 SC-MTCH 的搜索空间；当接收承载 SC-MTCH 的 NPDSCH 时，终端不需要监听调度 SC-MTCH 的搜索空间；当接收承载 SC-MCCH 的 NPDSCH 时，终端不需要同时监听调度 SC-MCCH 的搜索空间；当监听调度 SC-MCCH 的搜索空间或接收承载 SC-MCCH 的 NPDSCH 时，终端不需要同时监听调度 SC-MTCH 的搜索空间或接收承载 SC-MTCH 的 NPDSCH。

当承载 SC-MTCH 或 SC-MCCH 的 NPDSCH 与 NPSS/NSSS、NPBCH 或 SIB 冲突时，NPDSCH 接收被推迟；当调度 SC-MTCH 或 SC-MCCH 的搜索空间与 NPSS/NSSS、NPBCH 或 SIB 冲突时，NPDCCH 接收被推迟；从一个调度 SC-MTCH 或 SC-MCCH 的搜索空间结束到下一个调度 SC-MTCH 或 SC-MCCH 的搜索空间开始至少间隔 4ms。

3. SC-PTM 配置参数获取

在 SC-MCCH 和 SC-MTCH 的调度方式确定后，还需要确定相关配置信息的获取方式。在传统 SC-PTM 中，SC-MCCH 的调度信息通过 SIB20 配置，SC-MTCH 的调度信息则通过 SC-MCCH 消息配置。标准支持 SC-MCCH 的变更通知机制。当终端尚未开始接收业务时，终端需要依靠 SC-MCCH 变更指示来判断是否接收 SC-MCCH。标准规定 SC-MCCH 的变化只能发生在特定无线帧，在一个修改周期内，相同的 SC-MCCH 会被重复传输多次。修改周期通过 SIB20 配置。当网络需要修改某些 SC-MCCH 时，它会在 SC-MCCH 传输的第一个重复周期的第一个子帧上发送 SC-MCCH 变更指示。因此，在终端收到 SC-MCCH 变更指示后，如果它希望接收业务，那么终端会从当前子帧开始接收新的 SC-MCCH。但是当终端已经通过 SC-PTM 接收业务时，标准规定终端在每个修改周期的开始都要获取 SC-MCCH 而并非依赖 SC-MCCH 变更指示。

由于物联网系统对覆盖增强和节省耗电有很高的要求，因此在 LTE 中获取的 SC-MCCH 变更指示需要进行优化。

对于终端尚未开始接收业务的场景，一些公司建议在调度 SC-MCCH 每个 PDCCH（使用 SC-RNTI 加扰）的 DCI 信息中引入 1 比特变更指示信息。在 NB-IoT 终端收到 SC-MCCH 变更指示后，它可以在当前子帧尝试获取更新后的 SC-MCCH。但另一些公司建议利用 PDCCH

上传输的直接指示信息（使用 P-RNTI 加扰）来传输 SC-MCCH 变更指示，各公司比较后认为后一种建议不仅会使得 SC-MCCH 变更周期非常长，还要求终端针对 SC-PTM 的苏醒时机与寻呼的苏醒时机关联起来，并不合理。标准最终规定在调度 SC-MCCH 每个 PDCCH 的 DCI 信息中引入 SC-MCCH 变更指示。

对于终端正在接收业务的场景，现有标准中让终端在每个修改周期都获取 SC-MCCH 的方式显然会造成过高的耗电，此外考虑到在 Rel-14 多载波配置场景下，标准制定者在讨论初始阶段就同意了 SC-MCCH 和 SC-MTCH 可以在不同载波上调度，调度载波信息通过系统信息来配置。如果 SC-MCCH 和 SC-MTCH 在不同载波上调度，按现有机制，终端为了接收 SC-MCCH 会中断当前其对业务的接收，如果要求基站在调度 SC-MCCH 时就不调度 SC-MTCH，会降低 SC-PTM 传输效率。为此标准引入了基于业务的 SC-MCCH 变更指示，即在调度 SC-MTCH 每个 PDCCH 的 DCI 信息中引入 1 比特变更指示信息，而且该变更指示仅仅需要指示与终端当前正在接收业务的相关配置是否发生变化。如果正在接收业务的终端根据该变更指示判断 SC-MCCH 将要发生变化，那么终端会在下个修改周期的起点开始接收新的 SC-MCCH 消息。

在上述优化基础上，标准进一步规定在调度 SC-MTCH 的 PDCCH 中引入相关信息指示下个修改周期是否有新的业务要广播，如果终端对新业务感兴趣，可以在下个修改周期转去接收新的业务。

4．SC-PTM 传输

1）SC-MCCH 传输

现有 SC-MCCH 调度机制如图 3-24 所示。SC-MCCH 消息在 SC-MCCH 重复周期的 SC-MCCH 持续时长时间段内被调度。这个周期内终端会监听 SC-RNTI 加扰的 PDCCH 并进一步解调相应的数据信道传输。图 3-24 中 SC-MCCH 消息被分成 4 个 TB，每个 TB 是独立调度的。

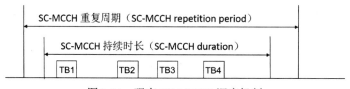

图 3-24　现有 SC-MCCH 调度机制

现有 SC-PTM 中每个小区只广播一条 SC-MCCH 消息，因此有公司建议引入针对不同覆盖等级（重复发送次数）的多条 SC-MCCH 消息，每条 SC-MCCH 消息只与某一个覆盖等级的 SC-PTM 配置相关联，不同覆盖等级的 SC-PTM 配置包含在不同 SC-MCCH 消息中传输，这样就不要求 SC-MCCH 消息总是以最大重复发送次数发送。考虑到 NB-IoT 支持的 TBS 较小，这样可以使得每条 SC-MCCH 消息只需要包含少量的 SC-MTCH 相关信息，终端解调少量的 SC-MCCH 消息即可。考虑到 SC-MCCH 的变更不频繁，即便 SC-MCCH 消息使用最大重复发送次数发送，覆盖较好的终端一旦收到 SC-MCCH 消息就可以停止解调，多数公司认为引入多条 SC-MCCH 消息相比现有机制的收益有限，且这种方式还会引入额外的复杂度，如果 SC-MCCH 变更指示没有优化，终端很可能需要解析多条甚至全部的 SC-MCCH 消息，有可能比解析一条较大的 SC-MCCH 消息开销更大。最终标准没有引入多条 SC-MCCH 消息，但考虑物联网系统中 TBS 受限的实际情况，支持对一条 SC-MCCH 消息划分多个分片进行传输的方式。

另外，标准规定对物联网系统也采用与 LTE 类似的基于 DRX 机制的 SC-MCCH 传输机制。DRX 机制相关参数通过 SIB20 发送给物联网终端。

2）SC-MTCH 传输

由于物联网系统支持的带宽较小，因此标准制定者首先确定需要减少物联网支持的业务数量，对于 eMTC，从现有的单小区支持 1023 个业务减少到支持 128 个业务，对于 NB-IoT，从现有的单小区支持 1023 个业务减少到支持 64 个业务。

大部分公司认为，与传统 LTE 中 SC-PTM 主要用于多播业务不同，eMTC 和 NB-IoT 支持多播业务主要用于软件更新，需要额外考虑 SC-MTCH 传输可靠性问题。特别是在 NB-IoT 中，由于 TBS 比传统 LTE 小很多，一个 UDP（User Datagram Protocol，用户数据报协议）/IP 数据包可能需要被分成多个 TB 传输，传输失败概率叠加后，会使得传输可靠性相当低。标准制定者在讨论过程中提出过很多方案，但无论是高层多次重复传输还是引入反馈机制，都会增加系统和终端资源消耗，需要折中考虑，有些公司认为节省资源更重要，有些公司则认为传输可靠性更重要，最终标准规定对 eMTC 和 NB-IoT 都不引入反馈机制，传输可靠性主要靠物理层保证。另外，标准规定支持对不同的 SC-MTCH 业务灵活配置不同的覆盖增强、重复发送次数。

5. RAN 级别的会话启动/停止指示

现有多播业务支持通过应用层业务宣告流程来向终端指示用户授权描述信息，该信息中包含了业务的启动/停止时间，可以帮助终端准确判断何时开始或停止接收业务，但该信息是可选发送的。此外，考虑到 NB-IoT 中多播业务主要用于软件更新，某些情况下，可能需要尽快启动软件更新，如果终端频繁地获取用户授权描述信息以便尽快知道软件更新的开始时间，这对终端耗电有较大影响，为此有公司建议引入 RAN 侧关于多播业务真实开始时间的指示，但也有公司认为现有应用层机制已经足够满足需求。最终标准规定不在空口引入该启动指示。

在现有标准中，MME 和 MCE（Multi-cell/multicast Coordination Entity，多小区/多播协调实体）之间的 MBMS 会话停止请求可选包含业务实际结束时间，当基站收到 MCE 发来的 MBMS 会话停止请求时，基站会停止该业务，即更新 SC-MCCH 消息移除任何与被停止业务相关的业务配置信息。

考虑到 SC-MCCH 消息的变更周期，即便基站有办法得到业务实际结束时间，基站更新 SC-MCCH 消息的时间与业务实际结束时间也不太可能正好对齐，有可能在基站发送更新的 SC-MCCH 消息之前业务已经结束了。业务实际结束时间与终端获取到更新的 SC-MCCH 消息之间可能存在时间间隔。

终端在收到更新的 SC-MCCH 消息之前，会连续监听控制信道来获取业务调度信息，这会为终端带来不必要的耗电。为此标准引入了 RAN 级别的会话停止指示且允许该指示重复发送。在会话停止指示的具体发送方式上，可能的选项包括定义新的 MAC CE 或使用调度 SC-MTCH 的 DCI 中的 1 比特。显然第 2 种选次对空口开销更小，但这种方式对物理层有影响。最终标准规定定义新的 MAC CE，并且定义了新的 LCID "10111"。

6. MBMSInterestIndication

在现有标准中，终端可以在 RRC_CONNECTED 态通过 MBMSInterestIndication 消息上报它感兴趣的多播业务信息（如载频列表、业务列表及是否多播优先），有公司建议对物联网也支持该功能，原因在于物联网只能支持 RRC_IDLE 态接收多播业务，RRC_CONNECTED 态的终端需要被释放到 RRC_IDLE 态才能接收多播业务，另外，某些场景下基站也无法知道终端对单播业务与多播业务的优先级处理，引入该功能可以使基站触发的 RRC 状态迁移操作更加优化，收到该消息的基站可以将终端及时主动释放到 RRC_IDLE 态。但也有公司认为该功能主要对 RRC_CONNECTED 态接收 SC-PTM 有益处，NB-IoT RRC_CONNECTED 态时间短，因此对 NB-IoT 收益不大。最终标准规定仅对 eMTC 支持该功能。

7. SC-PTM 移动性

标准制定者不仅讨论了对物联网系统沿用基于 SIB15 的 SC-PTM 移动性，还重点讨论了涉及 SC-PTM 的小区排序机制，即通过引入偏移量使得终端可以以较高优先级选择发送多播业务的小区。一些公司建议引入载频级偏移量，另一些公司则认为既然多播业务是配置到小区级别的，为避免具有较高优先级的载频上不存在发送多播业务的小区，建议引入小区级偏移量。但是考虑到小区级偏移量有可能造成终端选择非最高排序（基于信号质量）的小区来接收多播业务，那么当终端在该小区进入 RRC_CONNECTED 态接收单播业务时，会造成不期望的干扰。最终标准规定只引入载频级偏移量，该偏移量对邻区和服务小区载频都是增量。对具有广播业务的载频可以设置该偏移量，基于该偏移量，终端可以优选该载频并选择合适的 SC-PTM 小区来接收多播业务。当该偏移量取值为无限大时，终端无条件地优选正在接收或希望接收 SC-PTM 的载波，只有当前所属载波没有合适的驻留小区时才会选择其他载波。

第 4 章

NR-IIoT

NR-IIoT 是 NR 标准针对其低时延、高可靠的小速率业务而进行的标准增强。

‖ 4.1   标准发展背景介绍 ‖

在 5G 标准讨论过程中，多数公司一致认为 NB-IoT 及 LTE-M 已经可以满足低成本、海量连接、广覆盖的低端物联网业务需求，但是对于可靠性要求高且时延确定的高端物联网业务，如 TSC 业务，还需要 NR 标准的进一步增强。为此，2019 年 9 月，以支持 TSC 业务及增强 URLLC 为背景的 NR-IIoT 在 3GPP 标准中进行了立项和研究。

NR-IIoT 的主要特点为支持低时延、高可靠的数据传输技术，有确定性时延需求的 TSC 业务，高效的小数据包传输技术。

（1）支持低时延、高可靠的数据传输技术主要通过 URLLC 增强来实现，如支持终端内复用和优先级处理增强、增强 PDCP 复制（Duplication）功能（如支持多于 2 条链路的 PDCP 复制、灵活的激活/去激活策略）、支持多套配置授权/SPS 配置、支持更小的配置授权/SPS 周期。

（2）支持有确定性时延需求的 TSC 业务主要通过在 5GS 内进行时钟精确同步，使数据包在 5GS 出口/入口加时间戳，并在 5GS 出口缓存数据包，在到达预定时延时 5GS 出口转发存储的数据包到目的端，从而达到 5GS 传输时延固定的目的。确定性时延存储/转发机制在 NAS 中实现，并在 SA2 中进行标准化，RAN 侧只标准化时钟同步策略。

（3）支持高效的小数据包传输技术主要体现于 EHC（Ethernet Header Compression，以太网头压缩），用于以太网数据包传输时在发送端进行 EHC，在接收端进行以太网报头恢复，从而节省 5G 网络的空口资源，提高传输效率。

‖ 4.2   业务模型和应用场景 ‖

NR-IIoT 业务以小速率、小传输间隔、周期性、高同步精度、低时延和高可靠性为主要特征。TR 38.825 明确给出了 5G 网络承载 TSN 业务时需要满足的业务传输需求，其使用场景分类和传输需求如表 4-1 所示，主要用于娱乐业（如 AR/VR）、自动化工厂、智能电网。

表 4-1　TSN 业务使用场景分类和传输需求

场景	用户数/人	通信业务可用性	传输周期	允许的端到端时延	生存时间	包大小	业务区域	业务周期	应用
1	20	99.9999%～99.999999%	0.5ms	小于传输周期	传输周期	50字节	15m×15m×3m	周期性	自动控制和控制到控制
2	50	99.9999%～99.999999%	1ms	小于传输周期	传输周期	40字节	10m×5m×3m	周期性	自动控制和控制到控制
3	100	99.9999%～99.999999%	2ms	小于传输周期	传输周期	20字节	100m×100m×30m	周期性	自动控制和控制到控制

4.2.1　娱乐业

AR 与 VR 等娱乐性应用涉及多种智能可穿戴设备及人机交互接口，如智能眼镜、智能指环、智能手机及智能显示屏等，所述设备通过无线连接进行实时、高速率、高可靠的可移动场景信息交互、远程监控、远程装配作业等。AR/VR 业务流程示例如图 4-1 所示。

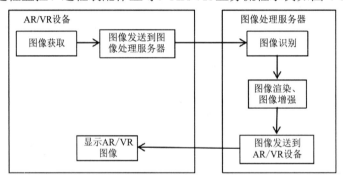

图 4-1　AR/VR 业务流程示例

AR/VR 业务流程如下。

（1）AR/VR 设备的帧速率大于或等于 60 帧/秒，并通过 5GS 为图像处理服务器提供高清（1280 像素×720 像素）或全高清（1920 像素×1080 像素）图像。

（2）图像处理服务器通过图像识别、图像渲染、图像增强等技术对图像进行处理，并将其通过 5GS 发送到 AR/VR 设备。

（3）AR/VR 设备显示 AR/VR 图像。

AR/VR 业务为高速率（2Mbit/s～50Mbit/s）、低时延的视频流，支持无缝的移动性，特征为定位精准，终端功耗低。

4.2.2　自动化工厂

自动化工厂以确定性时延、低时延、高可靠、海量终端为主要特征，用于工厂自动化控制，如机械臂控制、传感器控制等，需要精确的时钟同步来保证确定性时延。典型的用户数和时钟同步指标如表 4-2 所示。

表 4-2　典型的用户数和时钟同步指标

一个时钟同步通信组中的设备数	5GS 同步预算要求	业务区域	应用
最多 300 个终端	小于或等于 900ns	小于或等于 100m× 100m	用于工业控制器的控制-控制通信
最多 300 个终端	小于或等于 900ns	小于或等于 1000m× 100m	用于工业控制器的控制-控制通信

由于此类应用的时钟同步需求是终端到终端的时钟同步误差小于或等于 900ns，即使忽略终端与终端之间的时钟同步误差，也需要终端到终端的时钟同步误差小于或等于 900ns。而终端到终端的时钟同步需要核心网或者 2 个终端同时从 GPS（Global Positioning System，全球定位系统）获取时钟，所以需要保证核心网或 GPS 到终端的单向时钟同步误差小于或等于 450ns，这个同步指标对 5GS 是一个极大的挑战。因为当 SCS 为 15kHz 或 30kHz 时，Uu 接口的 TA 测量粒度已经超过 260ns，并且由于核心网或 GPS 到基站的误差（200ns 左右）很难满足室外覆盖的同步需求，因此具体策略标准正在讨论。

4.2.3　智能电网

智能电网中的 5G 应用主要体现在电网故障检测、智能输配电等环节，以提高电网安全、稳定、高效的运行能力。分布式电网中的通信系统覆盖了电力网的发电、变电、输电、配电、用电的全部环节，其中具有通信需求的节点包括各种发电设施、输电配电线路、变电站、电厂、调度中心等。

智能电网以确定性时延、低时延、高可靠、远距离室外覆盖为主要特征，需要精确的时钟同步进行输电配电线路的故障定位与上报。典型的用户数和时钟同步指标如表 4-3 所示。

表 4-3　典型的用户数和时钟同步指标

一个时钟同步通信组中的设备数	5GS 同步预算要求	业务区域	应用
最多 100 个终端	小于 1μs	小于 20km^2	智能电网：电源管理单元之间的同步

由于此类应用的时钟同步需求是主时钟到终端的时钟同步误差小于或等于 1μs，且主时钟来源于核心网或 GPS，即核心网或 GPS 到终端的单向时钟同步误差小于或等于 1μs，相对于自动化工厂的核心网或 GPS 到终端的单向时钟同步误差小于或等于 450ns 的时钟同步需求来说，其更容易实现。

‖ 4.3　关键技术 ‖

4.3.1　TSN 精准授时

TSN 主要提供 QoS 要求高、时延敏感的业务。为了保证 5GS 内的时钟同步需求，如自动化工厂中终端到终端的时钟同步误差小于或等于 900ns、智能电网中核心网或 GPS 到终端的单向时钟同步误差小于或等于 1μs，需要考虑不同网元间的时钟同步误差。基于不同网元间的时钟同步策略不同，5GS 内的时钟同步通过 2 个时钟同步阶段来实现：时钟源到基站的时钟同步和基站到终端的时钟同步。

TSN 主时钟与基站之间的最大时钟同步误差如表 4-4 所示。

表 4-4　TSN 主时钟与基站之间的最大时钟同步误差

同步源	时钟同步误差
基站本地 GNSS 接收器 （GPS 是 TSN 主时钟）	时钟同步误差的绝对值为 100ns
基站本地 TSN 主时钟	时钟同步误差可以忽略
远程 TSN 主时钟实体，通过支持 PTP 的传输网络与基站进行连接	时钟同步误差的绝对值为（40N）ns，其中 N 为基站与 TSN 主时钟实体之间的 PTP 节点数

时钟源到基站的时钟同步不涉及 3GPP 标准化，是产品实现策略。

基站到终端的时钟同步：基站可以通过广播（SIB9）或 RRC 专用信令（DLInformationTransfer）为终端提供最小粒度为 10ns 的 Uu 接口高精度授时，具体信息如下。

```
ReferenceTimeInfo-r16 ::= SEQUENCE {
    time-r16                    ReferenceTime-r16,
    uncertainty-r16             INTEGER (0..32767)      OPTIONAL,  -- Need S
    timeInfoType-r16            ENUMERATED {localClock} OPTIONAL,  -- Need S
    referenceSFN-r16            INTEGER (0..1023)       OPTIONAL   -- Cond
RefTime
}
```

其中，time 域的定义如下。

```
ReferenceTime-r16 ::=           SEQUENCE {
    refDays-r16                 INTEGER (0..72999),
    refSeconds-r16              INTEGER (0..86399),
    refMilliSeconds-r16         INTEGER (0..999),
    refTenNanoSeconds-r16       INTEGER (0..99999)
}
```

（1）time 域指示指定 SFN 结束边界最小粒度为 10ns 的时间信息：time = refDays×86400×1000×100000 + refSeconds×1000×100000 + refMilliSeconds×100000 + refTenNanoSeconds。在时间信息表征中，1s 固定为 1000ms，1 天固定为 24h（86400s），所以目前的 Uu 接口高精度授时信息可以精确地表征 GPS 时钟，但无法表征闰秒和夏令时等本地时钟特征。如果 TSN 主时钟使用本地时钟，那么 Uu 接口高精度授时信息需要进一步增强，以表征闰秒和夏令时。

（2）uncertainty 域指示 time 域中 refTenNanoSeconds 的精度，refTenNanoSeconds 的实际精度=uncertainty×25ns；当 uncertainty 的值为 0 时，refTenNanoSeconds 的精度为 10ns。

（3）timeInfoType 域指示 time 域的时钟类型，默认为 GPS 时钟，时钟开始时间为 00:00:00（格里高利 1980 年 1 月 6 日 0 点 0 时 0 分，GPS 时间的起点）；如果 timeInfoType 的值为 localClock，那么时钟为本地时钟，时钟开始时间没有标准化，属于实现策略。

（4）referenceSFN 域指示通过单播信令传输精准时钟信息时的参考 SFN（传输的时间为该 SFN 的结束边界时间）。如果通过 SIB9 传输精准时钟信息，那么 referenceTimeInfoPreference-r16 信元无须携带，所传输的时间为 SI-window 结束边界时间。

终端可以通过携带 referenceTimeInfoPreference-r16 信元的 UEAssistanceInformation 消息来指示基站提供精准时钟信息。

对于 gNB-CU（基站集中式单元）与 gNB-DU（基站分布式单元）分离的场景，由于广播（SIB9）

或 RRC 专用信令是在 gNB-CU 中编码的,而时钟信息和 SFN 是在 gNB-DU 中维护的,因此精准授时需要 gNB-CU 与 gNB-DU 协调。由于 SIB9 不涉及加密与安全,它的精准授时可以在 gNB-DU 中重新编码,也就是 gNB-CU 填写的 SIB9 内容可以不精确,gNB-DU 可以重新填写;但对于由 RRC 专用信令进行精准授时来说,由于涉及加密与安全,而加密是在 gNB-CU 中进行的,因此在由 RRC 专用信令进行精准授时的情况下,gNB-CU 需要请求 gNB-DU 周期性或按需(一次性)上报精准时钟信息,gNB-DU 基于所述请求按请求周期或一次性上报精准时钟信息给 gNB-CU。gNB-CU 与 gNB-DU 之间的时钟请求示例如图 4-2 所示。

图 4-2　gNB-CU 与 gNB-DU 之间的时钟请求示例

参考时间信息报告控制信令中包含精准时钟信息上报类型指示的报告请求类型信元。参考时间信息报告控制信令的消息结构 1 如表 4-5 所示。gNB-CU 与 gNB-DU 之间的时钟上报示例如图 4-3 所示。

表 4-5　参考时间信息报告控制信令的消息结构 1

信元名称	信元存在条件	信元类型及取值范围	参数含义
事件类型		枚举值(按需上报、周期上报、停止上报、……)	
报告周期值	若事件类型取值为周期上报,则该信元存在	整数值(0、1、…、512、…)	指示精确时间上报的周期,单位:无线帧

图 4-3　gNB-CU 与 gNB-DU 之间的时钟上报示例

参考时间信息报告中包含精准时钟信息的信元,其控制信令消息结构 2 如表 4-6 所示(和 Uu 接口的时钟传递信元对应)。

表 4-6　参考时间信息报告控制信令消息结构 2

信元名称	信元存在条件	信元类型	参数含义
ReferenceTime	必选	字节串	和 Uu 接口的时钟传递信元对 ReferenceTime 一致
referenceSFN	必选	整数值	
uncertainty	可选	整数值	指示 ReferenceTime 的精度,和 Uu 接口的时钟传递信元对 uncertainty 一致
timeInfoType	可选	枚举值(localClock)	

基站给终端提供的时钟为某个 SFN 结束边界的时钟，但考虑到基站到终端的传输时延导致基站与终端的 SFN 结束边界对不齐（基站到终端的传输时延=基站与终端的 SFN 结束边界时间差值的一半），具体解决方法如下。

（1）当终端到基站的距离较近时，基站与终端的 SFN 结束边界相差不大，无须进行基站到终端的传输时延补偿即可保证基站到终端的时钟同步误差总是小于 540ns，5GS 内的时钟同步误差总是可以满足 1μs 的同步需求。

（2）当终端到基站的距离较远（如站间距大于 200m）时，只有进行基站到终端的传输时延补偿，才能保证 5GS 内的时钟同步误差总是可以满足 1μs 的同步需求。

为了使距离基站较远的终端获得精准的时钟，需要对时钟传递信息进行时延补偿（也就是通过计算基站与终端的 SFN 结束边界的时间差对传递的时钟进行矫正）。在 Rel-16 收尾阶段，由于不同公司对时延补偿的策略理解不一样，受限于时间因素，Rel-16 对于 Uu 接口的精准授时过程中的时延补偿没有标准化，因此基站到终端的传输时延补偿通过终端实现来解决。

在 Rel-17 中，SA1（业务与系统组 1）提出了 5GS 内终端到终端的时钟同步误差小于或等于 900ns 的需求，也就是主时钟位于某个终端上，其他终端从有主时钟的终端上获取时钟，且时钟同步误差小于或等于 900ns。主时钟在终端间同步是通过 gPTP（时间戳策略）实现的，所以只要保证 2 个终端间 5GS 的时钟同步误差小于或等于 900ns 即可。另外，由于和 Rel-16 时钟同步场景不同，导致时钟同步精度需求不同，而不同时钟同步精度对网络资源的开销也不同（如基站的晶振需求、时钟同步频度），因此基站需要知道所需提供的时钟精度需求。

对于精准授时过程中的时延补偿，各公司在标准制定过程中进行了如下讨论。

（1）精准授时过程中的时延补偿在终端侧进行还是在基站侧进行。在终端侧进行时延补偿需要基站给终端提供基站侧的 Rx-Tx 不同测量值或实时更新的 TA 值；在基站侧进行时延补偿需要终端上报终端侧的 Rx-Tx 不同测量值或 TA 值（基站在某些场景下无法获得终端当前使用的 TA 值）。精准授时过程中的时延补偿通过 NTA 计算还是通过 Tx-Rx 计算：若通过 NTA 计算，则需要引入更细粒度的 TA 值；若通过 Tx-Rx 计算，则需要引入 Tx-Rx 不同测量值传递流程。

（2）核心网是否给基站提供时钟精度需求指示：用于基站决策所提供的时钟精度。

4.3.2 低时延、高可靠方面的增强

NR-IIoT 的低时延、高可靠方面的增强主要是在 NR URLLC 的基础上通过如下方式实现的。

（1）支持终端内复用和优先级处理增强，在 Rel-15 中动态授权优先于配置授权，为了保证业务的时延，Rel-16 提出了基于逻辑信道优先级和逻辑信道优先级限制的选择方案，以使终端在承载多种业务的情况下保证高优先级业务的 QoS。其中，为了帮助终端将具有不同通信性能要求的逻辑信道的数据映射到合适的上行半静态调度资源（配置授权）上，Rel-16 NR 决定引入配置授权的 ID。在实际配置方面，首先，网络在使用 RRC 信令为终端配置某个配置授权时，可选择在配置授权配置中提供这个参数。其次，在为终端配置某逻辑信道时，可选择为其配置一个至少含有一个配置授权 ID 的列表（allowedCC-List-r16），以表征逻辑信道的数据可以在这些配置授权资源上进行传输。当某个配置授权的传输机会到来时，终端 MAC 实体可根据此配置授权的 ID 索引号寻找符合条件的逻辑信道，承载其产生的数据。Rel-16 NR 在为终端配置上行 BWP（BandWidth Part，宽带部分）时，会告知终端需要添加/改变或释放

的配置授权资源信息。对于 Type-2 配置授权，在终端收到网络的配置授权激活/去激活指令后，需要将相应的网络确认信息发送给网络。在 Rel-15 NR 中，网络只能为终端配置一个 Type-2 配置授权资源，相应地，配置授权确认 MAC CE 的组成也就很简单，只包含一个专用的 LCID 的 MAC PDU 子头（负荷为零）。但是，在 Rel-16 NR 中，因为网络可以为终端配置多个配置授权资源，所以终端在发送网络确认信息时也需要告诉网络其收到了哪些配置授权激活/去激活指令。为了使用足够多的配置授权配置承载不同属性的业务数据，3GPP 决定 Rel-16 终端的每个 MAC 实体最多支持 32 个激活的配置授权资源。相应地，多元配置授权确认 MAC CE 的长度为 32 比特。其中，第 x 位置为 1 或 0 分别代表终端收到或没有收到网络面向 ID=x 的配置授权物理下行控制信道 DCI 指示信息，该信息可以指示激活该配置授权，也可以指示去激活该配置授权。网络不仅可以为终端分配 Type-2 配置授权，还可以为其分配 Type-1 配置授权。对于 Type-1 配置授权，终端是在收到网络的 RRC 信令配置后即刻激活的，无须等待 DCI 指示信息。相应地，在收到该多元配置授权确认 MAC CE 后，网络将忽略所有 Type-1 配置授权的 ID 在 MAC CE 上对应比特位的值，即终端将这些比特位设置为 0 或 1 并无本质差别。

（2）支持冗余 UPF（User Plane Function，用户面功能）用以保证 UPF 与基站之间的传输可靠性。对于下行数据传输，UPF 在 N3 GTP-U（GPRS Tunnelling Protocol-User plane part，GPRS 隧道传输协议-用户面部分）隧道上发送下行数据包。UPF 中的冗余功能在传输层上复制下行数据。NG-RAN 中的冗余功能消除收到的重复下行数据并将处理好的数据保存在 NG-RAN 中。对于上行数据传输，NG-RAN 在 N3 GTP-U 隧道上发送收到的上行数据包，NG-RAN 中的冗余功能在回程传输层执行冗余处理。UPF 中的冗余功能消除收到的重复上行数据并将处理好的数据保存在 UPF 中。

（3）增强 PDCP 复制功能（如支持多于 2 条链路的 PDCP 复制、灵活的激活/去激活策略），用以保证基站与终端之间的传输可靠性。网络首先可以通过 RRC 信令为终端配置与各个 DRB 相关的 RLC 传输链路（有多于 2 个 RLC 实体对应的 DRB ID 或 SRB ID 设为同一个）。若网络在该承载对应的 PDCP 配置信元（PDCP Config IE）中配置 PDCP 复制信元（PDCP Duplication IE），则可视为网络已为终端配置了传输复制。对 SRB 来说，当 PDCP 复制信元设为 1 时，所有相关 RLC 实体都为激活状态；对 DRB 来说，当 PDCP 复制信元设为 1 时，需要进一步明确 RRC 为 DRB 配置的各个 RLC 实体的传输复制状态是否为激活状态。这主要通过 Rel-16 为终端提供的多于 2 条 RLC 复制传输链路，并配置新引入的、超过 2 个 RLC 实体的配置信元（moreThanTwoRLC-r16 IE）中的复制状态指示信元（Duplication State IE）确定。复制状态指示信元具有 3 比特的比特映射（Bitmap），给出了各个辅助 RLC 传输链路的当前激活状态。例如，比特值设为 1，则对应的辅助 RLC 传输链路为激活状态，其中比特映射中位数最小到位数最大的比特位分别对应 LDID 从最小到最大的逻辑信道。若用于复制传输的辅助 RLC 传输链路数目为 2，则比特映射中最高位的值将忽略；若复制状态指示信元没有出现在 RRC 配置中，则说明所有的辅助 RLC 传输链路都是去激活的。在 RRC 配置完成后，根据网络对信道情况的侦测或者终端反馈的信道情况，网络可以动态地为终端变换当前激活的辅助 RLC 传输链路（辅助 RLC 传输链路 ID/数目）。针对在 Rel-16 中网络最多为终端配置 3 条辅助 RLC 传输链路进行数据包复制传输的需求，Rel-16 引入了一个 RLC 激活/去激活的 MAC CE，用于动态变换当前激活的辅助 RLC 传输链路。该 MAC CE 由 DRB ID 和相关 RLC 的激活状态标识位组成。复制 RLC 激活/去激活 MAC CE 如图 4-4 所示。

图 4-4　复制 RLC 激活/去激活 MAC CE

在图 4-4 中，复制 RLC 激活/去激活 MAC CE 中的 DRB ID 标识网络能下发此 MAC CE 对应的目标承载。后续比特位置 0/1 指示终端去激活/激活对应的 RLC 传输链路（索引为 0 到 2 的 RLC 传输链路对应 LCID 按升序排列的辅助 RLC 传输链路，并遵从先主小区组再辅助小区组的原则）。通过 MAC CE，网络可以快速指示终端用哪几个已配置的辅助 RLC 传输链路对某给定承载进行数据包复制传输；当所有辅助 RLC 传输链路对应的比特位都被设为 0 后，PDCP 复制功能去激活。

（4）支持多套配置授权/SPS 配置。目前，标准支持同一 BWP 最多配置 12 个配置授权资源/8 个 SPS，用于处理一个终端同时承载多个业务的场景，以及通过多套配置授权/SPS 配置来解决业务周期非配置授权/SPS 整数倍的问题。例如，在工业领域中，下行 TSC 业务传输频率为 60Hz，也就是周期为 16.67ms，不是 subframe 长度的整数倍（有时传输间隔是 16 个子帧，有时传输间隔是 17 个子帧）。工业物联网业务模式示例如表 4-7 所示。

表 4-7　工业物联网业务模式示例

传输时机序号	理想传输时机/ms	理想传输子帧序号
0	0	0
1	16.66666667	17
2	33.33333333	34
3	50	50
4	66.66666667	67
5	83.33333333	84

此时，可以通过周期为 50ms 的 3 个 SPS 配置来等效于频率为 60Hz 的 SPS 配置。

```
{
SPS 1: SPSStartSubframe = 0;  SPSInterval=50 ms.
SPS 2: SPSStartSubframe = 17; SPSInterval=50 ms.
SPS 3: SPSStartSubframe = 34; SPSInterval=50 ms.
}
```

（5）支持更小的配置授权/SPS 周期。为了更好地适配业务周期及灵活的配置授权/SPS 资源配置策略，配置授权/SPS 周期的取值须进行扩展。例如，SPS 周期从枚举值{ms10, ms20, ms32, ms40, ms64, ms80, ms128, ms160, ms320, ms640} 扩展到整数值[1,2,…,5120]ms。其中，不同 SCS 对应的 periodicityExt（单位：ms）取值范围不同，最小粒度可以为 0.125ms。

① SCS=15kHz：周期为 periodicityExt，其中 periodicityExt 取值范围为[1,2,…,640]。

② SCS=30kHz：周期为 0.5periodicityExt，其中 periodicityExt 取值范围为[1,2,…,1280]。

③ SCS=60kHz 配置了正常循环前缀：周期为 0.25periodicityExt，其中 periodicityExt 取值范围为[1,2,…,2560]。

④ SCS=60kHz 配置了扩展循环前缀：周期为 0.25periodicityExt，其中 periodicityExt 取值范围为[1,2,…,2560]。

⑤ SCS=120kHz：周期为 0.125periodicityExt，其中 periodicityExt 取值范围为[1,2,…,5120]。
配置授权资源周期对如下取值进行了扩展。

① SCS=15kHz：周期为 2、7、14n，其中 n={1, 2, 4, 5, 8, 10, 16, 20, 32, 40, 64, 80, 128, 160, 320, 640}。

② SCS=30kHz：周期为 2、7、14n，其中 n={1, 2, 4, 5, 8, 10, 16, 20, 32, 40, 64, 80, 128, 160, 256, 320, 640, 1280}。

③ SCS=60kHz 配置了正常循环前缀：周期为 2、7、14n，其中 n={1, 2, 4, 5, 8, 10, 16, 20, 32, 40, 64, 80, 128, 160, 256, 320, 512, 640, 1280, 2560}。

④ SCS=60kHz 配置了扩展循环前缀：周期为 2、6、12n，其中 n={1, 2, 4, 5, 8, 10, 16, 20, 32, 40, 64, 80, 128, 160, 256, 320, 512, 640, 1280, 2560}。

⑤ SCS=120kHz：周期为 2、7、14 n，其中 n={1, 2, 4, 5, 8, 10, 16, 20, 32, 40, 64, 80, 128, 160, 256, 320, 512, 640, 1024, 1280, 2560, 5120}ENUMERATED {ms10, ms20, ms32, ms40, ms64, ms80, ms128, ms160, ms320, ms640}。

上述取值的扩展如下。

① SCS=15kHz：周期为 14periodicityExt，其中 periodicityExt 取值范围为[1,2,…, 640]。

② SCS=30kHz：周期为 14periodicityExt，其中 periodicityExt 取值范围为[1,2,…, 1280]。

③ SCS=60kHz 配置了正常循环前缀：周期为 14periodicityExt，其中 periodicityExt 取值范围为[1,2,…, 2560]。

④ SCS=60kHz 配置了扩展循环前缀：周期为 14periodicityExt，其中 periodicityExt 取值范围为[1,2,…,2560]。

⑤ SCS=120kHz：周期为 14periodicityExt，其中 periodicityExt 取值范围为[1,2,…,5120]。

（6）引入新的 QoS 参数保证。引入新的 QoS 参数相关的 TSC 辅助信息（Assistance Information），用于提高周期性业务的调度效率，并保证业务的传输时延，以满足应用层 QoS 的需求，如周期性（Periodicity）、数据到达时间（Burst Arrival Time）及生存时间（Survival Time）参数。生存时间参数是指使用通信服务的应用可以在没有收到预期消息的情况下继续使用的时间。通信业务连续性包括的条件有消息需要及时到达（及时性）；接收方只接收未损坏的消息；收到的消息需要经过处理，从 3GPP 5GS 发送到目标位置的自动化功能。若这些条件中有一个未满足，则由自动化功能启动计时器。当到达计时时间时，该应用的通信服务被宣布为"不可用"。换言之，生存时间参数指示使用通信服务的应用在没有预期消息的情况下可以继续使用的时间。一旦一条消息没有成功传输，下一条消息在生存时间内丢失是可以容忍的。因此，生存时间放宽了对可靠性的 QoS 要求。gNB 调度器可以有效地将这些信息用于资源分配，如通过降低 MCS 级别来提高频谱效率。但是，在 RAN 侧如何利用生存时间参数正在被讨论。目前标准制定者进行了如下方面的讨论：在上行传输中，终端执行生存时间参数测量的方法和进入生存时间参数状态后自主激活 PDCP 复制功能的方法。

4.3.3　传输效率增强

传输效率增强主要体现在支持 EHC，以提高 5GS 内传输以太网小数据包的效率。与 RoHC

类似，EHC 的功能也是在 PDCP 层实现的。RRC 层可以为关联 DRB 的 PDCP 实体配置分别针对上行和下行的 EHC 参数。若配置了 EHC 参数，则压缩端将对承载在 DRB 上的数据包进行 EHC 操作。需要说明的是，EHC 不应用于 SDAP 包头和 SDAP 控制 PDU。EHC 只压缩以太网帧结构中的目的地址、源地址、IEEE 802.1Q 标识和长度/类型域；前导、帧首定界符、帧校验序列域不在 5GS 内传输，所以无须压缩；载荷域是动态负荷部分，不同数据包之间没有规律性，所以不考虑压缩。以太网帧结构可压缩域示例如图 4-5 所示。

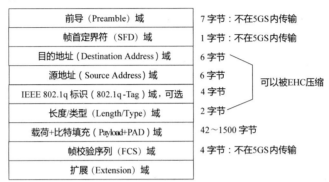

图 4-5　以太网帧结构可压缩域示例

EHC 的原理和 TCP/IP/UDP 的 RoHC 原理类似。

（1）在发送端和接收端没有保存 EHC 上下文之前，发送端给接收端发送携带完整以太网帧头的数据包，并携带以太网帧头对应的帧头标识；接收端在收到完整的以太网帧头数据包时，会给发送端发送 EHC 反馈包；只有发送端收到 EHC 反馈包，才认为发送端和接收端都保存了 EHC 上下文。

（2）当发送端和接收端保存了与待发数据包以太网帧头匹配的 EHC 上下文时，发送端可以给接收端发送以太网压缩帧头数据包，同时携带以太网帧头对应的帧头标识；接收端基于以太网帧头对应的帧头标识及存储的 EHC 上下文来恢复以太网帧头。

EHC 的数据帧格式如图 4-6 所示。

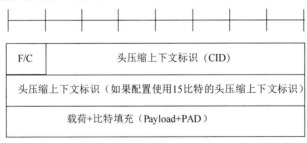

图 4-6　EHC 的数据帧格式

由图 4-6 可得以下内容。

（1）F/C 域指示 EHC 数据包是完整以太网帧头数据包还是 EHC 反馈包。

（2）以太网帧头对应的帧头标识可以为 7 比特或 15 比特，由基站配置。

（3）载荷为以太网不可压缩的数据域部分。

EHC 反馈包的帧结构如图 4-7 所示。

图 4-7　EHC 反馈包的帧结构

由图 4-7 可得以下内容。

（1）R 为预留比特，目前标准不使用。

（2）以太网帧头对应的帧头标识为携带完整以太网帧头的数据包中的帧头标识。

EHC 压缩流程：对一个以太网数据流来说，压缩端要先建立 EHC 上下文，并关联一个 EHC 上下文标识。然后，压缩端发送包括完整包头的数据包（完整包）给解压缩端。完整包中包含 EHC 上下文标识和完整包指示。解压缩端收到完整包后，根据该包中的信息建立 EHC 上下文并标识该 EHC 上下文的对应关系。在解压缩端成功建立 EHC 上下文后，将发送 EHC 反馈包到压缩端，向压缩端指示 EHC 上下文建立成功。压缩端收到 EHC 反馈包后，开始发送包含压缩包头的数据包（压缩包）给解压缩端。压缩包中包含 EHC 上下文标识和压缩包指示。当解压缩端收到压缩包后，解压缩端将基于 EHC 上下文标识和存储的对应这个 EHC 上下文标识的完整包指示对该压缩包进行原始包头恢复。解压缩端可以根据携带在包头中的包类型指示信息，即 F/C，确定收到的数据包为完整包还是压缩包。包类型指示信息占用 1 比特。EHC 压缩处理流程示意图如图 4-8 所示。

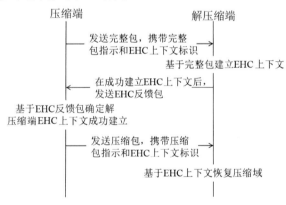

图 4-8　EHC 压缩处理流程示意图

NR 可以同时支持 EHC 和 RoHC 的头压缩配置。其中，RoHC 用于 IP 包头压缩，EHC 用于以太帧包头压缩。对一个 DRB 来说，EHC 和 RoHC 是独立配置的。当对一个 DRB 同时配置 EHC 和 RoHC 时，EHC 在 RoHC 前面。当从高层收到的 PDCP SDU 为非 IP 的以太帧时，PDCP 只进行 EHC 压缩操作，并将经 EHC 压缩后的非 IP 包递交到低层。当从低层收到的 PDCP PDU 为非 IP 的以太帧时，PDCP 只进行 EHC 解压缩操作，并将经 EHC 解压缩后的非 IP 包递交到高层。

4.3.4　确定性时延

确定性时延主要是通过如下方式实现数据包在 5GS 内传输时延固定目的的。

（1）在 5GS 内进行时钟精确同步（参见 4.3.1 节）。在移动性网络中引入空口授时机制，以提高空口时钟粒度。基站可以在广播、专用信令中携带时间信息，终端与基站同步后获取时钟信息并作为自己的时钟基准，通过计算 gPTP 在 TSN 网络入口、出口的时间差，从而算出 gPTP 时钟信息的补偿值。通过这种方式，空口时钟粒度可以提升为纳秒级别，从而实现纳秒级的时钟同步误差。

（2）当数据包在 5GS 内的滞留时延达到预定时延时，5GS 出口会转发存储的数据包到目的端。在移动性网络中，可以设计基于精准时间的调度转发机制及 TSN 数据流的驻留和转发机制，以实现报文的确定性转发。在移动性网络中，可以通过核心网向接入网传递业务模式等报文信息，接入网获得传递的信息后，能够更有效地进行周期调度和低时延调度，以保障数据包在预定的时间内到达目的端。

5GS 确定性时延的实现架构如图 4-9 所示。时间戳及数据缓存/转发在图 4-9 中的终端 TSN 转换器/网络 TSN 转换器内进行。

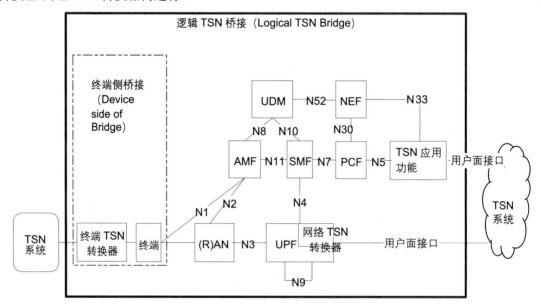

图 4-9　5GS 确定性时延的实现架构

第 5 章

NR RedCap 终端

‖ 5.1　标准发展背景介绍 ‖

5G 的应用场景包括 eMBB、mMTC 和 URLLC。实际上，mMTC、URLLC 都应用于垂直行业，与新型物联网用例相关。

在 3GPP 关于"Self-evaluation Towards IMT—2020 Submission"的研究报告中，确认了 NB-IoT 和 LTE-MTC（又称 eMTC）满足 mMTC 的 IMT—2020 要求，并被认证为 5G 技术。URLLC 功能在 Rel-15 的 LTE 和 NR 中已经被引入，且在 Rel-16 中进行了进一步的增强。Rel-16 还在 URLLC 的基础上为 TSC 引入了对 TSN 和 5G 集成的支持。

除上述已经确认的应用场景外，5G 还有一些相比 NR 终端能力低一些的终端应用场景需要进行进一步标准化，主要的场景面向工业传感器、视频监控和可穿戴设备。降低的 NR 能力终端（NR RedCap 终端）相应的标准化时间线主要分为研究阶段和正式的工作阶段。RedCap 标准化进展如图 5-1 所示。

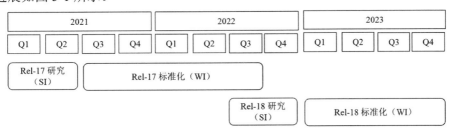

图 5-1　RedCap 标准化进展

‖ 5.2　业务模型和应用场景 ‖

NR RedCap 终端主要面向的应用场景是工业传感器、视频监控和可穿戴设备。相应的业务模型在 TR38.875 中进行定义，主要包括即时消息、心率和基于 IP 的语音传输，如表 5-1 所示。基于 IP 的语音传输的主要参数如表 5-2 所示。

表 5-1 业务模型基线

名称	即时消息	心率	基于 IP 的语音传输
数据模型	FTP 模型 3	FTP 模型 3	参见提案 R1-070674 中的定义。假设最多 2 个包捆绑传输
包大小	0.1 兆字节	100 字节	
平均到达时间间隔	2s	60s	
DRX 设置	周期为 320ms；非激活定时器定时时间为 80ms；FR1 激活时长为 10ms；FR2 激活时长为 5ms；	C-DRX 周期为 640ms；非激活定时器定时时间为 {200，80}ms；FR1 激活时长为 10ms；FR2 激活时长为 5ms	周期为 40 ms；非激活定时器定时时间为 10ms；FR1 激活时长为 4ms；FR2 激活时长为 2ms
说明	以上数值来源于 TR 38.840 的 8.2 节		以上数值来源于 TR 38.840 的 8.2 节

表 5-2 基于 IP 的语音传输的主要参数

参数	特征
码率	RTP AMR（自适应多速率编码）为 12.2Kbit/s 源速率为 12.2Kbit/s
编码帧长度	20ms
语音激活因子	50%（c=0.01，d=0.99）
SID 负荷	模型：静默期间每 160ms 出现一次 15 字节（5 字节+ 帧头）的 SID 包
压缩头的协议单元负荷	10 比特+填充比特（RTP-pre-header）4 字节（RTP/UDP/IP）2 字节（RLC/安全头）16 字节（CRC）
空口总的语音负荷	40 字节（AMR 12.2）

对于上述应用场景，NR RedCap 终端对业务的速率、时延、电池持续时长等方面的要求各不相同，具体内容如下。

（1）工业传感器。TR 22.832 和 TS 22.104 中描述了参考用例和要求，通信服务可用性为 99.99%，端到端时延小于 100ms。对于所有用例，参考的速率小于 2 Mbit/s（可能不对称，如上行业务较多），且终端处于静止状态。电池至少可以使用几年。与安全相关的传感器，时延要求较低，为 5ms～10ms（TR 22.804）。

（2）视频监控。如 TR 22.804 所述，参考经济型视频速率为 2Mbit/s～4Mbit/s，时延小于 500ms，可靠性为 99%～99.9%。高端视频（如用于农业的视频）速率为 7.5Mbit/s～25Mbit/s。

（3）可穿戴设备。可穿戴设备的参考下行速率为 5Mbit/s～50Mbit/s，上行速率为 2Mbit/s～5Mbit/s，设备的峰值速率可以更高，下行峰值速率高达 150Mbit/s，上行峰值速率高达 50Mbps。电池应能使用数天（最多 1～2 周）。

NR RedCap 终端及相应用例的通用要求主要包括以下方面。

（1）终端复杂性。与 Rel-15/Rel-16 的高端 eMBB 和 URLLC 终端相比，NR RedCap 终端的主

要动机是降低终端成本和复杂性，工业传感器尤其如此。

（2）终端尺寸。大多数用例要求终端设计紧凑。

（3）部署场景。系统应支持 FDD 和 TDD 的所有 FR1（Frequency Range 1，频率范围 1）FR2（Frequency Range 2，频率范围 2）频段。其中，FR1 为 450MHz～6000MHz，FR2 为 24250MHz～52600MHz。

5.3　关键技术

5.3.1　降低成本技术

在研究阶段，评估降低成本的主要技术包括降低终端带宽、降低接收天线数量和 MIMO 层数、降低调制阶数及 HD-FDD 方式。但是由于终端处理时间放宽带来的成本较低，对基站调度产生限制，因此降低成本技术并未在 Rel-17 的工作阶段被标准化。

1．降低终端带宽

相比 FR1 的 100MHz 带宽，将带宽降为 20MHz，终端成本降低了大约 30%。相比于 FR2 的 200MHz 带宽，将带宽降为 50MHz 和 100MHz，终端成本降低了大约 24% 和 16%。降低终端带宽后预估的相对成本如表 5-3 所示。

表 5-3　降低终端带宽后预估的相对成本

名称	FR1 的 FDD 频带	FR1 的 TDD 频带	FR2(从 200MHz 降为 100MHz)	FR2(从 200MHz 降为 50MHz)
射频：天线阵列			33.0%	33.0%
射频：功率放大器	24.1%	23.8%	17.9%	17.8%
射频：滤波器	10.0%	14.7%	8.0%	8.0%
射频：接收器	43.7%	53.0%	40.6%	40.6%
射频：双工器/转换器	20.0%	5.0%	0.0%	0.0%
射频：总的相对成本	97.7%	96.4%	99.5%	99.0%
基带：模拟与数字间的转换器	2.8%	2.0%	2.0%	1.0%
基带：FFT/IFFT 变换器	1.1%	1.1%	1.9%	0.9%
基带：Post-FFT 数字缓存	2.3%	2.1%	5.6%	2.8%
基带：接收处理模块	9.1%	9.9%	14.2%	9.1%
基带：LDPC 解码	3.8%	3.5%	5.4%	3.8%
基带：HARQ 缓存	4.2%	3.3%	6.0%	3.5%
基带：下行控制处理与解调器	4.5%	3.7%	4.7%	4.5%
基带：同步与小区搜索模块	9.0%	9.0%	7.0%	7.0%
基带：上行处理模块	3.4%	3.7%	5.6%	4.9%
基带：MIMO 相关处理模块	8.2%	8.4%	17.0%	16.5%
基带：总的相对成本	48.4%	46.7%	69.4%	54.0%
射频+基带：总的相对成本	68.1%	66.6%	84.4%	76.5%

在 Rel-17 中，降低终端带宽需要进行标准化工作。对于 NR RedCap 终端，其 FR1 的最大带宽为 20MHz，FR2 的最大带宽为 100MHz。在该带宽限制下，NR RedCap 终端的相关配置和原来的 NR 终端略有不同。

当 NR 终端的初始 BWP 不超过 NR RedCap 终端的最大带宽时，NR RedCap 终端可以与 NR 终端共享初始 BWP。NR RedCap 终端也可以单独配置初始 BWP，配置的带宽不超过终端的最大带宽。在 RRC_CONNECTED 态，若 BWP 不包括 SSB 和公共资源集合 0（CORESET0），则需要配置 NCD-SSB（Non Cell Defining SSB，非小区级 SSB）。对于单独配置的初始下行 BWP，若只配置了 RACH，则可以不用在该 BWP 中配置 SSB；对于单独配置的初始上行 BWP，可以单独配置 PRACH 资源或前导码。

2．降低接收天线数量和 MIMO 层数

降低接收天线数量同样也是降低成本的主要方法之一。在降低接收天线数量时，MIMO 层数也会相应降低。影响成本降低的主要因素包括以下方面。

（1）基带：接收处理模块。

（2）基带：LDPC（Low Density Parity Check，低密度奇偶校验）解码。

（3）基带：HARQ 缓存。

（4）基带：MIMO 相关处理模块。

降低接收天线数量后预估的相对成本如表 5-4 所示。

表 5-4　降低接收天线数量后预估的相对成本

名称	FR1 的 FDD 频带（接收天线数量从 2 个降为 1 个）	FR1 的 TDD 频带（接收天线数量从 4 个降为 2 个）	FR1 的 TDD 频带（接收天线数量从 4 个降为 1 个）	FR2 的 TDD 频带（接收天线数量从 2 个降为 1 个）
射频：天线阵列				18.2%
射频：功率放大器	25.0%	25.0%	25.0%	18.0%
射频：滤波器	4.8%	7.6%	3.9%	4.3%
射频：接收器	25.3%	30.4%	17.8%	23.7%
射频：双工器 /转换器	19.6%	4.9%	4.9%	0.0%
射频：总的相对成本	74.7%	67.9%	51.6%	64.2%
基带：模拟与数字间的转换器	6.4%	5.2%	3.4%	2.4%
基带：FFT/IFFT 变换器	2.3%	2.2%	1.3%	2.2%
基带：Post-FFT 数字缓存	5.6%	5.3%	3.0%	6.0%
基带：接收处理模块	13.7%	15.7%	9.0%	13.3%
基带：LDPC 解码	9.7%	8.7%	8.6%	8.6%
基带：HARQ 缓存	13.6%	11.6%	11.4%	10.5%
基带：下行控制处理与解调器	4.9%	4.0%	3.9%	4.9%
基带：同步与小区搜索模块	5.1%	4.8%	2.7%	3.8%
基带：上行处理模块	5.0%	5.0%	5.0%	7.0%
基带：MIMO 相关处理模块	8.2%	7.9%	7.3%	15.8%
基带：总的相对成本	74.4%	70.4%	55.7%	74.5%
射频+基带：总的相对成本	74.5%	69.4%	54.0%	69.4%

由表 5-4 可以看出，FR1 的 FDD 频带接收天线数量从 2 个降为 1 个，MIMO 层数相应降低带来约 25%的相对成本降低，FR1 的 TDD 频带接收天线数量从 4 个降为 2 个，MIMO 层数相应降低带来约 30%的相对成本降低；FR1 的 TDD 频带接收天线数量从 4 个降为 1 个，MIMO 层数相应降低带来约 45%的相对成本降低，FR2 的 TDD 频带接收天线数量从 2 个降为 1 个，MIMO 层数相应降低带来约 30%的相对成本降低。

因此，对于 NR RedCap 终端，其标准化的方案是对 NR 终端最小支持 2 个接收天线的频带，NR RedCap 终端可以支持 1 个或 2 个接收天线；对 NR 终端最小支持 4 个接收天线的频带，NR RedCap 终端可以支持 1 个或 2 个接收天线。对于支持 1 个和 2 个接收天线的 NR RedCap 终端，对应的最大 MIMO 层数是为 1 或 2。

3．降低调制阶数

对于 NR 终端，必选的调制方式如下所示。

（1）上行。FR1：64QAM；FR2：64QAM。

（2）下行。FR1：256QAM；FR2：64QAM。

而对于 NR RedCap 终端，由于 NR RedCap 终端没有很高的速率需求，因此可以通过降低调制阶数来降低成本，并保证其速率需求。降低下行最大调制阶数后预估的相对成本如表 5-5 所示。

表 5-5　降低下行最大调制阶数后预估的相对成本

名称	FR1 的 FDD 频带（从 256QAM 降为 64QAM）	FR1 的 TDD 频带（从 256QAM 降为 64QAM）	FR2（从 64QAM 降为 16QAM）
射频：天线阵列			33.0%
射频：功率放大器	25.0%	24.6%	18.0%
射频：滤波器	10.0%	14.9%	8.0%
射频：接收器	42.8%	51.8%	38.8%
射频：双工器/转换器	20.0%	5.0%	0.0%
射频：总的相对成本	97.8%	96.2%	97.8%
基带：模拟与数字间的转换器	9.0%	8.0%	3.6%
基带：FFT/IFFT 变换器	4.0%	4.0%	4.0%
基带：Post-FFT 数字缓存	9.4%	9.4%	10.1%
基带：接收处理模块	23.0%	27.8%	22.7%
基带：LDPC 解码	7.6%	6.8%	6.3%
基带：HARQ 缓存	11.0%	9.3%	8.1%
基带：下行控制处理与解调器	5.0%	4.0%	5.0%
基带：同步与小区搜索模块	9.0%	9.0%	7.0%
基带：上行处理模块	5.0%	5.0%	7.0%
基带：MIMO 相关处理模块	8.7%	8.7%	17.3%
基带：总的相对成本	91.8%	92.1%	91.0%
射频+基带：总的相对成本	94.2%	93.7%	94.4%

由于 FR2 下行、FR1 上行和下行的基本调制阶数都是 64QAM，将其降低至 16QAM 会导致速率需求不满足，且成本降低有限，因此不考虑将其标准化。虽然 FR1 下行 64QAM 降低

的成本不是很大，但标准化影响很小，因此其可作为 NR RedCap 终端降低调制阶数的标准化方案。结合带宽降低，可以看到其速率依然满足需求。降低下行最大调制阶数后预估计的相对设备成本如表 5-6 所示。

表 5-6　降低下行最大调制阶数后预估计的相对设备成本

名称	最大终端带宽/MHz	MIMO 层数	最大调制阶数	下行峰值速率/（Mbit/s）
FR1	20MHz	1	64QAM	85
		1	256QAM	113
		2	64QAM	169
FR2	100MHz	1	64QAM	317

4．HD-FDD 方式

FD-FDD 方式的双工器要求终端需要同时进行收发，但 HD-FDD 方式的双工器可以替换为转换器和低通滤波器，可以在 FDD 频带仅作为发送或接收，由此降低对终端的要求，降低了成本复杂度。HD-FDD 方式预估的相对成本如表 5-7 所示。

表 5-7　HD-FDD 方式预估的相对成本

名称	HD-FDD 方式(类型 A)	HD-FDD 方式(类型 B)
射频：天线阵列		
射频：功率放大器	24.1%	23.9%
射频：滤波器	10.6%	10.7%
射频：接收器	44.4%	37.8%
射频：双工器/转换器	4.8%	4.9%
射频：总的相对成本	83.9%	77.3%
基带：模拟与数字间的转换器	10.0%	10.0%
基带：FFT/IFFT 变换器	3.8%	3.7%
基带：Post-FFT 数字缓存	9.9%	9.9%
基带：接收处理模块	24.0%	24.0%
基带：LDPC 解码	10.0%	10.0%
基带：HARQ 缓存	14.0%	14.0%
基带：下行控制处理与解调器	4.8%	4.8%
基带：同步与小区搜索模块	9.0%	9.0%
基带：上行处理模块	4.8%	4.8%
基带：MIMO 相关处理模块	9.0%	9.0%
基带：总的相对成本	99.4%	99.2%
射频+基带：总的相对成本	93.2%	90.4%

考虑到可观的成本降低及对网络的影响较小，NR RedCap 终端采纳了 HD-FDD 方式作为降低成本的方案之一。在 HD-FDD 标准化过程中，它主要面临的问题是 HD-FDD 的终端需要有上下行转换时间，否则可能导致不同的信道之间产生重叠或冲突，如 SSB 的接收与上行调度可能会产生冲突，解决的方法包括通过基站调度保证上下行转换时间和定义基站或终端行为解决冲突。

对于通过基站调度保证上下行转换时间解决冲突的方法，其类似于 TDD，定义了终端不期望在最后一个接收符号之后的 $N_{\text{Rx-Tx}}$ 时间内进行上行传输，终端不期望在发送最后一个上行传输符号之后的 $N_{\text{Tx-Rx}}$ 时间内进行下行接收。接收或发送之间的转换时间如表 5-8 所示。

表 5-8　接收或发送之间的转换时间

转换时间	FR1/MHz	FR2/MHz
$N_{\text{Tx-Rx}}$	25600	13792
$N_{\text{Rx-Tx}}$	25600	13792

对于通过定义基站或终端行为解决冲突的方法，考虑了如下的冲突场景。

（1）动态下行和半静态配置的上行冲突。沿用 NR TDD 冲突处理机制，即动态下行优先接收，半静态配置的上行被丢弃。

（2）半静态配置的下行和动态上行冲突。沿用 NR TDD 冲突处理机制，动态上行优先发送。其中，半静态配置的下行包括 PDCCH（排除上行取消指示）、SPS、CSI-RS 及 PRS。动态上行传输包括 PUSCH、PUCCH 及 PDCCH 命令触发的 PRACH。

（3）半静态配置的下行和半静态配置的上行冲突。此时通过基站调度尽量避免上下行冲突的产生。上下行冲突包括小区级下行配置和终端级上行配置冲突、终端级下行配置和小区级上行配置冲突、终端级下行配置和终端级上行配置冲突。

（4）动态下行接收和动态上行调度冲突。沿用 NR TDD 冲突处理机制，将其作为错误配置场景。

（5）动态上行和 SSB 冲突。除 Msg3 传输或重传及多 Msg4 的 PUCCH 确认之外的动态上行和 SSB 冲突时，SSB 优先。

（6）有效的 RO 和半静态配置或动态下行冲突。

以上冲突场景针对上行和下行资源重叠，无法保证充足的上下转换时间。另外，对于冲突处理，还有一种场景需要考虑，即接收和发送的符号之间是紧挨着的，没有充足的上下行转换时间，但也没有重叠。处理的机制：小区级下行配置和小区级上行配置冲突取决于终端实现；小区级下行配置和终端级上行配置冲突，终端级上行配置取消；终端级下行配置和小区级上行配置冲突取决于终端实现。

5. 整体复杂度降低

将上述所有技术联合使成本复杂度降低，可带来超过 60% 的成本复杂度降低。不同场景的终端成本与成本复杂度降低评估如表 5-9 所示。

表 5-9　不同场景的终端成本与成本复杂度降低评估

名称	降低终端复杂度所采用的技术	射频成本降低指标	基带成本降低指标	总成本降低指标	射频成本降幅	基带成本降幅	总成本降幅
FR1 的 FDD 频带	20MHz、1 层 MIMO、1 个接收天线	67.5%	25.8%	42.5%	32.5%	74.2%	57.5%
	20MHz、1 层 MIMO、1 个接收天线、HD-FDD 方式（类型 A）	53.2%	25.6%	36.6%	46.8%	74.4%	63.4%
	20MHz、1 层 MIMO、1 个接收天线、下行采用 64QAM、上行采用 16QAM	64.2%	24.3%	40.2%	35.8%	75.7%	59.8%
	20MHz、1 层 MIMO、1 个接收天线、PDSCH 解码时间和 PUSCH 传输准备时间	67.5%	22.9%	40.7%	32.5%	77.1%	59.3%

续表

名称	降低终端复杂度所采用的技术	射频成本降低指标	基带成本降低指标	总成本降低指标	射频成本降幅	基带成本降幅	总成本降幅
FR1 的 FDD 频带	20MHz、1 层 MIMO、1 个接收天线、下行采用 64QAM、上行采用 16QAM、PDSCH 解码时间和 PUSCH 传输准备时间	64.6%	21.7%	38.9%	35.4%	78.3%	61.1%
	20MHz、1 层 MIMO、1 个接收天线、下行采用 64QAM、上行采用 16QAM、HD-FDD 方式（类型 A）、PDSCH 解码时间和 PUSCH 传输准备时间	50.2%	21.4%	32.9%	49.8%	78.6%	67.1%
	20MHz、2 层 MIMO、2 个接收天线、HD-FDD 方式（类型 A）	81.3%	46.0%	60.1%	18.8%	54.0%	39.9%
	20MHz、2 层 MIMO、2 个接收天线、PDSCH 解码时间和 PUSCH 传输准备时间	97.6%	42.6%	64.6%	2.4%	57.4%	35.4%
FR1 的 TDD 频带	20MHz、1 层 MIMO、1 个接收天线	50.6%	18.6%	31.4%	49.4%	81.4%	68.6%
	20MHz、1 层 MIMO、1 个接收天线、下行采用 64QAM、上行采用 16QAM	47.1%	17.5%	29.3%	52.9%	82.5%	70.7%
	20MHz、1 层 MIMO、1 个接收天线、PDSCH 解码时间和 PUSCH 传输准备时间	50.6%	16.2%	30.0%	49.4%	83.8%	70.0%
	20MHz、1 层 MIMO、1 个接收天线、下行采用 64QAM、上行采用 16QAM、PDSCH 解码时间和 PUSCH 传输准备时间	47.1%	15.3%	28.1%	52.9%	84.7%	71.9%
	20MHz、2 层 MIMO、2 个接收天线	66.8%	27.8%	43.4%	33.3%	72.2%	56.6%
	20MHz、2 层 MIMO、2 个接收天线、下行采用 64QAM、上行采用 16QAM	61.8%	26.1%	40.4%	38.2%	73.9%	59.6%
	20MHz、2 层 MIMO、2 个接收天线、PDSCH 解码时间和 PUSCH 传输准备时间	66.8%	24.9%	41.7%	33.3%	75.1%	58.3%
	20MHz、2 层 MIMO、2 个接收天线、下行采用 64QAM、上行采用 16QAM、PDSCH 解码时间和 PUSCH 传输准备时间	61.8%	23.7%	38.9%	38.2%	76.3%	61.1%
FR2	100MHz、1 层 MIMO、1 个接收天线	64.8%	40.3%	52.5%	35.2%	59.7%	47.5%
	100MHz、1 层 MIMO、1 个接收天线、下行调制阶数 16QAM、上行调制阶数 16QAM	61.6%	37.0%	49.3%	38.4%	63.0%	50.7%
	100MHz、1 层 MIMO、1 个接收天线、PDSCH 解码时间和 PUSCH 传输准备时间	64.4%	35.5%	50.0%	35.6%	64.5%	50.0%
	100MHz、1 层 MIMO、1 个接收天线、下行采用 16QAM、上行采用 16QAM、PDSCH 解码时间和 PUSCH 传输准备时间	61.6%	32.9%	47.2%	38.4%	67.1%	52.8%

续表

名称	降低终端复杂度所采用的技术	射频成本降低指标	基带成本降低指标	总成本降低指标	射频成本降幅	基带成本降幅	总成本降幅
FR2	100MHz、2 层 MIMO、2 个接收天线、下行采用 16QAM、上行采用 16QAM	95.2%	63.8%	79.5%	4.8%	36.2%	20.5%
	100MHz、2 层 MIMO、2 个接收天线、PDSCH 解码时间和 PUSCH 传输准备时间	99.4%	62.4%	80.9%	0.6%	37.6%	19.1%
	100MHz、2 层 MIMO、2 个接收天线、下行采用 16QAM、上行采用 16QAM、PDSCH 解码时间和 PUSCH 传输准备时间	95.2%	57.8%	76.5%	4.8%	42.2%	23.5%

5.3.2　终端节能

在 RedCap 的应用场景中，可穿戴设备及部分工业传感器受限于设备尺寸，其电池容量有限，节能是这种设备的一个重要需求。在 RedCap 的标准中，eDRX 机制与 RRM 测量放松是针对 NR RedCap 终端电池消耗的优化措施。

（1）eDRX 机制。

在 NR 标准中，RRC_IDLE 态和 RRC_INACTIVE 态终端使用 DRX 机制来监听寻呼。RRC_IDLE 态和 RRC_INACTIVE 态终端收到的寻呼消息用于如下目的。

① 通知 RRC_IDLE 态终端有来自核心网的寻呼消息。

② 通知 RRC_INACTIVE 态终端有来自接入网的 RAN 寻呼消息。

③ 通知 RRC_IDLE 态和 RRC_INACTIVE 态终端有系统消息更新或紧急系统消息通知。

在引入 eDRX 机制之前，终端监听寻呼的机制如下。

对于 RRC_IDLE 态终端，因为终端需要监听核心网寻呼及接收系统消息更新通知，所以其根据默认 DRX 周期和终端特定 DRX 周期中的最小值来确定接收寻呼消息的 PF 的帧号和位于 PF 内的 PO。这里的默认 DRX 周期为系统消息配置的小区公共参数，终端特定 DRX 周期是 NAS 为终端配置的用于接收核心网寻呼的 DRX 周期。

对于 RRC_INACTIVE 态终端，其除了监听 RAN 寻呼，还需要和 RRC_IDLE 态终端一样，监听核心网寻呼及接收系统消息更新通知。因此，RRC_INACTIVE 态终端根据默认 DRX 周期、终端特定 DRX 周期及 RAN 寻呼周期三者中的最小值来决定寻呼无线帧和 PO。

RRC_INACTIVE 态终端同时监听核心网寻呼和 RAN 寻呼是为了在网络侧保持的终端 RRC 状态和终端侧保持的 RRC 状态不一致时，终端还能收到核心网寻呼消息。例如，网络侧因为某种原因释放了 RRC_INACTIVE 态终端的上下文，即在网络侧，终端的 RRC 状态为 RRC_IDLE 态，而终端侧仍然保持在 RRC_INACTIVE 态，在这种情况下，网络侧可以通过发起核心网寻呼消息来寻呼终端，RRC_INACTIVE 态终端收到核心网寻呼消息，就会知道网络侧和终端侧的 RRC 状态出现了不一致，并自主回到 RRC_IDLE 态，从而可以达到 RRC 状态在网络侧和终端侧重新同步的目的。

在现有的 NR 协议中，上述的默认 DRX 周期和 RAN 寻呼周期最大值为 2.56s，这意味着 NR RedCap 终端至少每隔 2.56s 就需要从深度睡眠状态醒来一次，以监听寻呼。但是某些 NR

RedCap 终端并不需要这么频繁地监听寻呼。例如，以上行业务为主的工业传感器对上行业务的时延有要求，但对响应寻呼的时延，也就是下行业务的时延，可以忍受较大时延，对这样的 NR RedCap 终端，可以增大监听寻呼的时间间隔，从而达到节能的目的。因此，人们在 RedCap 中，引入了 eDRX 机制。

RedCap 的 eDRX 机制适用于 RRC_IDLE 态和 RRC_INACTIVE 态。

RRC_IDLE 态终端的 eDRX 在 NAS 协商配置。RRC_IDLE 态终端的 eDRX 配置包括 eDRX 周期和 PTW 的长度。其中，eDRX 周期的取值范围为 2.56～10485.76s。RRC_IDLE 态终端的 eDRX 配置又被称为核心网 eDRX 配置。

如果 eDRX 周期不大于 10.24s，那么终端使用 eDRX 周期作为计算 PF 和 PO 的输入参数，即终端每隔 eDRX 周期的时间监听一次寻呼。

如果 eDRX 周期大于 10.24s，那么终端使用一种 PTW 的机制监听寻呼。所谓的 PTW 为 eDRX 周期内的一个时间段，终端在 PTW 内醒来监听寻呼。终端首先根据 eDRX 周期和 UE_ID 确定 PTW 的起点所在的无线超帧，即 PH，一个 PH 包含 1024 个无线帧。在一个 PH 内有个 8 个 PTW 起点，终端根据其标识确定在所选择的 PH 内的 PTW 起点。

eDRX 与 PTW 配置示例如图 5-2 所示，终端在确定的 PTW 起点开始的 PTW 长度内，按照没有 eDRX 配置时的规则监听寻呼，即根据默认 DRX 周期和终端特定 DRX 周期中的最小值确定 PF 与 PO。在 PTW 外，RRC_IDLE 态终端不需要监听寻呼，因此其可以进入深度睡眠状态。

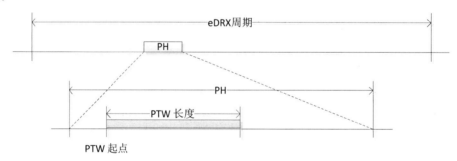

图 5-2 eDRX 与 PTW 配置示例

对于 RRC_INACTIVE 态终端，接入网可以在核心网配置的核心网 eDRX 周期基础上配置 RAN eDRX 周期，即如果终端配置有核心网 eDRX，那么接入网可以为终端配置一个不大于 10.24s，且不大于核心网 eDRX 周期的 RAN eDRX 周期。这样配置的原因是 RRC_INACTIVE 态终端节能需求小于 RRC_IDLE 态终端，因此没有必要配置比核心网 eDRX 周期更长的 RAN eDRX 周期。

接入网通过 RRC 释放消息将 RRC_INACTIVE 态的 RAN eDRX 周期配置给 NR RedCap 终端，该终端在 RRC_IDLE 态或 RRC_INACTIVE 态应用这些配置监听寻呼。

在引入 eDRX 机制后，RRC_INACTIVE 态终端的行为与没有配置 eDRX 时一样，都需要同时监听核心网寻呼和 RAN 寻呼。根据核心网 eDRX 周期和 RAN eDRX 周期不同长度的组合，终端有不同的监听寻呼的行为，具体内容如下。

① 终端配置了核心网 eDRX 周期，且核心网 eDRX 周期不大于 10.24s，没有配置 RAN eDRX 周期。

终端根据核心网 eDRX 周期与 RAN 寻呼周期中的最小值确定 PF。注意,RRC_INACTIVE 态终端无论如何都会被接入网配置一个 RAN 寻呼周期。

终端根据核心网 eDRX 周期确定 PO。

② 终端配置了核心网 eDRX 周期与 RAN eDRX 周期,且都不大于 10.24s。

终端根据核心网 eDRX 周期与 RAN eDRX 周期中的最小值确定 PF。

终端根据核心网 eDRX 周期确定 PO。

③ 终端配置了核心网 eDRX 周期,且长度大于 10.24s,没有配置 RAN eDRX 周期。

在根据核心网 eDRX 周期确定的 PTW 中,终端根据默认 DRX 周期、终端特定 DRX 周期和 RAN 寻呼周期中的最小值确定 PF。终端根据默认 DRX 周期、终端特定 DRX 周期中的最小值确定 PO,即在核心网 PTW 内,终端需要同时监听核心网寻呼和 RAN 寻呼。

在根据核心网 eDRX 周期确定的 PTW 之外,终端只根据 RAN 寻呼周期监听寻呼,即在核心网 PTW 之外,终端只监听 RAN 寻呼。

④ 终端配置了核心网 eDRX 周期且长度大于 10.24s,配置了 RAN eDRX 周期且长度不大于 10.24s。

在根据核心网 eDRX 周期确定的 PTW 中,终端根据默认 DRX 周期、终端特定 DRX 周期和 RAN eDRX 周期中的最小值确定 PF。终端根据默认 DRX 周期、终端特定 DRX 周期中的最小值确定 PO,即在核心网 PTW 内,终端需要同时监听核心网寻呼和 RAN 寻呼。

在根据核心网寻呼 eDRX 周期确定的 PTW 之外,终端只根据 RAN eDRX 周期监听 RAN 寻呼。

需要说明的是,在上述需要终端同时监听核心网寻呼和 RAN 寻呼的情况中,终端确定 PF 与 PO 所使用的规则不同,即在确定 PF 时,需要考虑 RAN 寻呼周期或 RAN eDRX 周期,而在确定 PO 时,并不需要考虑 RAN 寻呼周期或 RAN eDRX 周期。这是因为 NR 标准中,根据 RRC_IDLE 态的规则和 RRC_INACTIVE 态的规则分别计算得到的 PF 能够在时域上重叠,但是根据 RRC_IDLE 态的规则和 RRC_INACTIVE 态的规则分别计算得到的 PO 有可能不同。

这样在终端侧保持的终端的 RRC 状态与网络侧保持的终端的 RRC 状态不一致的情况下（终端在 RRC_INACTIVE 态,而网络认为终端在 RRC_IDLE 态）,终端将接收不到网络侧发送的核心网寻呼消息,这是因为终端根据 RRC_INACTIVE 态的规则监听寻呼,网络根据 RRC_IDLE 态的规则发送寻呼,而 2 种规则下计算得到的 PO 有可能不同。

为避免出现这种情况,标准规定了 RRC_INACTIVE 态终端在计算 PO 时应用 RRC_IDLE 态的规则,即不考虑用 RAN 寻呼周期或 RAN eDRX 周期,以保证根据 RRC_IDLE 态的规则计算得到的 PO 与根据 RRC_INACTIVE 态的规则计算得到的 PO 相同。

（2）引入 eDRX 机制后,系统消息更新机制也有了相应变化。

在引入 eDRX 机制后,配置了 eDRX 的终端的系统消息更新机制也有了相应变化。

在没有引入 eDRX 机制之前,网络在更新系统消息时,首先要在一个系统消息修改周期内发送系统消息更新指示,然后在下一个系统消息修改周期开始发送更新后的系统消息。所述的系统消息更新指示承载在用于调度寻呼消息的 DCI 中（P-RNTI 加扰的 DCI）,并在一个系统消息修改周期内的 PO 上发送。收到该指示的终端会在下一个系统消息修改周期获取更新后的系统消息。

系统消息修改周期长度为若干个默认 DRX 周期的长度。在引入 eDRX 机制之前，RRC_IDLE 态终端和 RRC_INACTIVE 态终端需要根据默认 DRX 周期监听寻呼。因此，终端的 DRX 周期必然不大于系统消息修改周期，即终端有机会在一个系统消息修改周期内接收到系统消息更新指示。在现有 NR 标准中，系统消息修改周期的最大可能值为 5.12s。

在引入 eDRX 机制后，NR RedCap 终端监听寻呼的周期可能大于系统消息修改周期。例如，RRC_IDLE 态终端配置了长度为 10.24s 的 eDRX 周期，而系统消息修改周期的最大值为 5.12s，终端有可能错过系统消息更新指示，从而不能及时更新系统消息。

为此，3GPP 引入了基于 eDRX 定义的 SI 获取时间段的机制来解决这个问题，这个机制包含以下内容。

① 若配置了 eDRX 的终端在基于 eDRX 定义的 SI 获取时间段内收到专用于 eDRX 终端的系统消息更新指示，则其在下一个基于 eDRX 定义的 SI 获取时间段的开始获取更新后的系统消息。所述的基于 eDRX 定义的 SI 获取时间段为标准中定义的一个时间间隔，其长度为 eDRX 周期的最大值（10485.76s）。

② 当配置了 eDRX 的终端需要发起 RRC 连接建立或恢复请求时，其需要先检查本地保存的系统消息是否为最新的系统消息，即小区当前的系统消息是否有更新，这可以通过比较本地保存的系统消息的 SI 取值标签值和当前小区广播的系统消息的 SI 取值标签值来确定。若二者不一致，则终端需要先更新系统消息，然后发起 RRC 连接建立或恢复请求。这个过程能保证配置了 eDRX 的终端不会在本地保存的系统消息已经过时的情况下发起 RRC 连接建立或恢复请求。

总的来说，如果配置的 eDRX 周期的长度超过了系统消息修改周期，那么终端不需要根据系统消息修改周期更新系统消息，而是根据基于 eDRX 定义的 SI 获取时间段来实现对系统消息的统一更新，因为配置了 eDRX 的终端并不需要快速地更新系统消息，由此带来的系统消息更新时延是可以接受的。

（3）RRM 测量的要求。

NR RedCap 终端节能的方法是放宽对 RRM 测量的要求。

在 RedCap 引入之前的 Rel-16 中标准支持针对低移动性和不在小区边缘的 RRM 测量放松。主要包括 RRM 测量放松的准则评估（终端判断是否满足 RRM 测量放松的条件）和执行 RRM 测量放松。

对于 NR RedCap 终端，除低移动性之外，还存在固定的特性，如监控摄像头、工业传感器等，从而在 Rel-16 RRM 测量放松的基础上，对 NR RedCap 终端的位置静止或超低移动性进行进一步的 RRM 测量放松，以达到终端节能的目的。

因此，针对 RRC_IDLE 态和 RRC_INACTIVE 态 NR RedCap 终端，Rel-17 标准规定终端在满足 RSRP/RSRQ 的静止终端准则及同时满足静止终端准则和静止终端不在小区边缘准则的情况下放松 RRM 测量的要求。但对只满足静止终端不在小区边缘准则，而不满足静止终端准则的情况，终端不被要求放松 RRM 测量。具体内容如下。

① 如果小区的系统消息配置了静止终端评估参数，而没有配置静止终端小区边缘评估参数，终端在新选择或重选了一个小区后，进行了一段预设时间（$T_{SearchDeltaP}$）的正常同频测量、NR 异频测量或异系统间测量，且在预设的时间长度（$T_{SearchDeltaP-Stationary}$）内满足静止终端准则，那么终端进行放松的 RRM 测量。

静止终端准则为

$$(\text{Srxlev}_{\text{Ref}} - \text{Srxlev}) < S_{\text{SearchDeltaP-Stationary}}$$

其中，Srxlev 为当前小区选择接收水平值；$\text{Srxlev}_{\text{Ref}}$ 为参考小区选择接收水平值；$S_{\text{SearchDeltaP-Stationary}}$ 为系统消息中配置的门限值。

$\text{Srxlev}_{\text{Ref}}$ 按照如下方法设置：终端在新选择或重选了一个小区后，当前 $\text{Srxlev} > \text{Srxlev}_{\text{Ref}}$ 或放松 RRM 测量的准则在一段预设时间内不满足要求时，终端会将 $\text{Srxlev}_{\text{Ref}}$ 的值设置为当前小区选择接收水平值。

② 如果小区的系统消息同时配置了静止终端评估参数和静止终端小区边缘评估参数，且满足静止终端不在小区边缘准则，那么终端进行放松的 RRM 测量。

静止终端不在小区边缘准则如下。

当终端预设的时间长度 $T_{\text{SearchDeltaP-Stationary}}$ 内满足静止终端准则，且 $\text{Srxlev} > S_{\text{SearchThresholdP2}}$，当前小区选择接收水平大于预设的门限值，且 $\text{Squal} > S_{\text{SearchThresholdQ2}}$ 时，若小区的系统消息配置了门限值 $S_{\text{SearchThresholdQ2}}$，则当前小区选择质量大于 $S_{\text{SearchThresholdQ2}}$。其中，$\text{Srxlev}$ 为当前小区选择接收水平值；Squal 为当前小区选择质量值。

对于 RRC_CONNECTED 态终端，因为静止终端触发切换的概率低，放松 RRM 测量对性能的影响不大。网络可以为终端配置基于 RSRP/RSRQ 的静止终端准则，终端上报网络是否满足静止终端准则，网络会根据终端上报的情况，配置合适的 RRM 测量配置，以达到放松 RRM 测量的目的。

5.3.3　终端接入控制

由于 NR RedCap 终端的无线能力降低，因此一个小区内大量的 NR RedCap 终端可能会对小区的系统性能造成负面的影响。例如，因为 NR RedCap 终端只支持 1 个或 2 个接收天线、较低的调制阶数、较低的数据吞吐率等，所以为 NR RedCap 终端提供服务将消耗比正常终端更多的系统资源，从而造成系统性能降低，并降低对正常终端的服务质量。因此，在 3GPP 全会对 RedCap 立项时，运营商明确提出了 NR RedCap 终端要有单独的识别及接入控制功能的要求。

之前的标准对 NR 终端的某些能力有最低限制要求，如 FR1 支持的带宽为 100MHz，NR 标准是基于这些能力最低限制要求制定的。而 NR RedCap 终端降低了对某些能力的要求，如支持的最大带宽为 20MHz（FR1）和 100MHz（FR2），没有达到现有网络对接入终端的最小能力的假设，这导致 NR RedCap 终端在不支持其接入的小区中不能正常工作，这种情况也需要通过接入控制来避免。

NR RedCap 终端的接入控制功能包括指示小区是否支持 NR RedCap 终端接入、控制 NR RedCap 终端是否允许驻留的小区禁止功能、控制 RRC_CONNECTED 态 NR RedCap 终端是否能切换到目标小区及在网络拥塞时针对 RedCap 的接入控制。

1）小区禁止机制

在 NR 标准中，网络可以通过小区禁止机制实现对小区的允许/禁止接入控制。在 MIB 中，定义了一个信元 cellBarred，如果该信元设置为禁止接入（Barred），那么终端将该小区视为禁止接入。网络还可以通过 MIB 中的同频重选信元 intraFreqReselection 来控制当该小区禁止接入驻留时,是否允许终端尝试选择同频小区驻留,即若同频重选信元 intraFreqReselection 设置为 True,则终端可以尝试驻留到本小区同频的邻区。

在引入 RedCap 后,针对 NR RedCap 终端的接入控制,SIB1 中新引入了 RedCap 专用的小区禁止信元及 RedCap 专用的同频重选信元 intraFreqReselection。并且,针对具有 1 个接收天线和 2 个接收天线的 NR RedCap 终端,SIB1 中定义了 2 个小区禁止信元,分别用于这 2 个终端的小区接入控制。

RRC_IDLE 态或 RRC_INACTIVE 态 NR RedCap 终端在尝试驻留到一个小区时,首先会读取小区的 MIB,并检查 MIB 中的信元 cellBarred 是否设置为禁止接入。

若 MIB 中的信元 cellBarred 设置为禁止接入,则 NR RedCap 终端读取 SIB1 并检查 SIB1 中携带的 RedCap 专用的同频重选信元 intraFreqReselection。若 SIB1 中没有携带 RedCap 专用的同频重选信元 intraFreqReselection,则意味着当前小区不支持 NR RedCap 终端接入,NR RedCap 终端将当前小区视为小区禁止状态,且允许驻留到同频邻区。若 SIB1 中携带 RedCap 专用的同频重选信元 intraFreqReselection,则 NR RedCap 终端会根据该信元的值决定是否允许驻留到同频邻区。

如果 MIB 中的信元 cellBarred 设置为不禁止接入(Not Barred),那么 NR RedCap 终端需要检查 SIB1 中携带的 RedCap 专用的小区禁止信元是否设置为不禁止接入,若是,则其可以驻留到当前小区,否则其会将当前小区视为小区禁止状态。如果小区被 NR RedCap 终端视为禁止接入,那么它会检查 RedCap 专用的同频重选信元 intraFreqReselection,以确定是否允许驻留到同频邻区。

综上所述,3GPP 标准为 NR RedCap 终端的接入控制引入了 RedCap 专用的小区禁止信元及 RedCap 专用的同频重选信元 intraFreqReselection,来为 NR RedCap 终端提供基于非 NR RedCap 终端的接入控制机制的专用接入控制机制。网络可以对 1 个接收天线和 2 个接收天线的终端分别进行接入控制,以及实现与非 NR RedCap 终端不同的同频小区重选的控制策略。

类似的机制也用于控制只支持半双工的 NR RedCap 终端的接入。

2)RRC_CONNECTED 态切换准入控制

因为 NR RedCap 终端的能力低于非 NR RedCap 终端能力的最低限制要求,所以传统的网络设备不能支持 NR RedCap 终端的正常工作,在 RRC_CONNECTED 态 NR RedCap 终端进行切换时,源网络设备不能将 NR RedCap 终端切换到不支持 NR RedCap 终端接入的目标网络设备下的小区,以避免 NR RedCap 终端业务失败的情况。

为避免出现上述情况,源网络设备需要知道相邻网络设备是否支持 NR RedCap 终端接入,这可以通过网管系统配置或网络设备间的信令交互确定。在 NR 标准中,gNB 之间通过 Xn 消息交互邻区是否支持 NR RedCap 终端接入,以及 RedCap 专用的小区禁止信息。

这部分功能对 NR RedCap 终端是透明的。

3)RRC 连接拒绝

在 NR 标准中,RRC 连接拒绝是指在终端发起 RRC 连接建立或恢复请求时,网络可以通过 RRC 拒绝消息拒绝请求。RRC 拒绝消息可以携带等待时间。从收到 RRC 连接消息开始持续 RejectWaitTime 时间长度内,终端不能再次发起 RRC 连接建立或恢复请求。RRC 连接拒绝在网络信令拥塞时可以达到控制网络信令负荷的目的。

针对 NR RedCap 终端,上述的 RRC 连接拒绝没有进一步增强,但是网络可以根据发起

RRC 连接的终端类型（是否为 NR RedCap 终端）决定不同的 RRC 连接拒绝策略，如针对 NR RedCap 终端有更高的拒绝概率。但是，是否对 NR RedCap 终端和非 NR RedCap 终端进行区别化 RRC 连接拒绝策略，取决于网络设备的实现，标准中没有做出规定。

实际上，NR RedCap 终端只是能力的降低，并不代表其发起的业务有更低的优先级。例如，工业传感器应用可能比普通终端的业务有更高的优先级，而网络仅仅根据 NR RedCap 终端的类型，无法获知其业务的类型，因此实际上很难对 NR RedCap 终端进行区别化的 RRC 连接拒绝策略。

5.3.4　RedCap 专用的初始 BWP

对于传统的 Rel-15/Rel-16 NR 终端，其最大带宽可以达到 100MHz（FR1）和 200MHz（FR2），按照 Rel-15 协议要求，对于 TS 38.101 v15.7.0 版本中定义的 NR 带宽，NR 终端需要强制支持对应带宽上的最大带宽。因此，网络侧在部署 NR 小区时，对于支持 100MHz 的 NR 带宽，初始 BWP 也可以配置为 100MHz。

但是，对于带宽缩小的 NR RedCap 终端，其最大带宽仅能达到 20MHz（FR1）及 100MHz（FR2），那么随着 NR 小区升级支持 NR RedCap 终端接入后，原有配置的初始 BWP 将无法满足 NR RedCap 终端的需求，从而导致 NR RedCap 终端接入失败。如果网络通过实现方式将初始 BWP 的带宽配置下调至小于或等于 20MHz，传统 NR 终端又无法在接入后立即采用大带宽进行传输，那么会影响终端性能。

NR RedCap 终端引入了 RedCap 专用初始 BWP，除带宽缩小外，为了避免大量终端在较窄的带宽内调度对传统终端产生冲击，网络侧还需要将 RedCap 专用初始 BWP 配置在频域不同位置上，不包含 CD-SSB（Cell Defining SSB，小区级 SSB）和公共资源集合 0。

Rel-17 协议支持的 2 种典型的 RedCap 专用初始 BWP 的配置如下（以 TDD 为例）。

1）专用初始下行 BWP 包含 CD-SSB 和公共资源集合 0

（1）RRC_IDLE/RRC_INACTIVE 态终端驻留在 CD-SSB 上，并测量 CD-SSB 频点进行小区选择、重选的判定。

（2）终端根据专用初始下行 BWP 的 PDCCH-ConfigCommon 中配置的寻呼/SIB1/OSI（Other System Information，其他系统消息）搜索空间来监听寻呼/SIB1/OSI/RAR。注意：对于公共消息，这里配置的寻呼/SIB1/OSI 搜索空间可以和普通初始下行 BWP 中配置的寻呼/SIB1/OSI 搜索空间相同或不同，具体配置依据网络实现。

2）专用初始下行 BWP 不包含 CD-SSB 和公共资源集合 0

（1）RRC_IDLE/RRC_INACTIVE 态终端驻留在 CD-SSB 上，并测量 CD-SSB 频点进行小区选择、重选的判定。

（2）终端根据普通初始下行 BWP 的 PDCCH-ConfigCommon 中配置的寻呼/SIB1/OSI 搜索空间来监听寻呼/SIB1/OSI；专用初始下行 BWP 的 PDCCH-ConfigCommon 中不能配置寻呼/SIB1/OSI 搜索空间。

（3）专用初始下行 BWP 可以用于 RACH 过程的下行消息接收。

5.3.5 NCD-SSB

考虑到 NR RedCap 终端支持带宽较小，且工作的 BWP 中很可能不包含 CD-SSB，为了保证 RRC_CONNECTED 态终端的正常工作，标准在 NR RedCap 终端中引入了 NCD-SSB，即当 NR RedCap 终端所配置的 BWP 在频域范围内不包含 CD-SSB 时，可以配置 BWP 包含 NCD-SSB，该 NCD-SSB 不关联 SIB1。当 NR RedCap 终端工作在该 BWP 时，可以依据 NCD-SSB 进行 RLM（Radio Link Monitoring，无线链路监测）、BFD（Beam Failure Detection，波束失效检测）、RRM 测量等操作。

为节能考虑，NCD-SSB 的发送周期必须大于或等于 CD-SSB 的发送周期。

未显式配置的其他属性，NCD-SSB 均与 CD-SSB 完全相同，如 ssb-PositionsInBurst、SSB 发射功率、加扰 PCI 等。

为了避免 CD-SSB 和 NCD-SSB 在同一时刻发送及对网络功耗产生的影响，标准引入了 ssb-TimeOffset，即指示 NCD-SSB 在时域上相对于 CD-SSB 的偏移量。

一个终端可以配置频域上不同位置的多个 NCD-SSB，但是一个 BWP 仅包含一个 SSB，即不存在一个 BWP 同时包含 CD-SSB 和 NCD-SSB 的场景。

1）NCD-SSB 对测量的影响

对于配置了 NCD-SSB 的 BWP，若 BWP 配置了基于 SSB 的 RLM、BFD、TCI 状态，且 BWP 被激活，则终端会自动根据 NCD-SSB 进行相关操作（替换 CD-SSB）。

在 Rel-15/Rel-16 标准中，网络侧通过在 ServingCellConfig 中配置 ServingCellMO 来指示终端用于服务小区 RRM 测量的测量对象。在该指示的 MO 中，网络会配置对应的 SSB 频点、SMTC 及用于小区质量判决的相关门限，且标准中明确描述了该 MO 必须关联小区的 CD-SSB。

在引入 NCD-SSB 后，服务小区 RRM 测量的方法如下。

除原有 per-Cell 级别的 ServingCellMO 配置外，在 BWP-DownlinkConfig 中引入了 per-BWP 级别的 ServingCellMO 配置，当 BWP 级别的 ServingCellMO 未配置时，终端使用原有 per-Cell 级别的 ServingCellMO 配置进行服务小区 RRM 测量；否则，使用 per-BWP 级别的 ServingCellMO 配置进行服务小区 RRM 测量。

当激活 BWP 包含 NCD-SSB，不包含 CD-SSB 时，服务小区 RRM 测量可以基于 CD-SSB 频点或 NCD-SSB 频点，具体内容由网络侧进行配置。例如，网络侧可以为 BWP 配置 per-BWP 级别的 ServingCellMO 配置，当 BWP 被激活时，终端可使用 per-BWP 级别的 ServingCellMO 配置进行服务小区 RRM 测量。

2）NCD-SSB 对切换的影响

在 Rel-15/Rel-16 标准中，虽然网络侧在切换命令中可以携带第一激活 BWP ID，用于指示切换目标小区首先激活并执行 RACH 的 BWP，但该 BWP 对应的下行 BWP 在频域上是必须包含 CD-SSB（或普通初始 BWP）的。

对于 RedCap 终端，由于其引入了 NCD-SSB，因此切换操作可以依赖 NCD-SSB 执行，即网络侧在触发切换时，若切换命令中指示的第一激活 BWP ID 所对应的 BWP 仅包含 NCD-SSB，则终端可以直接搜索 NCD-SSB 进行下行同步，并在第一激活上行 BWP 上执行 RACH 接入过程。

　　无论切换命令中的第一激活 BWP ID 所对应的 BWP 是否包含 NCD-SSB，在切换命令中携带的目标小区频点必须是目标小区的 CD-SSB 频点，不可以是 NCD-SSB 频点。这是因为终端必须知道 PCell 的 CD-SSB 频点信息，以便在切换失败或释放后搜索 CD-SSB 频点进行驻留，同时，在切换完成后，终端可能需要搜索 CD-SSB 频点以读取 SIB1。

　　当网络指示终端直接切换到包含 NCD-SSB 的 BWP 时，切换命令中 reconfigurationWithSync 携带的信元 smtc 会立即关联 NCD-SSB，即网络侧需要提供 NCD-SSB 的信元 smtc 的信息，以辅助终端进行 SSB 搜索。

第 6 章

IoT-NTN

‖ 6.1　标准发展背景介绍 ‖

在 5G 标准讨论过程中，卫星的广覆盖、通信距离远等特点引起了众多运营商的青睐。在 RAN#76（2017 年 6 月）中，3GPP 首先立项了关于 NTN（Non Terrestrial Network，非地面网络）信道模型的研究工作，并在 RAN#80（2018 年 6 月）完成了研究，将研究结果收录在 TR 38.811 中。在 RAN#80 中，3GPP 又立项了支持 NTN 特性的研究项目，并在 RAN#86（2019 年 12 月）完成了研究，将研究结果收录在 TR 38.821 中。

在 WID（Work Item Description，工作项目描述）中，NR NTN 的工作目标是明确 NR NTN 的增强功能，特别是支持 LEO（Low Earth Orbit，低地球轨道）和 GEO（Geostationary Earth Orbit，地球静止轨道）的场景，并隐式地兼容包括 HAPS（High Altitude Platform Station，高空平台站）的 UAS（Unmanned AeriaI System，无人机系统）场景。其中，NR NTN 要遵循以下假设。

（1）使用 FDD 模式，但并不意味着 TDD 不能用于相关的场景，如 HAPS、空对地通信。

（2）相对于地面固定的跟踪区域（Earth Fixed Tracking Area）包括相对于地球固定的小区（Earth fixed cell）和相对于地面移动的小区（Earth Moving Cell）。

（3）终端具有 GNSS（Global Navigation Satellite System，全球导航卫星系统）能力。

（4）支持透明有效载荷。

（5）支持工作在 FR1 的手持设备（如功率等级 3）。

（6）支持工作在 FR2、具有内部天线（包括固定和移动平台安装装置）的 VSAT 设备。

在 WID 中，NB-IoT/eMTC 支持 NTN 特性的研究工作要遵循以下假设。

（1）优先考虑独立部署的场景，如只适用于 NB-IoT NTN 或 eMTC NTN 的频段部署场景。

（2）NB-IoT 和 eMTC 设备都具有 GNSS 能力，也就是，终端能够估计和预补偿定时和频率偏差，能够满足上行传输要求的准确性。而且，NB-IoT 和 eMTC 设备不能同时进行 GNSS 和 NTN 操作。

（3）尽量复用 TN（Terrestrial Network，地面网络）的 NB-IoT/eMTC 功能。

（4）支持透明有效载荷。

|| 6.2　业务模型和应用场景 ||

NTN 是指在卫星或 UAS 上使用射频资源的网络或网络段。这些卫星可以是 GEO 卫星，其旋转速度与地球的旋转速度相同，相对于地球是静止的；也可以是 NGEO（Non-Geostationary　Earth Orbit，非地球静止轨道）卫星，如 LEO、MEO（Medium Earth Orbit，中地球轨道）卫星等，高度比 GEO 卫星低很多，相对于地球是移动的，若随着时间的推移需要服务连续性，则需要多个卫星（如一个星座）来满足这一要求，而且随着海拔越低，需要的卫星数量就越多。

UAS 包括战术无人机（TUA）、比空气轻的无人机（LTA）、比空气重的无人机（HTA）、HAPS 的系统，所有系统通常在 8km～50km 的高度运行。UAS 可以被看作 NTN 的一个特殊场景，具有较小的多普勒偏移和变化量。

不同类型的卫星或 UAS 具体参数如表 6-1 所示。

表 6-1　不同类型的卫星或 UAS 具体参数

场景	高度	轨道	典型的覆盖范围
LEO	300km～1500km	围绕地球转	100km～1000km
MEO	7000km～25000km		100km～1000km
GEO	35786km	以一定的仰角/方位角，与地球保持静止	200km～3500km
UAS	8km～50km		5km～200km

根据卫星的类型，IoT-NTN 的研究场景如表 6-2 所示。

表 6-2　IoT-NTN 的研究场景

NTN 配置	场景
基于 GEO 的 NTN	场景 A
基于 LEO 的 NTN，且波束是可控的（高度 1200km 和 600km）	场景 B
基于 LEO 的 NTN，且波束是固定的（高度 1200km 和 600km）	场景 C
基于 MEO 的 NTN，且波束是固定的（高度 10000km）	场景 D

对于波束是可控的 NTN 场景，卫星可以使用波束赋形技术将波束指向地球上的固定点。但是，这适用于与卫星的能见度时间相对应的一段时间。从小区覆盖来看，该卫星可以生成相对于地球固定的小区，在一段时间内，该小区的覆盖范围是不变的。对于波束是固定的 NTN 场景，卫星生成的波束随着卫星的移动而移动。从小区覆盖来看，该卫星可以生成相对于地球移动的小区，小区的覆盖范围在地面是移动的。

NTN 可以提供 5G 或物联网服务，其典型的场景如图 6-1 所示。

NTN 通常具有以下特征。

（1）卫星网关是位于地球表面的基站或者网关，能够为访问卫星（包括 HAPS）提供足够的射频功率和射频灵敏度。一个或多个卫星网关可连接到一个 PLMN。

① 一个 GEO 卫星可以连接到一个或多个卫星网关，但是一个终端只能由一个卫星网络服务。

② 一个 NGEO 卫星可以连接到一个或多个卫星网关，系统需要确保 2 个连续服务的卫星网关之间的服务链路和馈线链路上的连续性，并有足够的时间完成锚点的移动和切换。

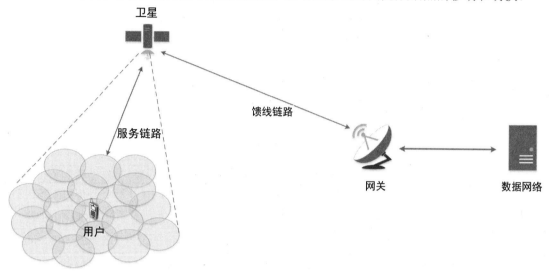

图 6-1　基于透明有效载荷的 NTN 典型场景

（2）卫星网关和卫星或 UAS 之间是通过馈线链路连接的。

（3）终端和卫星或 UAS 之间是通过服务链路连接的。

（4）卫星或 UAS 之间可以实现透明有效载荷：卫星或 UAS 具有射频滤波、频率转换和放大的功能。因此，透明有效载荷发送的波形信号没有被改变。卫星或 UAS 通常在一定服务区域内生成多个波束。波束的足迹通常为椭圆形。卫星或 UAS 的覆盖取决于机载天线图和最小仰角。

（5）终端由目标服务区域内的卫星或 UAS 提供服务。

在上述场景下，IoT-NTN 场景的参数如表 6-3 所示。

表 6-3　IoT-NTN 场景的参数

场景	GEO NTN -场景 A	LEO NTN -场景 B 和 C	MEO NTN -场景 D
频带	< 6GHz（如 S 频带为 2GHz）		
带宽（服务链路）（NOTE 7）	（1）NB-IoT：180kHz（下行），上行分配粒度为 12×15kHz、6×15kHz、3×15kHz、1×15kHz、1×3.75kHz，带宽最高可达 180kHz （2）eMTC：1080kHz（下行），上行分配粒度为 2×180kHz、180kHz、2×15kHz、3×15kHz 或 6×15kHz，带宽最高可达 1080kHz		
地面固定波束	是	场景 B：是（NOTE 1） 场景 C: 否	否

场景	GEO NTN - 场景 A	LEO NTN -场景 B 和 C	MEO NTN -场景 D
波束最大直径 （不考虑仰角）	3500km（NOTE 3）	1000km（NOTE 2）	4018km
最小仰角	服务链路最小仰角：10°； 卫星与地面网关间馈线链路的最小仰角：10°	服务链路最小仰角：10°； 卫星与地面网关间馈线链路的最小仰角：10°	服务链路最小仰角：10°； 卫星与地面网关间馈线链路的最小仰角：10°
终端和卫星的最大距离	40581km	1932km（600km） 3131km（1200km）	14018km
最大 RTT （只考虑传播时延）	541.46ms（包括服务链路和馈线链路）	25.77ms（600km）（包括服务链路和馈线链路） 41.77ms（1200km）（包括服务链路和馈线链路）	186.9ms（包括服务链路和馈线链路）
小区内的最大时延差	10.3ms	3.12ms（600km）和 3.18ms（1200km）	13.4ms
最大多普勒频移 （终端静止）	0.93ppm	24ppm（600km） 21ppm（1200km）	7.5ppm
最大多普勒频移变化量 （终端静止）	0.000045ppm/s	0.27 ppm/s （600km） 0.13 ppm/s （1200km）	0.003ppm/s
蜂窝物联网设备的移动速度	最小移动速度为 0 km/s（静止设备），最大移动速度为 120km/h	最小移动速度为 0km/s（静止设备），最大移动速度 120km/h	最小移动速度为 0km/s（静止设备），最大移动速度为 120km/h
蜂窝物联网设备的天线	全向天线：0dBi 发送增益和 0dBi 接收增益（NOTE 4）		
蜂窝物联网设备的发送功率	终端功率等级 3：200mW（23dBm） 终端功率等级 5：100mW（20dBm）		
蜂窝物联网设备的噪声系数	全向天线：7dB 或 9dB（NOTE 5）		
服务链路	NB-IoT 和 eMTC		
NOTE 1：卫星可以使用波束赋形技术将波束指向地球上的固定点。但是，这适用于卫星的能见度时间相对应的一段时间			
NOTE 2：波束大小是根据卫星的天底点得出的			
NOTE 3：GEO 的最大波束大小基于当前最先进的 GEO 高吞吐量系统，假设覆盖边缘（低海拔）的点波束或单个宽波束			
NOTE 4：圆极化天线是可选的			
NOTE 5：噪声系数取决于设备供应商的具体实施			
NOTE 6：如果设备没有对服务链路上的多普勒频移进行预补偿，最大多普勒频移和最大多普勒频移变化量才有意义			
NOTE 7：系统带宽 FFS			

　　IoT-NTN 支持 NB-IoT 和 eMTC 的所有业务类型，其支持的典型业务类型及业务特性如表 6-4 所示。

表 6-4　IoT-NTN 支持的典型业务类型及业务特性

业务类型	业务特性	应用场景
移动自主异常报告	应用层有效载荷满足 alpha = 2.5 的帕累托分布，最小有效载荷为 20 字节，最大有效载荷为 200 字节，也就是，大于 200 字节的都认为是 200 字节；周期性到达时间：1 天（40%）、2h（40%）、1h（15%）和 30min（5%）	智能公用设施（燃气/水/电）计量报告、智能农业、智能环境
移动自主异常报告	应用层有效载荷 20 字节，时延要求 10s	烟雾报警探测器、智能仪表的电源故障通知、篡改通知
网络命令	大小为 20 字节周期性到达时间：1 天（40%）、2h（40%）、1h（15%）和 30min（5%）	开灯命令、触发设备上报
软件下载	应用层有效载荷满足 alpha = 1.5 的帕累托分布，最小有效载荷为 200 字节，最大有效载荷为 2000 字节，也就是，大于 2000 字节的都认为是 2000 字节；周期性到达时间：180 天	软件更新（补丁）

IoT-NTN 的性能指标如表 6-5 所示。

表 6-5　IoT-NTN 的性能指标

数据速率		每平方千米物联网终端数目	终端移动速度	环境
下行	上行			
2Kbit/s	10Kbit/s	400 个	0km/h	覆盖增强

‖ 6.3　关键技术 ‖

NTN 与 TN 的主要区别在于 LEO 卫星相对于地面的快速移动性、LEO 卫星和 GEO 卫星与终端之间的距离较远。所以，支持 IoT-NTN 主要考虑终端与基站间的定时、同步，基于星历信息移动性管理等。

6.3.1　TA 值的预补偿

地面移动系统中的传播时延通常小于 1ms。相比之下，NTN 中的传播时延要长得多，范围从几毫秒到数百毫秒，而且小区内的时延差也大得多，最大可达十多毫秒。所以，终端需要补偿一个很大的 TA 值。而且，在 LEO 场景下，随着 LEO 卫星的移动，服务链路和馈线链路上的时延都是变化的，TA 值和频率偏移都在变化。经过仿真验证，终端自主地进行定时和频率偏移的补偿完全可以满足定时和频率偏移的要求，而且现有的 PRACH 格式和前导码序列是可以被 NTN 复用的。

在 NTN 中，终端到基站的时延有一部分是不变的，有一部分是变化的。例如，随着 LEO 卫星的移动，服务链路和馈线链路上的时延会在一定范围内随之变化。如果终端进行完整 TA 补偿，在透明有效载荷的场景下，网络需要指示馈线链路的时延，终端补偿的 TA 值为服务链路 RTT 加上馈线链路 RTT，这种情况下，网络侧的下行帧定时和上行帧定时是对齐的。如果终端进行部分的 TA 补偿，网络需要指示参考点的位置，终端基于自身位置及参考点的位置信息确定补偿的 TA 值。至于参考点至基站的 RTT，由网络自行处理，这种情况下，网络侧的下行帧定时和上行帧定时是没有对齐的。出于灵活实现的考虑，R17 标准引入了一个参考点，参考点可以在馈线链路的任何位置，由基站指定。终端的 TA 值需要补偿参考点到终端位置之间的时延，并且 NTN 将 TA 值分为：公共 TA（TACommon）值和终端特定 TA 值。TAcommon 值是补偿参考点和卫星之间的时延，而终端特定 TA 值是补偿终端和卫星之间的时延。在初始接入过程和 RRC_CONNECTED 态时，终端自主的 TA 预补偿如图 6-2 所示。

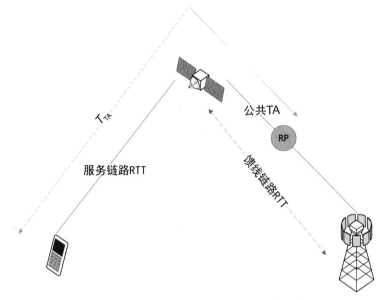

图 6-2　NTN 中终端自主的 TA 预补偿示例

对于终端特定 TA 值，终端根据自己的位置和卫星的位置，计算出 TA 值。而对于 TAcommon 值，基站会广播 TAcommon、公共 TA 漂移量（TACommonDrift）、公共 TA 漂移方差（TACommonDriftVariation），终端基于如下公式，计算 TAcommon（$2\text{Delay}_{\text{common}}$）。

$$\text{Delay}_{\text{common}}(t) = D_{\text{common}}(t_{\text{epoch}}) + D_{\text{commonDrift}}\left(t - t_{\text{epoch}}\right) + D_{\text{commonDriftVariation}}\left(t - t_{\text{epoch}}\right)$$

其中，$D_{\text{common}}(t_{\text{epoch}}) = \text{TACommon}/2$，$D_{\text{commonDrift}} = \text{TACommonDrift}/2$，$D_{\text{commonDriftVariation}} = \text{TACommonDriftVariation}/2$。

当终端自行进行 TA 预补偿时，基站无法获知终端到卫星的时延，也就无法判断终端的定时关系。所以，终端需要给基站上报自己预估的上行帧相对于下行帧的 TA 值。在进入 RRC_CONNECTED 态时，终端需要在发送 Msg3 或 Msg5 时携带关于 TA 的 MAC CE。在进入 RRC_CONNECTED 态后，如果基站使能了上报 TA 的配置，终端需要基于事件触发上报关于 TA 的 MAC CE。例如，当 TA 的变化量超过门限值时，终端就会触发 TA 报告的 MAC CE 上报。

6.3.2　定时关系

NTN 的传播时延很大。例如，GEO 场景下 RTT 可达到 542ms，LEO 场景下 RTT 可达到 49ms。为了避免上下行冲突，上下行帧定时关系需要进行扩展。

IoT-NTN 的基站支持 2 种定时关系，如图 6-3 和图 6-4 所示。在图 6-3 中，定时参考点在基站上，K_mac=0，基站的上行帧定时和下行帧定时是对齐的。在图 6-4 中，定时参考点不在基站上，K_mac≠0，基站的上行帧定时和下行帧定时不是对齐的，其中 K_mac 为下行帧和上行帧定时之间不对齐的幅度。

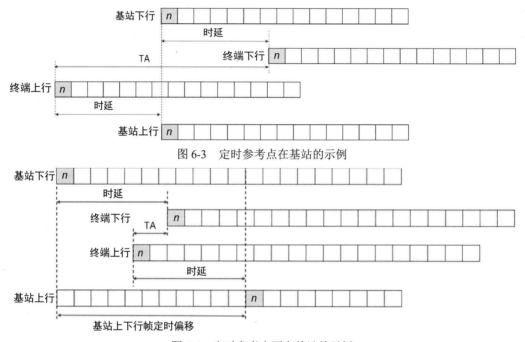

图 6-3　定时参考点在基站的示例

图 6-4　定时参考点不在基站的示例

同时，为了避免上下行发生冲突，下行与上行的间隔需要大于 RTT。因此，IoT-NTN 在上下行调度定时关系中引入了一个偏移值 Koffset。例如，PDCCH 与 PUSCH、RAR 与 PUSCH、PDCCH 与调度的 SPS、PDCCH 与非周期 SPS、PDSCH 与 HARQ-ACK、PDCCH 与 PRACH 等之间的调度定时关系都需要增加一个偏移值 Koffset。基站保证偏移值 Koffset 的取值要大于终端和基站之间的 RTT。基站可以根据小区内终端和基站之间最大的 RTT，通过系统信息广播一个偏移值 Koffset，如果基站没有更新终端专有的偏移值 Koffset，那么终端可以将该值用于上下行调度定时关系。为了减小数据传输的时延，基站还可以根据终端上报的 TA 值，通过 MAC CE 为终端更新专有的偏移值 Koffset。

6.3.3　星历信息

在 NTN 中，星历信息具有至关重要的作用。星历信息表示了卫星所在的坐标及轨道信息。终端根据该信息，来判断卫星的位置，对频率和时间进行预补偿。例如，基于终端的 GNSS 定位信息和星历信息，终端会进行频率偏移和 TA 的预补偿。

星历信息的格式有 PVT 参数和 orbital 参数，具体如表 6-6 所示。

表 6-6　星历信息格式

PVT 参数[17 字节]	orbital 参数[21 字节]
（1）位置[m] [78 比特] ① GEO 位置范围：±42 200km ② 步长[1.3m] （2）速度 [m/s] [54 比特] ① LEO@600 km 速度范围：±8000m/s ② 步长[0.06 m/s]	（1）半长轴：[m] [33 比特] （2）范围：[6500, 43000]km （3）偏心率：[20 bits] （4）范围：≤0.015 （5）近地点幅角：[28 比特] （6）范围：[0, 2π] （7）升交点经度：[28 比特] （8）范围：[-180º, +180º] （9）倾角：[27 比特] （10）范围：[-90º, +90º] （11）在 epoch 时刻 t_0 平近点角：[28 比特] （12）范围：[0, 2π]

终端可以通过 PVT 参数，推导出 orbital 参数。这 2 种参数都可以用来估计卫星的位置。一般地，PVT 参数更适用于短期预测，可应用于同步接入等，而 orbital 参数更适用于长期预测，可应用于同步接入、RRM 等。NTN 支持这 2 种格式的星历信息。

星历信息是通过系统信息广播给终端的。由于星历信息需要不断更新，与常规 SIB 的更新周期不同，也不会触发系统信息更新过程，因此 IoT-NTN 采用了一个独立的 SIB31 发送星历信息。SIB31 只携带服务卫星的星历信息，且星历信息的参数是瞬时值。

6.3.4　随机接入过程

在 IoT-TN 中，终端在发送了前导之后的几个子帧（如对于 eMTC 是 3 个子帧、对于 NB-IoT 是 41 个子帧）开始监听 RAR，并启动 ra-ResponseWindow。在 IoT-NTN 中，考虑到 RTT 可能会大于 3 个或 41 个子帧，TN 下 ra-ResponseWindow 的方案不能保证能在窗内接收到 RAR。如果扩展 ra-ResponseWindow 的长度，不但增加了终端监听的时间，而且终端可能会收到其他终端采用相同 RA-RNTI 加扰的 RAR，造成随机接入过程失败。为了避免这些情况，IoT-NTN 为 ra-ResponseWindow 的启动时间引入了一个偏移量。同理，ra-ContentionResolutionTimer 的启动时间也引入了一个偏移量。其中，偏移量的值取决于 RTT。

6.3.5　HARQ 相关

NTN 的传播时延大，数据包占用 HARQ 进程的时间就长，这样会影响数据包传输的速率。该问题的解决方法如下。

（1）增加 HARQ 进程的个数。

（2）去使能 HARQ 反馈。对于去使能下行 HARQ 反馈，下行收到了 PDSCH，可以不发送 HARQ 反馈，而基站可以不基于终端的反馈，就决定是否进行重传。对于去使能上行 HARQ 反馈，终端发送了 PUSCH 后，基站可以对终端进行盲调度，不需要根据收到的数据是否成功决定是否对终端进行重传调度，而是根据信道状态直接决定对终端进行重传调度。通过这种方式，就减少了数据包传输的时间。

但是，考虑到物联网业务具有时延不敏感，数据包小且到达不频繁的特点，所以在 Rel-17 的 IoT-NTN 中，没有支持去使能 HARQ 反馈的功能，并且出于成本的考虑，也没有增加 HARQ 进程的个数。

6.3.6 定时器扩展

1. DRX 相关定时器

如果 HARQ 反馈是使能的，对于下行，终端在接收了调度的 PDSCH 之后，至少在 RTT 之后才能收到重传指示，所以 HARQ RTT 定时器的长度需要扩展一个偏移量。但是，PDSCH 和 HARQ 反馈之间不是由终端和基站之间的 RTT 决定的，而是由 Koffset 和 K_mac 决定的。尤其当 Koffset 比终端和基站之间的 RTT 大较多时，如果 HARQ RTT 定时器只扩展一个终端和基站之间的 RTT，那么终端可能无法在 drx-ULRetransmissionTimer 内收到重传的 PDCCH。所以，HARQ RTT 定时器的长度需要扩展的偏移量为 Koffset+K_mac。

对于上行，终端在发送了 PUSCH 之后，需要在终端和基站之间的 RTT 之后才能收到重传指示。所以，HARQ RTT 定时器的长度需要扩展一个终端和基站之间 RTT 的偏移量。

2. SR（Scheduling Request，调度请求）相关定时器

终端在发送了 SR 后，需要在终端和基站之间的 RTT 之后，才能收到基站的调度。对于 sr-ProhibitTimer，终端发送了一个 SR 后，在收到基站的 PDCCH 之前的 SR 资源也应该被禁用，才能阻止基站收到多余的 SR。因为 NTN 场景下的终端和基站之间的 RTT 大于现有的 sr-ProhibitTimer 长度的取值范围，所以 sr-ProhibitTimer 的长度需要进行相应地扩展。

3. t-Reordering

该定时器用于终端检测丢失的 RLC PDU。若 RLC 层收到乱序包，则启动 t-Reordering。如果 t-Reordering 超时，那么终端将已排序的数据包提交给高层，收到的乱序包直接被丢弃。因为 NTN 场景下的终端和基站之间的 RTT 较长，所以 t-Reordering 的长度需要进行相应地扩展。

4. PDCP discardTimer

对于 PDCP discardTimer，由于 NB-IoT 支持了足够大的取值，如图 6-5 所示，因此 NB-IoT NTN 不需要扩展该定时器的取值，而 eMTC NTN 需要扩展。

discardTimer	eMTC: ENUMERATED {ms50, ms100, ms150, ms300, ms500, ms750, ms1500, infinity} NB-IoT: ENUMERATED { ms5120, ms10240, ms20480, ms40960, ms81920, infinity, spare2, spare1 }

图 6-5 discardTimer

6.3.7 小区选择/重选

在 LEO 场景中，服务小区和邻区都是变化的。当 LEO 小区的覆盖直径达到 50km 或 1000km 时，终端的服务小区最多每隔 6.61s 或 132.38s 就会发生一次变化。可见，终端经常发生小区重选。在 TN 中，当服务小区的接收信号强度 RSRP 低于一定门限值时，终端才会开启邻区测量。在 LEO 场景中，用户在小区中心时的 RSRP 与在小区边缘时的 RSRP 相差不大，采用 RSRP

作为开启邻区测量的条件可能会导致终端开启测量太晚，没有及时重选到新小区上。

为了帮助终端尽快开启邻区测量，并驻留到新小区上，在相对于地球固定的小区场景中，基站会广播服务小区即将停止服务的时间。基于此，终端可以在服务小区即将停止服务之前，及时开启邻区测量，尽快驻留到新小区上。

在连续覆盖的 IoT-NTN 场景中，NB-IoT/eMTC 终端的小区选择/重选过程是以 TN 场景为基础的。

对于终端来说，基于终端位置的小区重选过程，终端需要评估终端与服务小区或邻区的距离，这就要求终端不断读取服务小区或邻区的星历信息，这将是一个耗时耗力的过程，而且评估的过程也增加了终端实现的复杂度。所以，IoT-NTN 决定不支持基于终端位置的小区重选过程。

6.3.8　TAU

在 LEO 场景中，因为跟踪区随着卫星的移动而变化，终端会频繁地触发 TAU，所以 NR NTN 假设了跟踪区可以被规划在固定的地面上。在相对于地球移动的小区场景中，当小区到达下一个规划的相对于地球固定的跟踪区时，广播的 TAC（Tracking Area Code，跟踪区域码）也会发生变化。更新 TAC 有以下 2 种方案。

① TAC 硬切换：一个小区针对一个 PLMN 只广播一个 TAC。当小区移动到跟踪区边界时，小区系统信息会广播新的 TAC，取代旧的 TAC，如图 6-6 所示。但是，当小区横跨 2 个规划的相对于地球固定的跟踪区时，位于 2 个跟踪区边界的终端，如图 6-6 中的终端，还是会频繁地触发 TAU。

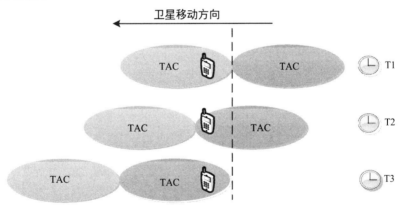

图 6-6　卫星移动导致的 TAC 变化示例

② TAC 软切换：一个小区针对一个 PLMN 可以广播多个 TAC。当小区移动到跟踪区边界时，小区系统信息会先添加新的 TAC，再删除旧的 TAC。这样图 6-6 中的终端，发现服务小区中广播了自己选择的 TAC，就不会触发 TAU。

在 LTE 场景中 TAC 更新较快。例如，卫星的运动速度为 7.5km/s，跟踪区的覆盖直径为 500km，大约每隔 67s，卫星就从一个跟踪区的区域移动到了另一个跟踪区的区域。对于 TAC 软切换方案，一个小区每隔 67s 就会添加一个新的 TAC 或剔除一个旧的 TAC。如果 TAC 更新触发系统信息更新过程，那么就需要终端频繁读取系统信息。对于配置了 eDRX 周期的终端，终端每经过一个 eDRX 周期就需要读取系统信息。这对于节能需求敏感的终端来说，简直是不可接受的。

下面根据终端的位置,分析一下 TAC 的更新过程,如图 6-7 所示。对于位于跟踪区边界(如 TAC1 和 TAC2 的边界)的终端,如果终端是静止或移动速度较低的,那么其不需要获知 TAC 的变化或通过小区重选获知 TAC 的变化。例如,如果终端是移动的,那么当其选择了 TAC1 时,在 T1 时刻,终端移动到了小区 2,且小区 2 广播 TAC1+TAC2;在 T2 时刻,终端移动到了小区 2,且小区 2 广播 TAC2,这时,如果小区不通知删除了 TAC1,终端就不能选择 TAC2,也就是会丢失寻呼消息。但是,由于终端移动速度低,其移动的场景也很少,而且系统信息更新过程又会引起绝大多数终端的功耗增加,因此在 IoT-NTN 中,小区 TAC 的添加或删除不会通知终端。

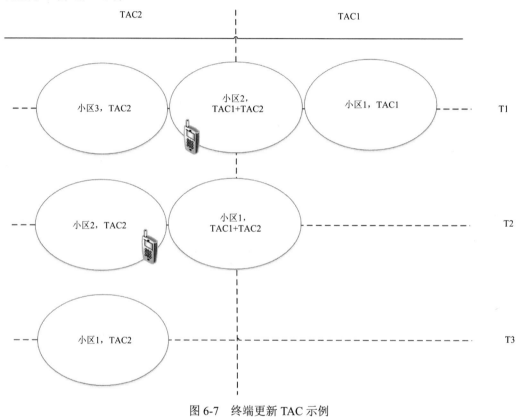

图 6-7　终端更新 TAC 示例

6.3.9　切换

在 GEO 和 LEO 场景中,由于传播时延很大,基于切换事件的测量上报不能及时到达基站,终端不能及时收到切换命令,导致出现切换太晚的问题。而且,在 LEO 场景中,由于小区变化比较频繁,触发切换的频率较高,且在同一时间发生切换的终端数量很多。如果每个满足切换条件的终端都上报测量报告,或者基站发送切换命令给终端,这样会导致信令负荷很大。

而 CHO(Conditional HandOver,条件切换)可以避免这些问题,基站提前将切换命令发送给终端,当终端满足了切换条件,终端可以自主切换到目标小区。在标准制定的讨论过程中,考虑了基于 RSRP、时间和距离的 CHO。

① 基于 RSRP 的 CHO，当终端服务小区的 RSRP 小于邻区的 RSRP 时，也就是终端在邻区的信号质量更好，就会触发切换。

② 基于时间的 CHO，基站可以根据终端的位置及卫星服务的时间，为其配置一个时间长度的门限。当终端在服务小区的时间大于该门限后，也就是终端在服务小区的时间超过了服务小区的服务时间，就会触发切换。

③ 基于距离的 CHO，基站可以根据本区和邻区的覆盖范围，为终端配置本区和邻区的参考点和距离门限，如本区和邻区的小区中心和覆盖半径。当终端与本区的参考点之间的距离大于距离门限时，也就是终端已经超出本区的覆盖范围，且当终端与邻区的参考点之间的距离小于距离门限时，也就是终端已经处于该邻区的覆盖范围内了，就会触发切换。该方案可以使得终端找到距离更近的邻区。

但考虑到基于距离的 CHO，需要终端获取邻区的星历信息，并不断评估终端与邻区的距离，增加了终端的复杂度。虽然基于时间的 CHO 方案简单，但是其要求基站根据终端的位置配置不同的取值，对基站的要求较高。考虑到 IoT-NTN 有节能、降成本、广覆盖的需求，最终，eMTC NTN 仅支持了基于 RSRP 的 CHO。

6.3.10　不连续覆盖

首先，IoT-NTN 可能会提供不连续覆盖。出于成本的考虑，一些卫星厂家可能只用数个 LEO 卫星提供全球的服务。当卫星经过终端所在区域的上方，终端就能获得卫星的服务，否则，终端就可能处于覆盖空洞中。为了清楚地展示在 2 个卫星覆盖之间覆盖空洞的持续时间，此处给出在步行者星座和自组织星座场景下，产生的覆盖空洞的平均和最大持续时间，如表 6-7 所示。

表 6-7　不同应用场景的覆盖空洞时长示例

场景	覆盖空洞的平均持续时间	覆盖空洞的最大持续时间
步行者星座（6 个面，每个面有 1 个卫星）	8h	12h
步行者星座（6 个面，每个面有 6 个卫星）	0.8h	2h
自组织星座（30 个卫星）	0.7h	9h

可见，覆盖空洞的持续时间可达数小时，而且卫星个数越多，覆盖空洞的持续时间就越短。而且，当卫星为 CubeSats 卫星，最大仰角约为 40° 时，卫星为终端提供服务的持续时间最大约为 148s。在最坏的情况下，每隔数小时，终端才能获得 148s 的服务时间。

在 IoT-NTN 的发展初期，覆盖空洞可能是一种较为常见的现象。终端在覆盖空洞期间做无谓的测量和小区搜索，是非常耗电的，这是要尽量避免的。在覆盖空洞结束后，终端需要及时搜索到小区，以避免丢失寻呼消息。

终端需要获得覆盖空洞的起始时间和持续时间，进而决定是否采取节能的操作。终端可以通过读取服务卫星的星历信息来预估服务小区的覆盖，进而得到其停止服务的时间。终端还可以通过读取下一个卫星的星历信息来预估下一个小区的覆盖，进而得到其开始服务的时间。最终，终端得到覆盖空洞的时间信息。至于终端预估小区的服务时间算法，这属于终端的实现行为。为了帮助终端评估覆盖空洞的时间信息，标准引入了 SIB32。基站只在出现覆盖空洞的场景下广播 SIB32，且 SIB32 携带了服务卫星和相邻卫星的星历信息。而且考虑到评估的准确性，该星历信息与 SIB31 中的星历信息不同，它是基于平均值的星历信息。

为了简化终端的行为，在相对于地球固定的小区场景下，基站可以广播服务小区的停止服务时间及下一个小区的开始服务时间。终端通过读取相关信息，就能得到覆盖空洞的时间信息。

为了节能，在覆盖空洞期间，终端可以进入静默状态，不进行测量和监听寻呼的行为。这与终端在 DRX 的非激活时间、eDRX 的非激活状态（如 PTW 外）、PSM 的静默状态（如 T312 运行时）、放松测量时的操作是很类似的。在覆盖空洞期间，终端执行上述操作就可以满足节能需求，而且网络可以只在终端唤醒时，给其发送寻呼消息，尽量避免了终端丢失寻呼消息。

6.3.11 星历信息的有效时间

NTN 终端通过 GNSS 定位信息和星历信息、TACommon 进行 TA 预补偿。星历信息和 TACommon 在一段时间后就会失效，或者终端的移动也会导致 GNSS 定位信息失效。那么，基于该信息预估得到的 TA 值也就不适用了，终端就会发生上行失步，故终端需要重新评估 TA 值。

如果在 RRC_CONNECTED 态，星历信息或 TACommon 失效了，终端需要重新获取系统信息。于是，NTN 为星历信息或 TACommon 引入了一个有效时间，并通过系统信息广播给终端。当终端应用星历信息或 TACommon 的时间超出了有效时间，其就需要重新获取这些信息。但是，终端在 RRC_CONNECTED 态不支持读取系统信息，而且不能同时接收调度的 PDSCH 和携带系统信息的 PDSCH。为了不增加中断时间，在应用星历信息的时间超出有效时间后，终端会进入上行失步状态，并读取星历信息相关的系统信息，评估新的 TA 值，随后恢复 RRC_CONNECTED 态的操作。

如果在 RRC_CONNECTED 态，GNSS 定位信息失效了，终端需要重新获取 GNSS 定位信息。于是，NTN 为 GNSS 定位信息引入了有效时间，该值的大小由终端决定。当终端应用 GNSS 定位信息的时间超出了有效时间时，其需要重新获取该信息。考虑到终端的较短传输时间和较长的获取 GNSS 定位信息的时间，当 GNSS 定位信息失效后，终端会回到 RRC_IDLE 态。

6.3.12 长时间的上行传输

在地面移动通信系统中，为了增强上行覆盖，NB-IoT 和 eMTC 通过重复传输来实现上行的传输增益。例如，NB-IoT 终端上行可支持最多 128 次重复传输，eMTC 终端上行可支持最多 2048 次重复传输。但是，NB-IoT 和 eMTC 在长时间传输后会产生频率偏移，需要进行同步跟踪及频率偏移补偿。所以，在上行重复传输的过程中，NB-IoT 和 eMTC 每完成 256ms 的传输，要配置一个 40ms 的上行传输间隔，让终端利用这段时间进行频率偏移的纠正，剩下的数据顺延后再传输。

在 LEO 中，由于卫星的移动，TA 值是变化的，在重复传输的过程中，TA 值可能会超过物联网能容忍的最大 TA 误差，造成符号间干扰。例如，在最坏的情况下，服务链路和馈线链路会产生 100μs/s 的时延变化量。对于 NB-IoT，其能容忍的最大 TA 误差是 2.6μs，在这种情况下，上行重复传输每超过 32ms，TA 值就会超过物联网能容忍的最大 TA 误差，也就是上行重复传输每超过 32ms，NB-IoT 终端需要重新进行 TA 预补偿；对于 eMTC，其能容忍的最大 TA 误差是 0.78μs，在这种情况下，上行重复传输每超过 8ms，TA 值就会超过物联网能容忍的最大 TA 误差，也就是 eMTC 终端需要重新进行 TA 预补偿。但是，重新进行 TA 预补偿的上行分段可能会跟前面的上行分段发生冲突。

为了避免前后的上行分段发生冲突，在 IoT-NTN 中，引入了与 TN 类似的上行传输间隔。每隔一段上行重复传输，就需要插入一个传输间隔，如图 6-8 所示。

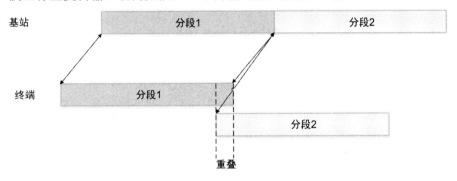

有传输间隔时分段的PUSCH发送

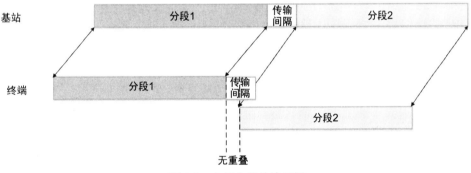

图 6-8　上行分段传输示例

第 7 章

XR/AR 业务支持

XR/AR 是 NR eMBB 的典型应用场景。标准在 eMBB 技术的基础上针对 XR 业务的特点进行了增强。

‖ 7.1　标准发展背景介绍 ‖

XR/AR 在 Rel-17 中被立项，研究结果被包含在 TR38.838 研究报告中。TR38.838 研究报告中中包括 SI 阶段评估的容量、功耗、覆盖、移动性等结果，R18 将继续 XR/AR 的研究并完成相应的标准化工作。

‖ 7.2　业务模型和应用场景 ‖

人们为 XR 考虑以下 3 种不同的部署方案。

（1）密集城市。在这种方案中，XR 终端位于城市区域，gNB 密集部署，站点间距离（Inter Site Distance，ISD）为 200m，应该考虑玩云游戏的用户、室内外体验 VR/AR 的用户。对于 FR1，假设 80%/20% 的终端位于室内/外。对于 FR2，假设 100% 的终端位于室内。

（2）室内热点。在这种方案中应该只考虑室内 XR 用户。VR 或云游戏应用可能用于室内工作和游戏，此时也要考虑室内 AR 应用。

（3）城市宏覆盖。在这种方案中应该考虑 ISD 为 500m 的情况，其中 XR 用户分布在更大的区域。由于 gNB 大规模部署，因此数据速率较低的 XR 应用与此方案密切相关。城市宏覆盖仅针对 FR1 进行评估。

‖ 7.3　关键技术 ‖

XR/AR 的研究主要针对 XR/AR 业务的大速率、低时延问题，研究了 XR 业务的业务特征识别、承载 XR 业务的终端功耗问题、XR 业务的容量问题。

7.3.1　XR 业务的业务特征识别

XR 业务主要以高清视频流业务为主，视频流常用的编码方式是 X.264 和 X.265。以 X.264 编码为例，一个画面组由若干个内部帧（I 帧）、预测帧（P 帧）和双向帧（B 帧）组成。由于 IP 数据包的最大尺寸是 1500 字节，而高清视频帧的尺寸远远大于 1500 字节，因此每个视频帧又分为若干个 IP 数据包（PDU），如图 7-1 所示。在图 7-1 中，一个画面组（视频编码单元）由 12 个视频帧构成（I_{13} 出现表示一个新的画面组开始），每个视频帧又由若干个 IP 数据包构成（I_1 帧由 n 个 IP 数据包 $I_{11}I_{12}\cdots I_{1n}$ 组成；B_2 由 m 个 IP 数据包 $B_{21}B_{22}\cdots B_{2m}$ 组成；……）。为了表征 IP 数据包与视频帧的关联关系，标准决定引入 PDU 集合的概念，一个视频帧对应一个 PDU 集合，一个 PDU 集合包含若干个 IP 数据包。其中，IP 数据包也可能是 UDP 数据包或者以太网数据包。

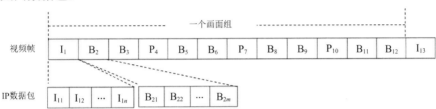

图 7-1　应用层数据单元、应用层数据包及 IP 数据包之间的关系

为了提高 XR 业务的调度效率，提高网络容量，3GPP 标准中引入了如下 PDU 集合特征相关参数。

PDU 集合相关的 CP 参数如下。

（1）PDU 集合错误率。

（2）PDU 集合允许的时延上限。

（3）PDU 集合是否需要完整处理的指示。

（4）数据发送周期。

PDU 集合相关的 UP 参数如下。

（1）PDU 集合序号。

（2）PDU 集合开始和结束指示。

（3）PDU 在 PDU 集合中的序号。

（4）PDU 集合的大小。

（5）PDU 集合的重要性指示。

（6）数据包传输结束指示。

7.3.2　承载 XR 业务的终端功耗问题

除了基于智能手机的 XR，人们越来越希望通过头戴式显示器（Head Mounted Display，HMD）提供 XR 体验。HMD 的功耗考虑与智能手机不同。例如，AR 眼镜的形状系数与处方眼镜的形状系数相似，预期佩戴时间较长，并且 AR 眼镜的功耗可以显著低于智能手机。AR 眼镜可以提供 5G 连接的嵌入式 5G 调制解调器，也可以将 AR 眼镜栓系（USB、蓝牙或 Wi-Fi）到智能手机以实现 5G 连接。在这 2 种情况下，5G 连接必须承载 AR 应用流量，并且来自该流量的终端功耗对此类 AR 产品的生存能力具有重大影响。

由于 XR 业务以周期性数据传输为主，标准决定对 RRC_CONNECTED 态下不连续接收（Discontinuous Reception in RRC_CONNECTED state，C-DRX）进行增强。

C-DRX 增强主要考虑 XR 业务的非整数周期（如业务的码率 60fps 对应 50/3 ms≈16.667ms）与 C-DRX 周期的匹配问题；不同周期的多个 XR 业务流的共存问题；C-DRX 监控 PDCCH 时长的动态扩展以适应 XR 业务数据包到达时间的抖动问题。

7.3.3　XR 业务的容量问题

在具有高吞吐量、低时延和高可靠性要求的 XR 业务和云游戏业务中，重要的是考虑这些业务在基于 Rel-15 和 Rel-16 的 5G 网络上的容量。表示 XR 业务和云游戏业务容量的一种方法是，根据给定的流量需求和给定的部署方案（如城市宏覆盖、室内热点）及一些密度为 5G 的小区，可以同时使用该业务的用户数量。若 XR 业务和云游戏业务的流量需求是灵活的（如基础架构允许内容自适应），则可以通过评估时延、吞吐量和可靠性随系统中用户数量增加的变化来研究业务的容量。

在任何一种情况下，当业务时延较低且可靠性要求较高时，都会产生以下影响。

（1）在对应于时延要求的时间范围内测量的流量的突发吞吐量，以及在由可靠性要求表示的百分位数处提取的流量的突发吞吐量，可以显著高于平均吞吐量要求。例如，XR 业务流量的平均吞吐量是 100Mbit/s，但其短测量窗口上的突发吞吐量是 300Mbit/s，同时 XR 业务的传输需要高可靠性保证。

（2）终端经历的突发吞吐量测量了对应于时延要求的时间范围，并在由可靠性要求表示的百分位数处提取，可显著低于该终端经历的平均吞吐量。

这些影响会显著影响 5G 网络 XR 业务的容量。因此，研究 XR 业务和云游戏业务的容量非常重要，它关系到 5G 网络 XR 业务和云游戏业务的 KPI。因此，容量对于 XR 业务和云游戏业务是很重要的。

由于 XR 业务一般是上下行双向业务，而 5G 网络一般是上行容量受限，因此 XR 业务的容量增强主要体现在上行网络容量的增强。在 5G 网络中，上行业务的调度过程一般是：终端向基站发送 BSR MAC CE（告诉基站上行待传输的数据量）；基站向终端发送上行资源调度信息；终端在基站发送的上行资源调度信息上传输上行数据。所以，终端向基站发送的 BSR MAC CE 中包含的数据量大小直接影响上行资源的调度效率。而在目前的标准中，BSR 上报中考虑到 BSR MAC CE 的资源开销，业务量大小标识部分只能用 5 或 8 比特。而 NR 终端的业务缓存比较大，业务量取值范围也比较大，如从 0~81338368 字节以上，用 5 或 8 比特很难精确表示 0~81338368 字节之间的业务量大小。而 BSR 业务量大小上报不精确，会导致基站资源调度不精确，造成无线资源的浪费。另外，基站收到 BSR 请求时，也无法判断相关数据量在终端侧缓存了多长时间，所以基站无法决定相关 BSR 在时域上的调度紧急程度。因此，标准决定对 BSR 的上报精确性进行增强。

此外，为了缩短上行资源调度时延，周期性上行 XR 业务一般采用配置授权进行数据传输。考虑到 XR 业务上行数据包到达时间的抖动及 XR 业务数据包大小不固定等问题，标准决定对配置授权进行增强，支持一个配置授权周期内配置多个时域位置的配置授权资源，同时也支持终端指示基站动态释放一个配置授权周期内不再使用的配置授权资源。

第 8 章

车联网支持

8.1 标准发展背景介绍

车联网即车辆与其他可以影响车辆驾驶及服务的实体之间以无线通信的方式进行的信息交互，达到提升交通效率、安全及服务体验目的的系统。

车联网包含了 V2V、V2I、V2N、V2P 4 种基本的通信模式。

通过车联网系统交互的信息包括基础安全信息，如车辆或行人的位置、车辆移动速度、车辆移动方向等，以辅助其他车辆或行人判断是否存在安全隐患；也包括采集到的传感器信息，如车辆将通过摄像头或雷达采集到的周围环境信息发送给其他车辆或行人，从而使得其他车辆或行人获得更多的道路交通状况信息，提高道路安全性。

车联网是在 3GPP Rel-14 LTE 标准引入的，即 LTE-V2X。LTE-V2X 是基于侧行链路（SideLink，SL）的一种传输技术。侧行链路即终端与终端之间在基站的辅助下直接通信的链路。侧行链路相对于双向 Uu 接口链路（2 个终端通过与基站之间的链路进行通信）具有更高的频谱效率和更低的传输时延。随着车联网的发展，辅助驾驶及自动驾驶已提上日程，相关应用对业务时延及可靠性有着极高的要求，LTE-V2X 很难满足相关要求。因此，3GPP 在 NR 标准的基础上立项并标准化了 NR-V2X 标准。

人们基于车联网提供的基础信息可以开发出各种基于车联网的应用系统，如提高城市道路交通效率的自动红绿灯调度系统（根据交通流量与行车路线等信息自动调整红绿灯开启时刻与时长）、提升驾驶安全保障的辅助驾驶系统与自动驾驶系统。由于自动驾驶系统需要低时延、高可靠网络基础设施，因此其只能由 5G 车联网提供。表 8-1 总结了 LTE-V2X 与 NR-V2X 的关键技术特征。

表 8-1　LTE-V2X 与 NR-V2X 的关键技术特征

关键技术	LTE-V2X	NR-V2X
传输模式	广播	广播、多播、单播
资源分配模式	模型 3（网络控制） 模型 4（终端自主）	模型 1（网络控制） 模型 2（终端自主）
波形技术	SC-FDMA	OFDM
频段	低频	低频/高频

关键技术	LTE-V2X	NR-V2X
SCS	15kHz	15/30/60/120kHz
重复传输	单次调度支持 2 次传输，单个数据最多支持 2 次传输	单次调度支持 3 次传输，单个数据最多支持 32 次传输
传输反馈	无	单播、多播下支持 HARQ 反馈
测量反馈	无	单播支持 CQI（信道质量指示符）、秩指示、RSRP 测量反馈
功率控制	开环功率控制（基于下行路径损耗）	开环功率控制（基于下行、侧行路径损耗）
设备间同步	基于 GNSS 基站、终端多同步源的同步机制	基于 GNSS 基站、终端多同步源的同步机制
载波聚合	支持	无

8.2 业务模型和应用场景

车联网最典型的应用案例就是自动驾驶。在业界，自动驾驶有 2 种技术路线图，一种是以特斯拉为代表的基于单车的自动驾驶，一种是以我国为代表的基于车联网的自动驾驶。基于单车的自动驾驶与基于车联网的自动驾驶对比如表 8-2 所示。

表 8-2　基于单车的自动驾驶与基于车联网的自动驾驶对比

项目	基于单车的自动驾驶	基于车联网的自动驾驶
（支持自动驾驶）终端要求	所有支持驾驶的信息均要终端采集；终端需要配置的传感器多；所有自动驾驶策略均需要终端自主决策，算法复杂度高，算力芯片配置高	支持自动驾驶的信息由终端采集及车联网共同提供；自动驾驶策略由终端与车联网共同提供
终端成本	高	低
网络要求	无须车联网	需要车联网
是否存在驾驶盲区	存在	车联网能够获知所有路况与测量状况，不存在驾驶盲区
是否支持车辆编队行驶	不支持	车联网能协同车辆编队行驶
是否支持虚拟红绿灯	不支持	车联网能自动协同十字路或弯道车辆通行

从表 8-2 的对比来看，基于车联网的自动驾驶支持场景要远多于基于单车的自动驾驶。但实际商用的场景并不单纯以技术先进为唯一标准。

以上述 2 种场景为例，因为基于车联网的自动驾驶需要先建立车联网基础设施，所以它属于投资大，投资收益不确定的项目，没有资本愿意介入。这个从移动通信的基站数目及覆盖面积也可以得到说明。中美两国国土面积差别不大，我国还存在大量无人居住的沙漠、冰川等地区；我国的村村通保证了偏远地区也有移动通信基站覆盖，因此我国的 eNB 与 gNB

覆盖面积及目都远远大于美国。

|| 8.3　关键技术 ||

车联网采用侧行链路以支持终端与终端之间的直接通信，以及远端终端通过近端终端进行数据传输中转（终端中继）。其中涉及的关键技术包括邻近终端发现、侧行链路资源配置、侧行链路连接建立、中继终端重建及 Uu 接口与 PC5 接口之间的承载映射。

8.3.1　邻近终端发现

在 R13 的标准化工作中，标准制定者提出了在部分覆盖和无覆盖场景下需要支持公共安全的 Type-1 发现的需求。基于 SA 的结论，公共安全类发现主要包括终端到网络中继的发现（UE-to-Network Relay Discovery）、组内用户的发现（Group Member Discovery）及终端到终端中继的发现（UE-to-UE Relay Discovery），且发现消息承载的内容与非公共安全类发现消息完全不同。为实现部分覆盖和无覆盖场景下 D2D 发现，标准制定者最初讨论了公共安全类发现消息是通过邻近终端直接发现（ProSe Direct Discovery）还是通过邻近终端直接通信（ProSe Direct Communication）的传输方式来承载的问题，由于 R12 中邻近终端直接发现承载的消息大小为 232 比特，经过 SA 的确认，可以将公共安全类发现消息大小控制在 232 比特以内。因此，标准制定者决定使用邻近终端直接发现的方式来传输公共安全类发现消息。

在确认了公共安全类发现消息的传输方式后，标准制定者进一步研究了支持公共安全类发现消息对于当前协议的影响，主要包括以下几个方面。

（1）资源池的配置。用于公共安全类发现的资源池信息需要被包括在预配置信息中。如果在用于公共安全邻近业务的载波（PS ProSe Carrier）上不满足 S 准则，终端可以使用预配置在 UICC 或 ME 中的用于公共安全邻近业务的载波发现资源来进行覆盖外的公共安全类发现，且高层会进行操作区域验证，确定该资源在该操作区域内有效才可使用该资源。

（2）公共安全类发现和非公共安全类发现消息的区分。由于用于公共安全类发现和非公共安全类发现的资源池是分开配置的，因此 AS 需要获知发送的消息是公共安全类还是非公共安全类。由高层指示给 AS 配置传输的消息是公共安全类发现消息还是非公共安全类发现消息。

（3）同步问题。由于覆盖外的终端需要支持与中继终端的同步机制，为支持公共安全类发现的终端定义了新的同步机制（如需要发送 SL-MIB），该机制与 R12 中非公共安全类发现的终端同步机制不同，为了进行区分，R13 定义的用于公共安全类发现的同步机制命名为 Behaviour 2，原 R12 定义的用于非公共安全类发现的同步机制命名为 Behaviour1。当支持公共安全类发现的终端处于覆盖外时，该终端按照 Behaviour 2 发送同步信号，但当支持公共安全类发现的终端处于覆盖内时，则由基站通过广播信令或 RRC 专用信令来为其指示采取哪种同步机制。

8.3.2　侧行链路资源配置

为了能实现在运营商的载频上收发消息，最主要的问题是要解决基站如何为终端提供载频信息，甚至具体资源信息。因为终端不可能提前知道运营商具体在哪一个载频上提供车联网发现的资源。

基站为终端提供载频信息最基本的方法是服务基站广播允许终端进行 D2D 发现消息发送的运营商信息（PLMN 信息）及相应的载频信息。终端通过读取服务基站广播的信息，会获得相应的载频信息，并能在这个载频上读取 SIB19 上的 D2D 发现的发送资源。使用该方法时有一个异常的场景，终端自主选择去读取其他载频上的 SIB19 却发现该载频并没有在 SIB19 中提供 D2D 发现的具体资源信息，则终端不应该在该载频上发送 D2D 发现消息。

对于运营商内和运营商间协同的场景，服务基站通过 RRC 专用消息/广播消息，将其他载频上的 D2D 发现的发送资源发送给终端。D2D 发现的发送资源包括自主资源选择和调度资源分配 2 种模式。

终端使用哪些频率由高层授权决定。例如，服务基站可以在系统广播消息中广播多个运营商信息，但是终端根据高层的授权信息来决定是否选择合适的资源池进行 D2D 发现的操作。

对于以公共安全为目的的 D2D 发现，其可以使用预先配置在终端的载频信息。这些公共安全的载频有可能和 D2D 通信所使用的公共安全载频是一样的。

对于以公共安全为目的的 D2D 发现，RRC_CONNECTED 态终端需要向基站发送自己希望进行 D2D 发现发送的载频信息。这是因为基站有可能不知道终端预配置的公共安全的载频信息。

在确定了有 2 种主要的方法实现多载频 D2D 发现功能后，还有一个需要考虑的问题是终端怎么知道使用哪一种方法来得到资源？因为 RAN2 认为服务基站并不总是提供其他载频的具体资源信息，终端很有可能需要自己去其他载频的系统广播消息中去读取信息。例如，服务基站可以通过广播方式提供其他载频的具体资源信息，也可以提供其他载频的频率信息，还可以通过专用 RRC 消息方式提供其他载频的具体资源信息，尤其是后 2 种方法很容易混淆，因为这个时候服务基站都不提供任何其他载频的具体资源信息，终端该如何选择？

如果服务基站没有在广播中提供其他载频的具体资源信息，那么其需要进一步指示终端是自主读取其他载频的系统广播消息还是通过请求资源的方式从服务基站获得资源信息。所述请求资源方式是通过侧行链路终端信息请求基站分配资源。

（1）用于终端发现的侧行链路资源池配置。远端终端在检测发现其 Uu 接口链路质量低于门限值时需要向基站上报侧行链路终端信息，用于指示中继的发现和通信请求，这就意味着 AS 需要知道发现消息是用于中继的还是非中继的。所以，标准采用的方案：高层分别指示发现宣告/监控是用于中继的发现还是用于其他的分组交换业务发现。另外，所有公司关于覆盖内远端终端和邻近终端到网络的中继（ProSe UE-to-Network Relay）是否共用资源池的问题也经过了短暂的讨论，最终一致认为两者共用资源池即可。

（2）用于通信的侧行链路资源池配置。中继终端在收到远端终端发送的层 2 链路建立请求后，通过侧行链路终端信息告知基站其请求进行点对点通信。基站在收到该信息后可以选择为其分配或不分配中继通信资源。基站只提供一套资源池信息，且该资源池可以应用于中继操作及其他的分组交换业务通信。基站通过在资源池中添加指示信息来控制中继操作或其他的分组交换业务。另外，标准制定者关于覆盖内远端终端和邻近终端到网络的中继是否共用资源池的问题也经过了短暂的讨论，最终标准规定两者共用资源池的方案。

8.3.3　侧行链路连接建立

根据 SA2 的邻近终端到网络中继的解决方案，远端终端在发现并选择中继终端后，需要与所选择的中继终端建立点对点通信连接，继而进行后续的通信。图 8-1 所示为 SA2 定义的点对点通信连接。远端终端即图 8-1 中的终端 1，中继终端即图 8-1 中的终端 2。直接通信请求通过 PC5 信令协议发送。

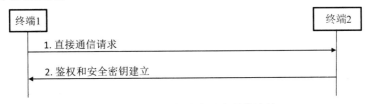

图 8-1　SA2 定义的点对点通信连接

远端终端与中继终端之间是点对点通信，RAN2 需要考虑远端终端与中继终端之间的连接建立是否使用 AS 信令，以及需要什么交互信息建立连接。关于远端终端与中继终端之间的连接建立是使用 NAS 信令还是 AS 信令，主要有以下 2 种观点。

（1）SA2 定义的可靠的层 2 链路，通过 PC5 信令协议发送；RAN2 无须做重复工作，AS 信令较为复杂，应最小化 PC5 接口 RRC 的影响和功能。

（2）连接建立相关消息为 AS 信令，通过通信协议发送；远端终端与中继终端间应建立单播通信连接。

PC5 连接建立讨论的其他问题：需要在 PC5 接口和 Uu 接口发送什么信息来连接建立？eNB 对远端终端是否可见？在选择中继后，eNB 对处于其覆盖范围外的终端连接建立的控制水平（eNB 是否授权远端终端）？需要发送什么信息给 eNB？对于处于 eNB 覆盖范围内的终端，中继连接建立什么时候完成？eNB 是否参与？

RAN2 针对上述问题进行了讨论，并达成结论：RAN2 不再定义任何层 2 连接建立消息，即远端终端与中继终端之间的连接建立使用高层信令（SA2 的可靠层 2 链路建立），RAN2 不再定义 AS 连接建立消息；在收到远端终端的层 2 链路连接建立请求后，中继终端向 eNB 发送侧行链路终端信息，指示该请求是为了进行中继点对点通信。eNB 可选择为中继终端分配或不分配中继通信资源。

侧行链路连接建立流程如下。

（1）对于处于 eNB 覆盖范围外的远端终端，其在选择中继终端后，使用预配置的中继通信资源向中继终端发送直接通信请求以发起连接建立，如图 8-2 所示。中继终端收到该请求后，发送侧行链路终端信息给 eNB，指示它所选择的中继终端要进行中继通信，eNB 收到该信息后选择为其分配或不分配中继通信资源。图 8-2 中的第 7 步有可能在第 4～6 步之前或之后，中继终端在收到直接通信请求后，完成高层相关的授权、IP 地址分配、安全相关连接建立等过程后，发送连接建立响应给远端终端；eNB 对中继终端的授权验证为图 8-2 中第 5 步。

如果中继终端是从 RRC_IDLE 态进行中继发现的，那么中继终端在收到远端终端的直接通信请求时需先进入 RRC_CONNECTED 态，而后向 eNB 发送侧行链路终端信息，eNB 对中继终端进行授权验证并分配中继通信资源。而在 RRC_CONNECTED 态中继终端进行中继发现过程向 eNB 请求中继通信资源时，eNB 会对中继终端进行授权验证。

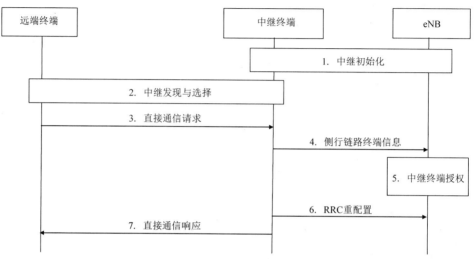

图 8-2 覆盖外连接建立流程

（2）RRC_CONNECTED 态远端终端在选择中继终端之后，发送侧行链路终端信息给 eNB，指示它所选择的中继终端要进行中继通信，eNB 收到该信息后选择为其分配或不分配中继通信资源，如图 8-3 所示。远端终端获得中继通信资源后，向中继终端发送直接通信请求以发起连接建立，后续流程与覆盖外连接建立流程类似，此处不再赘述。

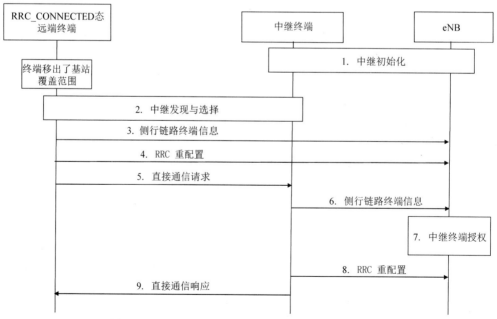

图 8-3 RRC_CONNECTED 态远端终端连接建立流程

（3）对于 RRC_IDLE 态远端终端，如果 SIB18 中广播了中继通信资源，那么远端终端直接使用广播中的中继通信资源向中继终端发送直接通信请求以发起连接建立。如果 SIB18 中没有广播中继通信资源，那么远端终端需要进入 RRC_CONNECTED 态向 eNB 请求中继通信资源，其获得中继通信资源后，会向中继终端发送直接通信请求以发起连接建立。

8.3.4 中继终端重建

从检测到 out-of-sync 到 T310 超时，以及中继终端发起小区选择、随机接入和重建期间，中继终端可以使用侧行链路资源进行终端间通信，但是无法进行上下行蜂窝数据传输。

中继终端可能服务多个远端终端，此时 PC5 上行数据包无法正常投递到 eNB（被缓存在中继终端中），相应地需要转发给远端终端的数据也无法发送到中继终端（被缓存在 eNB 中）。若重建持续时间较长，则会影响终端到网络中继的业务连续性。

那么当中继终端发生 RLF 进行连接重建时，PC5 接口如何处理？中继终端是否可以提前检测 RLF 发生？是否要向远端终端指示它发生了 RLF，以便远端终端选择等待重建或重选中继？是否有加快中继重建的方法？

SA2 在中继前期研究中，在 ProSe UE-to-Network Relay Discovery（邻近终端到网络中继的发现）消息中包含无线电层信息。如果发现消息中包含中继和 eNB 连接状态的信息，那么中继终端不需要额外向远端终端指示它发生了 RLF。

RAN2#91bis 会议给出结论：不考虑将中继的 Uu 接口信号强度用于中继选择/重选。由于 RAN2 不考虑将中继的 Uu 接口信号强度用于中继选择/重选，SA2 认为发现消息中没有必要包含无线电层信息了，因此将中继发现消息中的无线电层信息去掉了。

8.3.5 Uu 接口与 PC5 接口之间的承载映射

在终端到网络的中继中，远端终端和中继终端之间通过 PC5 单播链路进行通信，中继终端和 eNB 通过 Uu 接口通信。中继终端在收到远端终端通过 PC5 接口上发的数据后，使用常规上行业务流模板将数据映射到 Uu 接口的承载上转发。

使用 PC5 单播链路进行通信的关键在于当中继终端从 Uu 接口收到下行数据之后，是否需要及如何对其进行优先级处理。SA2 曾经将 3 个方案写入 3GPP 的技术报告，如下所示。

（1）中继终端记忆上行数据转发时 LCID 和无线电承载之间的映射关系。当中继终端在 Uu 接口收到某个无线电承载的数据时，将其映射到对应的 PC5 LCID 上转发。由 Uu 接口无线电承载 ID 和 LCID 之间的映射关系来进行优先级处理，该映射关系存储在 AS 的 PDCP 层。该方案只适用于同时有上行承载和下行承载的双向承载，对只有下行的承载，要求在 PC5 接口建立一个类似于 LTE 的默认承载。

（2）中继终端记忆上行业务流模板中用于数据包过滤的 IP 数据包多元组和 LCID 之间的映射关系，该映射关系存储在 AS 的 PDCP 层。当中继终端在 Uu 接口收到下行数据时，它通过映射关系将服务功能映射到不同的 PC5 LCID 上。该方案只适用于同时有上行承载和下行承载的双向承载，对只有下行的承载，要求在 PC5 接口建立一个类似于 LTE 的默认承载。

（3）该方案要求中继终端维护一个 Uu 接口 QoS 参数和 PC5 接口邻近终端数据包级别值之间的映射关系，并将某个 QoS 的 Uu 接口承载映射到相应邻近终端数据包级别的 PC5 接口逻辑信道上。

在第 1 种方案中，中继终端需要维护的映射表是[LCID: Bearer ID]={[1:1], [2:2], [2:3], [3:3]}。此处所讲的 Bearer 为双向承载。当终端收到下行数据时，Bearer ID 1/2 上的数据分别映射到 LCID 1/2 上；而 Bearer ID 3 上的数据如何映射到 LCID 3 上就不知道了。

在第 2 种方案中，中继终端需要维护的映射表是[LCID: PF]={[1:1], [2:2], [2:3], [3:4], [3:5]}。此处的服务功能为双向服务功能。当终端收到下行数据时，5 个服务功能分别对应到合适的 PC5 LCID 上。

SA2 选择了第 3 种方案，即将 Uu 接口 QoS 参数和 PC5 接口邻近终端数据包级别之间进行绑定。这是因为在第 1 种方案和第 2 种方案中，LCID 和邻近终端数据包级别之间需要有一个绑定关系，而 RAN2 认为这种绑定关系是没有必要的。因此，SA2 选择了第 3 方案。

第 9 章

基于 5G 网络的物联网应用

‖ 9.1 基于 NB-IoT/LTE-M 的物联网应用 ‖

NB-IoT/LTE-M 的主要特点为低带宽导致的终端成本低、支持覆盖增强导致的广覆盖、支持海量终端的无线接入、支持多种节能技术导致终端电池持续时间长。NB-IoT 的无线带宽和 GSM 蜂窝物联网类似，随着 GSM 的退网，NB-IoT 将成为 GSM 蜂窝物联网的替代技术。此外，NB-IoT 相对于 LTE-M 的无线带宽更低，导致 NB-IoT 的终端成本比 LTE-M 更低，且可提供的速率也更低，所以 NB-IoT 和 LTE-M 在 LPWAN 领域的应用各有优势。不同物联网技术的性能指标对比如表 9-1 所示。

表 9-1　不同物联网技术的性能指标对比

无线技术	终端最小带宽	可支持的最大上行速率	可支持的最大下行速率	业务端到端最大时延
GSM 蜂窝物联网	180kHz	45Kbit/s	90Kbit/s	10s
NB-IoT	180kHz	169Kbit/s	126.8Kbit/s	10s
eMTC	1.4MHz	1Mbit/s	800Kbit/s	1s

NB-IoT/LTE-M 已经在低成本广覆盖物联网领域得到了广泛应用。常见的典型应用如下。

1）高端计量类业务

以智能水表、智能电表、智能燃气表为代表的智能抄表类业务为例，此类业务正在由 GSM 蜂窝物联网通信逐渐更替为 NB-IoT 通信。通信流程：智能水表、智能电表、智能燃气表周期或定时地上报抄表结果给运营管理平台，以提高运营效率，降低运营成本。此外，运营管理平台或用户可远程查询抄表结果、远程修改上报策略、远程控制能源供应策略等。图 9-1 所示为智能电表抄表示例。

智能电表以天、小时或分钟为频次采集用电量，并上报用户基本用电数据；通信以上行应用为主，但也存在下行应用，如远程修改上报策略等。对于集抄类业务：智能电表把数据上报给集抄终端，集抄终端汇总后上报给电力管理平台。对于直抄类业务：智能电表直接把数据上报给电力管理平台。

此类业务对无线网络的需求如下。

（1）时延小于或等于 3s。

（2）可靠性达到 99.9%。

（3）集抄类业务的速率大约为 1Mbit/s，用户连接数达到每平方千米几万个；直抄类业务的速率大约为 100Kbit/s，用户连接数达到每平方千米几百万个，直抄类业务的终端成本比集抄类业务的终端成本要求更低。

（4）需要无线网络的室内、室外无缝覆盖，如广域覆盖和深度覆盖。

（5）无移动性要求。

对于集抄类业务：LTE-M 可以满足需求；对于直抄类业务：NB-IoT 可以满足需求。

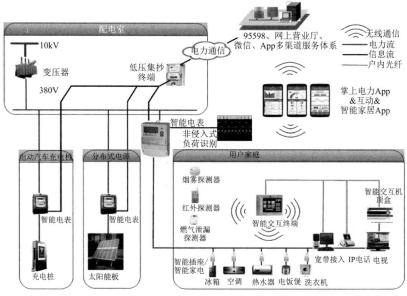

图 9-1　智能电表抄表示例

2）低功耗类监控业务

在野生动物监控中，动物研究组织会通过给野生动物携带物联网设备来监控野生动物的健康状况、活动轨迹等，希望物联网设备能定期上报野生动物的位置信息、健康数据等。由于野生动物会移动位置，不能给其携带的物联网设备更换电池，也无法充电，因此需要相关物联网设备的电量消耗非常低，如一块 5Wh 的电池可以持续使用 10 年以上。

在物流业运输监控中，也有类似需求：货物携带物联网设备用于运输状态监控；货物需要周期性上报位置信息/状态信息。货物在物流运输过程中会被快速移动，物联网设备无法充电，需要相关物联网设备的电量消耗非常低；另外，因为物流业终端数量非常多，所以终端成本需要非常低。

终端电池可持续的时间与业务传输频度、所传输数据包大小、无线覆盖情况等有关系。NB-IoT 电池持续时长评估指标如表 9-2 所示。

表 9-2　NB-IoT 电池持续时长评估指标

项目	无线覆盖（路损）		
数据包大小、数据包传输间隔	144dB	154dB	164dB
50 比特、2h	24.8	11.4	2.8
200 比特、2h	22.2	6.1	1.4

项目	无线覆盖（路损）		
数据包大小、数据包传输间隔	144dB	154dB	164dB
50 比特、1d	36.5	31.9	18.5
200 比特、1d	35.9	26.5	11.7

由此可见，NB-IoT 可以满足低功耗类监控业务的需求。

3）智慧农场

智慧农场中的物联网主要用于农场各个环节的数据采集、数据处理、数据分析及相关的自动化操作，以降低生产成本，提高生产效益。例如，监控土壤湿度、温度、酸碱度、光照等信息，以匹配最佳的施肥量、进行自动化灌溉，提高农作物产量；通过传感器采集动物的健康状况、行为数据，提前发现异常问题，避免动物出现健康问题，防止动物之间相互攻击等异常事件发生。

4）自动化灌溉

在自动化灌溉系统中，如图 9-2 所示，若干传感器布置于智慧农场的不同位置，用于收集温度、湿度、光照、土壤水分等信息，并将这些信息通过物联网无线技术传递到控制器（如农场管理服务器）；控制器基于对传感器上报的信息进行决策，自动打开或关闭布置于农场中的灌溉设备，从而实现自动化灌溉，保证最佳灌溉效果。

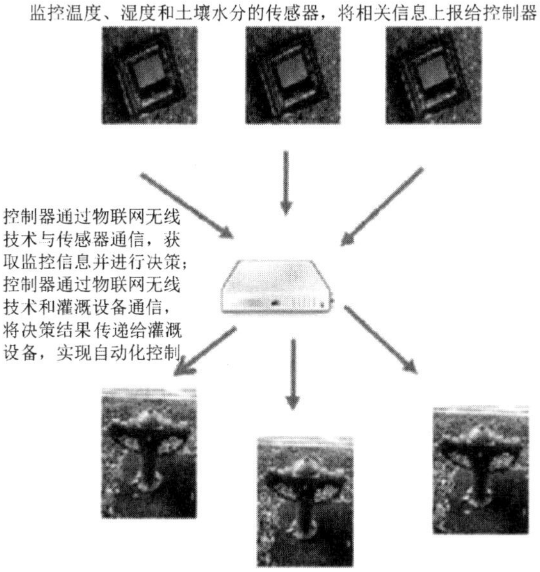

图 9-2　自动化灌溉系统

自动化灌溉对无线通信的需求：每平方千米百万个终端连接，低成本，可靠性要求99.9%，数据速率低，数据传输时延要求低。NB-IoT 可以满足此类需求。

5）动物生态监控

在动物生态监控系统中，如图 9-3 所示，若干传感器布置于动物身体上，用于采集动物的健康状况、生活规律等信息；若干传感器布置于地面上，用于监控地面动态信息，如是否有动物追逐、攻击等；若干巡检无人机，在农场范围内巡检，防止偷猎等异常事件发生。传感器/无人机通过物联网无线技术将采集到的信息传递到信息监控/管理服务器,用于农场的数据分析,并及时进行预警、干预和管理。

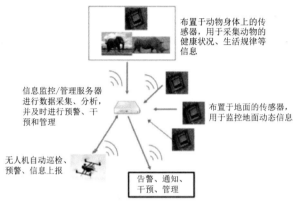

图 9-3　动物生态监控系统

动物生态监控对无线通信的需求如下。

(1)传感器数据上报。每平方千米百万个终端连接,低成本,可靠性要求 99.9%,数据速率低,数据传输时延要求低。NB-IoT 可以满足此类需求。

(2)无人机信息上报。支持广域覆盖(20km 以上的覆盖范围)、自动化告警需要保证 1s 以内的传输时延,有较高的数据速率需求(如图片、视频、无人机飞行控制)。LTE-M 可以满足此类需求。

9.2　基于 NR-IIoT 的物联网应用

NR-IIoT 的主要特点为支持低时延、高可靠的数据传输技术、支持精确的时钟同步和确定性时延、支持高效的小数据包传输技术。目前,NR-IIoT 已经在中国南方电力网中被广泛应用,用以保证电力网的安全、稳定、高效地运行。NR-IIoT 在电力网中主要用于如下几个方面。

1)NR-IIoT 在电力网中的精准授时

在电力网中,需要精确的时钟同步技术以保证差动保护等功能正常工作。传统时钟同步技术的优缺点如表 9-3 所示。

表 9-3　传统时钟同步技术的优缺点

时钟同步方式	同步精度	缺点
NTP	1ms～100ms	同步精度不高
gPTP	小于 1.5μs	每个通信节点都需要部署 gPTP 有线连接,成本高,网络部署不方便
GPS/BDS(北斗卫星导航系统)	小于 100ns	硬件和工程成本较高; 安装环境受限,室内、密集城区等场景由于遮挡等无法接收 GPS; GPS 防雷在安装和天馈上带来更高的成本和风险,安全性低,易受干扰

NR-IIoT 空口精准授时的优点如下。

① 授时精度高，空口可以提供最低 10ns 的授时精度；5GS 可以保证 1μs 的授时精度。

② 时钟源可靠稳定，通过专用信令授时可以使用 5GS 加密策略，时钟传递可靠性高。

③ 终端的授时模块和通信模块合一，成本较低。

④ 可使用 NR 公网授时，无须电力网特别的授时网络部署。

⑤ NR-IIoT 无线网络覆盖范围广，使用方便。

电力网中 NR-IIoT 空口精准授时的应用示例如图 9-4 所示。基站先从 5GC 或 GNSS 获取时钟，然后通过空口广播或终端专用信令将时钟发给电力网的终端模块。

图 9-4　电力网中 NR-IIoT 空口精准授时的应用示例

2）NR-IIoT 在输配电过程中的差动保护

NR-IIoT 在电力网中的差动保护主要是采集并上报同一时刻不同输配电线路节点的采样电流值，进行线路故障告警、定位、维护。电力网中 NR-IIoT 在差动保护的应用示例如图 9-5 所示。电力网实时地把输配电线路节点的采样电流值通过无线网络上报给输配电管理平台。

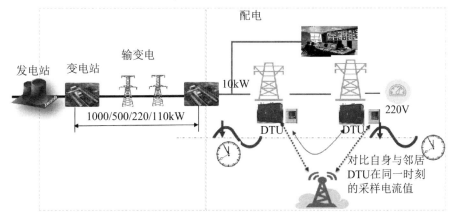

图 9-5　电力网中 NR-IIoT 在差动保护的应用示例

电力网中的差动保护对无线网络的需求如下。

① 时钟同步需求。保障对同一时刻的电压、电流相位、幅值进行采样，时钟同步误差小于 10μs。

② 低时延传输需求。尽可能实现对同一时刻的采样电流值进行对比判别，传输时延小于 15ms。

NR-IIoT 可以提供误差小于或等于 1μs 的时钟同步，可以提供小于或等于 0.5ms 的 Uu 接口传输时延，可以完全满足电力网差动保护的无线通信需求。

3）电力网智能巡检

针对电力网进行巡检是智能电网中的大视频类应用，主要包括变电站巡检机器人、配电房综合视频监控、输电线路无人机巡检、应急现场自组网综合应用等。

对无线网络的需求：可承载多路高清 4K 影像回传，局部区域带宽为 4Mbit/s～100Mbit/s 级，时延小于 100ms，可靠性高于 99.9%，远程覆盖到所有通信线路、深度覆盖到配电房的各个区域。NR 可以满足相关需求。

4）分布式能源调控

对太阳能、风能、燃料电池和燃气冷热电三联供等能源的数据采集、有功功率调节、电压无功功率控制、孤岛检测、调度与协调控制等功能保障了电力网安全高效运营。

对无线网络的需求：分散布置在用户/负荷现场，连接数百万至千万个，带宽小于 2Mbit/s，广域覆盖，可靠性要求高。NR 可以满足相关需求。

5）用电负荷需求侧响应

供电方需要基于用电负荷动态调整供配电策略，保障电力网安全稳定运行。没有引入智能线路管控前，电力网负荷高时通常只能切断整条配电线路，若采用传统方式只能以 110kV 负荷线路为对象，采用集中切除负荷的方式，容易造成较大的社会影响；采用稳控技术，可精准到企业内部的可中断负荷，如充电桩。通过精准控制，优先切除可中断非重要负荷，降低社会影响。

对无线网络的需求：时延小于 50ms，带宽小于 1Mbit/s，广域覆盖，可靠性 99.999%。NR 可以满足相关需求。

‖ 9.3 基于 RedCap 的物联网应用 ‖

物联网应用分为高速率、中速率和低速率场景。RedCap 实际上对应的更多是中速或中高速率物联网应用。当 4G LTE 退网时，NB-IoT、eMTC、CAT1、CAT4 都将不复存在。此时，RedCap 就将起到替代的作用。不同无线技术的性能指标对比如表 9-4 所示。

表 9-4 不同无线技术的性能指标对比

名称	LTE CAT1	LTE CAT4	NR RedCap	NR eMBB
频谱	FDD/TDD	FDD/TDD	NR FR1/FR2	NR FR1/FR2
信道带宽	5/10/15/20MHz	5/10/15/20MHz	FR1 20MHz FR2 100MHz	FR1 100MHz FR2 800MHz

续表

名称	LTE CAT1	LTE CAT 4	NR RedCap	NR eMBB
峰值速率	下行 10Mbit/s 上行 5Mbit/s	下行 150Mbit/s 上行 50Mbit/s	FR1: 下行 150Mbit/s 上行 90Mbit/s FR2: 下行 600Mbit/s 上行 180Mbit/s	FR1: 下行 1.5Gbit/s 上行 380Mbit/s FR2: 下行 6.5Gbit/s 上行 700Mbit/s 和 200Mbit/s
覆盖	常规	常规	常规	常规
时延	1s	500ms	100ms	20ms
功耗	低	中	中	高

RedCap 相对于 LTE CAT1 和 LTE CAT4 有明显的速率优势，同时，也有更好的时延和信道带宽优势，也可以兼容现有的 NR 网络。因此，垂直行业部署一个 5G NR 网络就可以满足各种业务需求，而不需要部署和维护网络，也能降低高成本 5G NR 终端导致的市场推广阻碍问题。

在 RedCap 立项中，主要提到的典型应用场景的性能指标如表 9-5 所示。可穿戴设备，以智能手表为例，市面上主流的智能手表都只支持 4G，不支持 5G。因为 5G 芯片成本太高，功耗大，现有 5G 芯片的高速率，对于智能手表来说，有点多余。采用 RedCap，完全可以满足智能手表的视频通话需求，不仅下行带宽足够，上行带宽也远远高于 LTE CAT1。此外，RedCap 在尺寸和功耗方面，也能够满足智能手表的需求。

表 9-5　RedCap 典型应用场景的性能指标

场景用例	工业无线传感器	视频监控	可穿戴设备
可靠性要求	99.99%	99%～99.9%	
时延要求	小于 100ms 安全相关：5ms～10ms	小于 500ms	
速率需求	小于 2Mbit/s	经济型视频：2Mbit/s～4Mbit/s 高端视频：7.5Mbit/s～25Mbit/s	下行：150Mbit/s 上行：50Mbit/s
电池要求	几年		1～2 周

考虑 RedCap 的速率、时延、移动性等特性，表 9-6 所示的场景可以优先考虑 RedCap 的部署和应用。

表 9-6　RedCap 典型应用场景

场景	业务	业务上行速率	业务下行速率	时延	移动性
步行街/商场/博物馆	AR 导览/导购	1Mbit/s	10Mbit/s～20Mbit/s	100ms	小于 5km/h
学校/医院/酒店/银行/博物馆	VR 教学/实验课/选房/支付/影院	1Mbit/s	10Mbit/s～20Mbit/s	100ms	0
高铁站场/工厂/电网变电站	工业穿戴	1Mbit/s	10Mbit/s～20Mbit/s	100ms	小于 5km/h

续表

场景	业务	业务上行速率	业务下行速率	时延	移动性
各种场景	机器人业务（巡检/物流/讲解/售货等）	10Mbit/s～20Mbit/s	3Mbit/s～5Mbit/s	100ms	10km/h
各种场景	安防监控	5Mbit/s～20Mbit/s	1Mbit/s	100ms	0
各种场景	无人机拍摄	5Mbit/s～20Mbit/s	1Mbit/s	100ms	5km/h
港口/农林牧场	自动驾驶车辆	10Mbit/s～20Mbit/s	3Mbit/s～5Mbit/s	100ms	30km/h
医院	医疗车救护	10Mbit/s～20Mbit/s	3Mbit/s～5Mbit/s	100ms	120km/h

目前，国内包括紫光展锐等芯片企业，都在做 RedCap 方面的布局，相信其会及早推出商用芯片，有了芯片，就会有相应的模组和产品。

‖ 9.4 基于 IoT-NTN 的物联网应用 ‖⁞

现有的地面物联网（如 NB-IoT、eMTC）为用户提供了低成本、广覆盖的服务。然而，在山地、荒漠及海上等特殊地区，基站部署成本高、收益低，地面物联网就无法覆盖这些地区。而且，这些地区往往是科研、运输和监测的必要区域。突发自然灾害（如地震、洪水）导致地面物联网基础设施匮乏或者被彻底破坏，此时地面物联网将无法使用。许多用户希望通过卫星网络在这些"未服务"或"服务不足"的地区中访问 4G 或 5G 服务，与此同时，这种服务还支持物联网节点的大规模接入。于是，卫星物联网可以作为地面物联网的补充和延伸。

与地面物联网相比，卫星物联网具有广阔的覆盖区域，通常对应于 TN 的数万个小区，卫星物联网也会对如下行业的发展模式产生重大影响。

（1）农业应用方面。卫星物联网可采集大面积农场的土壤成分、温度、湿度等数据，人们经过科学分析后得出利于农作物生产的最优方案。卫星物联网的广覆盖优势，能够有效跟踪农场中的动物，对动物进行管理识别，甚至下达命令。

（2）工程应用方面。卫星物联网能够实现偏远地区土木工程项目的远程监控。卫星物联网可以管理建材、监控施工环境等，也可以对一些设备（如开关）下达命令。

（3）海运应用方面。卫星物联网能够全程跟踪海上船舶和集装箱，提高货运效率。海上运输是跨境运输网络的核心。国际海事组织（IMO）估计，全球 90% 以上贸易都是通过海上运输的。麦肯锡预测，卫星物联网在集装箱跟踪中的进一步集成应用将产生巨大的经济效益。到 2025 年，这一领域的市场可达到 300 亿美元。卫星物联网可将集装箱的利用率提高 10%～25%，每年可减少 130 亿美元的成本。

（4）能源应用方面。卫星物联网可监控天然气、石油和风能等能源在市场上下游的流动数据，人们可以据此得到投资回报比更高的解决方案。另外，水资源监控可以提高缺水地区的水资源利用率，有助于地区可持续发展。

IoT-NTN 可以支持本地和广范围的物联网业务。对于本地业务，物联网设备（如传感器）可以采集本地信息，并向中心服务器报告。中心服务器还可以给设备下达命令，如开关或更复杂的命令。这些设备可以组成局域网，用于智能电网子系统或移动平台（如船舶、卡车或火车上的集装箱）上。

对于广范围物联网业务，一些物联网设备（如传感器）可以在很大范围内分布或移动，并向中心服务器报告信息或由中心服务器控制。IoT-NTN 能够保证这些设备的业务连续性。这些设备可用于以下远程通信应用。

（1）汽车和道路运输。高密度排队、高清地图更新、交通流优化、车辆软件更新、汽车诊断报告、用户基础保险信息（如限速、驾驶行为）、安全状态报告（如安全气囊部署报告）、基于广告的收入、上下文感知信息（如基于收入的邻近交易机会）、远程访问功能（如远程车门解锁）。

（2）能源。石油/天然气基础设施的关键监督（如管道状态）。

（3）交通。车队管理、资产跟踪、数字标牌、远程道路警报。

（4）农业。牲畜管理、农业。

相比地面物联网，卫星物联网能够提供远超地面部署的覆盖区域。而且，卫星物联网与地面物联网是互补的。

第10章

未来演进

||| 10.1 XR/AR |||

XR/AR 业务以低时延、高可靠的视频流业务为主，对无线网络资源的开销和终端的功耗影响会很大；如何提高 XR/NR 业务在无线网络中的传输效率，降低终端的功耗，并保证业务传输的低时延、高可靠，是无线网络承载 XR/AR 业务需要研究的问题。视频流中一个画面组的结构如图 10-1 所示。

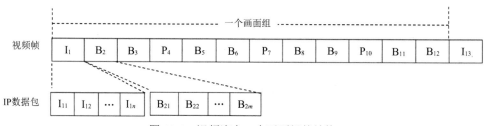

图 10-1　视频流中一个画面组的结构

一个画面组一般由若干个 I 帧、P 帧、B 帧组成，其中 I 帧是独立编码的内部帧，而 P 帧、B 帧是预测帧、双向帧，P 帧的解码依赖于与其相邻的前面的视频帧，B 帧的解码依赖于与其相邻的前面和后面的视频帧。所以，在一个画面组中，第 1 个视频帧总是 I 帧，且是最重要的帧，其解码是否正确影响后面的视频帧解码。此外，考虑到一个视频帧的比特数开销比较大，一个视频帧可能对应若干个 IP/UDP 数据包，而无线网络能看到的是 IP/UDP/以太网数据包，且目前的 3GPP 网络无法区分一个 QoS 流的不同数据包的传输优先级。为了无线网络进行合理高效的无线资源调度，无线网络如何识别不同视频帧之间的关联关系，以及视频帧之间的优先级区分，需要进一步研究。

此外，下行 XR/VR 业务的业务特征识别在核心网，核心网将业务特征信息传递给 SDAP 层；上行 XR/VR 业务的业务特征识别在终端的 SDAP 层，但数据包的排序、丢弃决策在 PDCP 层，数据的重传在 RLC 层，无线资源的调度在 MAC 层，如何让 PDCP/RLC/MAC 层感知 XR/VR 业务的特征信息，以便针对性地进行无线资源管理，从而节省无线资源开销、降低终端功耗、降低业务时延。所以，如何在无线网络中高效传输 XR/VR 业务也需要进一步研究。

无线网络的无线资源是有限的，而 XR/VR 业务往往具有聚集性、突发性特征，如何用有限的无线资源保证聚集性 XR/AR 业务的可靠传输也有待研究。

⫴ 10.2　个人特定物联网 ⫴

随着无线通信技术的普及，同一用户拥有多个终端的场景非常普遍。其中，有的终端用户使用体验好、节能需求不强烈（如计算机、电视、平板电脑），但不太方便移动；有的终端方便移动，但节能需求较高（如智能终端）。用户在使用中可能需要将同一业务在不同终端间进行业务的迁移。例如，用户在室内通过计算机连接无线网络看视频，当用户从室内移动到室外时，视频业务需要迁移到智能手机上。业务在不同终端间切换，可能导致业务的中断或不连续，影响用户的使用体验。

此外，随着无线网络的发展，终端所能承载的业务类型越来越多，业务对峰值速率的需求越来越大；而受终端能力和最大发射功率限制，单个终端的峰值速率是有限的，尤其在小区覆盖边缘，单个终端所能提供的峰值速率往往达不到用户需求。若多个终端协作传输，则可以提高其峰值速率，也可以提高业务传输的可靠性。

于是，3GPP SA1 针对一个用户拥有多个终端，业务在终端间的协调策略进行了研究，也就是个人特定物联网。其中，个人特定物联网对 3GPP 网络的主要影响为业务在终端间的平滑迁移策略和多个终端聚合传输业务。相关技术在 RAN 侧进行了初步讨论，到目前为止 3GPP 对个人特定物联网支持的标准化还没有正式立项。

⫴ 10.3　被动式物联网 ⫴

10.3.1　背景

随着物联网应用场景的增加，其连接物的种类越来越多元化，人们对通信终端的价格、功耗和便利性也有更高要求。因此，无源终端的蜂窝物联网成为万物互联的一个重要研究对象。无源终端没有内装电池，它通过激励信号的能量来接收和发送信号，具有免维护、低成本、使用寿命长的优点。基于蜂窝的无源物联网技术能够将无源物联应用场景从传统短距应用拓展到广域蜂窝无线组网应用，为用户提供高效、便捷、标准化的蜂窝无源网络，降低行业客户的应用成本。

10.3.2　应用场景

基于蜂窝的无源物联网技术可应用于仓储物流、制造园区、电力、农业、医疗、公共安全、校园、消防、文保、市政等众多应用场景，它能够实现物品信息管理、资产盘点、定位跟踪、制造执行、质量监测、阈值告警等多方面功能。在蜂窝网络覆盖下，通信距离更远，用户可以实现远程控制，接入的无源终端更多，提高了通信效率，从而节省了人力和工作时间，提高了产业效能。

在汽车产业中，道口区的器具出入双向盘点管理、地面的物料箱盘点和定位、空器具回收区的盘点和定位、零部件质量控制等方面，通过无源物联网技术进行自动确认，将大大降低工作复杂度和人工误差，助力汽车产业的智能制造。

智慧园区利用基于蜂窝的无源物联网等新型技术，可以满足园区的资产、安防、访客、考勤等多种业务需求，如园区资产盘点和查询、园区出入人员定位、访客自动登记等，实现园区的数字化和智能化管理。

智能电网是未来的发展趋势。智能电网的实现，首先依赖于电网各环节重要原型参数的在线检测和实时信息掌控，而基于蜂窝的无源物联网技术能够在其中发挥重要作用。基于蜂窝的无源物联网技术可以实现电力设备的监控，无源终端将异常状态反馈到智能电网平台，便于电力设备的检测和异常情况应急处理。利用基于蜂窝的无源物联网技术可以实现用电监测和智能配电，通过无源终端对配电环节的系统监测，来辅助各电网做出及时的调控。另外，基于蜂窝的无源物联网技术可用于电力资产的管理。基于蜂窝的无源物联网技术与电网融合，将有效提升电网的运营和服务质量。

在农牧业中，基于蜂窝的无源物联网技术可以辅助实现农业资源环境、动植物生长情况等的实时监测，获取动植物生长发育状态、病虫害、水肥状况及相应生态环境的实时信息，如对水分、土壤、空气等生长环境的监控分析、动物的识别和定位，从而合理使用农业资源、降低成本、提高农牧业产品产量和质量。同时，也可以将无源终端返回的数据用于科学分析，提高农牧业抗灾抗风险的能力。基于蜂窝的无源物联网技术还可以支持农牧业产品的生产及流通信息查询，提高用户满意度。

智慧医院具有信息化、智能化的管理和服务水平，为医院和病人提供了极大便利。利用基于蜂窝的无源物联网技术可以实现医疗设备的远程管理、药品的使用监控、病人的状态信息采集、医疗废物追踪等功能，大大降低了人力需求，并且很大程度上降低了网络部署成本。医疗手术器械往往需要清洗和消毒，经历高温、高压或高湿度的特殊环境。因此，无源终端在医疗设备盘点中发挥极其重要的作用。基于无源物联的医疗废物追踪，可以避免医疗废物的非法处理。

消防机构可利用无源终端反馈设备或环境的状态信息，实现烟雾告警、感温探测、消防栓状态监测、消防基础设施管理、危化品跟踪管理等功能，显著提高消防机构的调度、处置和维护能力。

在智慧市政方面，相关机构可利用基于蜂窝的无源物联网技术对城市燃气、供水、热力、环保等进行统一管控，实现城市基础设施及资源的动态感知、集中监控、智能报警、管理维护、实时协调，从而提高城市的管理水平。基于蜂窝物联的智慧市政可以包含众多应用场景，如垃圾桶状态监测信息推送（便于工作人员及时维护），井盖移位、水位等信息告警，城市路灯开启、关闭等智能控制。

针对轨道交通场景，基于蜂窝的无源物联网技术可以实现铁路接触网巡检、轨道异物侵陷检测、轨道交通智慧物流等。铁路接触网巡检的目的是对高速铁路的牵引供电系统各部件状态参数及运行参数进行检测，确保铁路电力网正常运行，基于蜂窝的无源物联网技术能够大幅降低人工成本。此外，传统的轨道异物侵陷检测往往耗费人力和时间，基于蜂窝的无源物联网技术可以通过数据分析判断某范围轨道中是否存在异物，完成高效、低成本检测。此外，可以利用基于蜂窝的无源物联网技术实现轨道交通智慧物流，使车厢内阅读器定时读取货物信息，通过轨旁基站与铁路货运信息中心进行信息交互，实时监控货物运输途中状态。

光纤网络配线可利用无源终端反馈设备信息，可以实现智能光纤配线管理、配线节点管理、光纤线路连接状态的实时监测、非法连接或断开的准确定位等。智能光纤配线管理可以更高效、更便捷地分配纤芯资源，光纤线路连接状态的实时监测能够帮助工作人员及时修复线路破损，缩短宕机时间，降低用户损失，提高网络运维效率。

10.3.3　现有技术的不足

无源物联网通信最大的优势在于低成本、免维护、无须电池。但是，现有的无源 RFID 技术存在很多不足。

1）通信距离短

传统无源 RFID 技术依靠阅读器发送射频信号来激活电子标签，受成本和复杂度等因素影响，阅读器发送的射频信号能量有限，若阅读器距离电子标签较远，则其无法为电子标签提供足够的能量。电子标签收到入射的射频信号，通过改变天线前端的有效阻抗，来调制射频能量，将反馈信息发送出去，所以反向散射信号的能量较弱，也受到通信距离的限制。

现有的无源 RFID 技术支持的通信距离最远不超过 10m。若通信距离短，则阅读器的覆盖范围小，支持的电子标签数量也受到相应限制。对于大范围的无源通信，往往需要用户移动不同地点来完成电子标签的盘点和读写操作，这种情况降低了应用的便利性，增加了人力成本；或者每隔一小段距离部署一个阅读器来完成大范围的区域覆盖，但是阅读器设备售价较高，在网络中大量部署阅读器会严重增加用户的设备成本。短距离通信限制了传统无源 RFID 技术在垂直行业的大规模应用。

2）数据速率低

无源 RFID 技术在一个信道上采用单载波 TDM（Time Division Multiplexing，时分多路复用）方式发送信息。为了降低复杂度，前向链路通常使用时域上的脉冲间隔编码（Pulse Interval Ecoding，PIE）和幅移键控（Amplitud Shift Keying，ASK）调制（包括双边带幅移键控、单边带幅移键控、反相幅移键控），反向散射链路通常使用 FM0 编码和米勒调制子载波编码。无论是前向链路还是反向散射链路，其编码方式的纠错能力都比较弱，对传输环境要求高，再加上单载波传输、TDM 和幅移键控，导致无源 RIFD 技术的数据速率很低。

3）对复杂信道的处理能力弱

由于能量和复杂度受限，RFID 通常用于近距离、直视径信道，采用简单的数据发送和接收方法。其中，脉冲间隔编码、FM0 编码和米勒调制子载波编码的纠错能力弱，幅移键控的解调性能对噪声、干扰和信道衰落较为敏感，阅读器和电子标签不具有信道估计、信道质量上报、干扰消除等功能。同时，出于成本、功耗和尺寸要求，阅读器和电子标签通常都无法使用多天线，也使得传输性能不足。因此，针对复杂的信道环境，如物体密集场景造成信号遮挡和反射，电子标签移动造成信道状态变化，相邻阅读器覆盖区域产生信号干扰等情况，现有的无源 RFID 技术无法有效地应对处理。

4）传输时延大

传输时延大主要考虑几个方面的因素。①数据速率低，在阅读器读取电子标签和写入数据等操作时会有一定影响。②多个电子标签之间采用时分复用方式发送信息，动态时隙 ALOHA 防碰撞算法或 Btree 防碰撞算法的使用严重增加了响应时延。③电子标签发送数据所需的能量需要一定的时间积累，这也会导致传输时延大。

5）多用户复用能力差

在 RFID 实际应用中，阅读器覆盖范围内可能存在多个电子标签，此时的存盘或读写操作可以被视为多用户复用问题。

在时域上，多个电子标签之间采用时分复用方式发送信息。在针对电子标签的存盘操作中，RFID 通常使用动态时隙 ALOHA 防碰撞算法或 Btree 防碰撞算法来完成多标签的上行响应。2 种算法本质上都是在时域上错开不同标签的响应，以避免上行响应冲突，是基于时分复用的方法。

在动态时隙 ALOHA 防碰撞算法中，每个电子标签需要在一个取值范围内随机选择一个时隙发送其上行信号，这样显著增加了电子标签的响应时延，并且不同电子标签之间随机得到的响应时隙通常是有一定间隔的，所以在上行通信中存在大量未能有效利用的空闲时间，造成资源浪费，同时不同电子标签也可能随机得到相同的响应时隙，导致仍然存在上行冲突的情况，进一步加剧了电子标签的响应时延和时域资源的浪费。

简单来讲，Btree 防碰撞算法等价于将计数器为 0 的电子标签集合划分为 2 部分，直到只有一个计数器为 0 的电子标签时，阅读器才识别该标签的响应。这个持续对标签集合的划分过程，显著增加了电子标签的响应时延，也造成了时域资源的浪费。

在频域上，一个阅读器和电子标签之间的通信链路占用一个子信道，多个链路则分别需要使用各自不同的子信道，各子信道之间预留一定的保护间隔避免干扰，因此频谱利用率低。

6）标准不统一

现有的无源 RFID 技术存在多个组织编写的标准协议，包括 ISO/IEC 提出的国际标准、日本泛在技术核心组织 Ubiquitous ID 制定的标准、我国自主制定的国家标准等，每个标准按年份又有众多版本和类型，生产商技术研发和更新产品的动力不足，导致阅读器和电子标签一般只支持其中一种标准，系统的兼容性差。因此现有技术不能为客户提供统一标准化、规范化的蜂窝无源网络能力。

10.3.4 未来研究的方向

1）覆盖增强

以基站为核心，覆盖大面积范围内的无源终端，将传统短距应用拓展到广域无线组网应用，提升终端连接数量，是基于蜂窝的无源物联网技术的基本需求。在初步的研究中，基站与无源终端的通信距离至少应该达到 200m，那么，增加通信距离、扩大覆盖范围是基于蜂窝的无源物联网技术的一项重要研究内容。考虑到无源终端的复杂度和成本受限，因此需要研究相适应的解决方案，收发多天线、数据重复传输、中继或能量激励节点辅助等方式可以作为初步参考。

2）网络布局

在基于蜂窝的无源物联网技术中，通信基站到无源终端的距离可能较远，需要功率足够的射频信号来激励无源终端接收和发送信息，或者利用中继、节点实现无源终端和基站之间的通信。由此，基于蜂窝的无源物联网技术网络布局存在以下几种可能。

（1）利用基站发送射频信号。由于无源终端反向散射信号会有一部分能量损失，因此无源终端的上行信道可能会受限，对于通信距离远的无源终端，需要基站调高射频信号功率。

（2）使用专用的激励设备。利用激励设备向无源终端发送射频信号，可由基站发送射频信号控制激励设备信号的配置和启停。这种方式下激励信号功率可根据覆盖需求定义，来满足上下行的正常通信，但需要额外布置激励设备，增加了用户的应用成本。

（3）利用中继通信。无源终端与中继之间可以使用专网，中继和基站之间使用 NR 网络，便于基于蜂窝的无源物联网技术网络与 NR 网络的融合组网。但是中继复杂度高，增加了网络部署成本。

（4）利用 Wi-Fi 等信号作为能量信号。将 Wi-Fi 信号作为无源终端的能量激励信号，无须额外的能量信号，简化布局，节省功耗，但信号能量是否满足需求有待进一步研究。

3）复用方式

传统无源 RFID 技术的时频资源利用效率低，对于多无源终端的上行信号传输，没有给出一个高效的复用方案，尤其多无源终端的识别过程更是浪费了大量时域资源，造成传输时延大、收发设备功耗高等直观的用户感受。在 5G 网络中，OFDM 的使用实现了良好的时频资源调度，然而 OFDM 包含的 DFT/IDFT 及子载波调频等方面的复杂度和成本需求都是无源终端难以承受的，因此无法直接套用于无源物联网。复用方式和多址接入技术是基于蜂窝的无源物联网需要解决的一个问题，有待进一步研究。

4）波形调制

波形调制或滤波技术可降低邻频带干扰，提高频谱利用效率。

5）编码调制

由于无源终端没有配备电池，只能依靠入射的射频信号进行调制解调和编译码，因此编码和调制方式的选择受到很大限制。对于基于蜂窝的无源物联网技术，在保证无源终端低成本和低复杂度的前提下，可以考虑适当改进编码调制方式，如使用前向纠错码、相移键控等，提高解调译码性能、传输可靠性和数据速率。根据不同的产品需求，可以标准化多种类型的无源终端，这些无源终端具备不同的复杂度和能力，由此使基于蜂窝的无源物联网技术适用于更广泛的应用场景。

10.4　智能物联网

学术界及业界都已经开始探索未来演进网络的新技术，未来演进网络将建立在无处不在的人工智能愿景之上。在目前 3GPP 讨论的人工智能工作流程框架中，数据搜集、模型训练、模型推理及执行构成了重要的四大功能模块。其中，数据搜集的来源包括物联网接入对象，当前的物联网接入对象虽然包括计算机、手表、手机、传感器、仪器仪表、摄像头、各种智能卡等，但主要还是人工操作，所接入的对象信息也较为有限。随着第四代工业革命到来，物联网接入对象将包括更丰富的内容，不仅包括现在的普及应用，还包括工业原材料、工业中间件等物体，所获取的信息不仅包括人类社会的信息，还包括更为丰富的物理世界信息，如压力、温度、湿度、体积、重量、密度等。海量数据的集合，结合人工智能，使得物联网的应用宽度和广度获得提升，物联网与人工智能将实现深度结合。

当前，物联网正处于连接高速增长的阶段，未来数百亿的设备并发联网产生的交互需求、数据分析需求将促使物联网与人工智能的更深融合。2017 年，我国陆续有企业提出"智能物联网"的概念，实现在终端、边缘域或云中心通过机器学习对数据进行智能化分析，包括定位、比对、预测、调度等。从智能物联网的广泛定义来看，智能物联网就是人工智能与物联网在实际应用中的融合。如果物联网是将所有可以行使独立功能的普通物体实现互联互通，用网络连接万物，那么智能物联网则是在此基础上赋予其智能化，实现万物智能互联。

‖ 10.5 区块链+物联网 ‖

区块链是一种起源于比特币的分布式记账技术，具有安全、透明和不可更改等诸多优势。该技术通过块-链结构存储数据，利用节点共识机制以实现数据的更新和同步，并使用智能合约对链上存储的数据进行自动操作，从而保证既定规则的严格施行。目前的物联网也面临诸多问题，如缺乏互操作性、隐私安全难以保证、低互通性等。而区块链实现无须中间方的信任，利用 Token 经济体系量化很微小的价值实现快速流通。特别地，区块链在实现隐私安全方面也有很大的技术优势：把数据上链保存，解决了云端数据可能的泄漏或被滥用的问题，同时智能合约用于降低交易的成本。

区块链与物联网相结合可以为行业生态的分布式信任体系提供关键支撑，越靠近数据源的区块链上链数据越值得信任，因此其可以替代权威主体和第三方背书，从根本上避免可信体系崩塌问题，实现物联网公平、公开、可信、互惠、高效、安全的良性发展生态。目前一些区块链+物联网的应用实现如下。

（1）瑞典国营电力公司 VattenFall（瀑布电力）投资了荷兰阿姆斯特丹的初创公司（PowerPeers），构建让消费者自由选择电力渠道的能源共享平台。德国的莱茵公司（RWE）和初创公司 Slock.it 合作，推出的 BlockCharge 电动车充电项目。莱茵公司成立子公司 Innogy SE，推出了连接电动汽车车主、公共和私有充电站的区块链交易平台 Share&Charge。

（2）英国软件公司 Provenance 致力于用"区块链+物联网"的方式运输农产品食材，采用由传感器或 RFID 生成的标签将食材记录在区块链上，从而保证食材的新鲜性。无线电感应器生产商 Filament 利用感应器检测农产品的健康指数，并把相应的信息记录在区块链上，通过物联网将这些信息传递到物联网中的其他设备上。

（3）国内区块链+物联网技术和应用也在蓬勃发展中，2019 年 11 月 6 日，在中国通信标准化协会（CCSA）物联网（TC10）第二十三次全会中国联通携手中兴通迅股份有限公司并协同其他厂家正式发布了《"物联网+区块链"应用与发展白皮书》。京东利用区块链、物联网、大数据技术已经建成了"区块链防伪追溯平台"，实现跨品牌商、渠道商、零售商、消费者并精细到一物一码（或一批一码）的全流程正品追溯。

‖ 10.6 确定性网络 ‖

在 2019 年中国 SDN/NFV/AI 大会后，确定性网络成为了人们讨论的热点话题之一。激增的数据业务造成网络出现了大量的拥塞崩溃、数据分组延迟、远程传输抖动等。AR/VR、远程控制、智慧医疗、车联网、无人驾驶等应用对时延、抖动和可靠性有着极高的要求，如端到端时延从微秒到毫秒级、时延抖动为微秒级、可靠性达 99.999%以上。由此可见，仅提供"尽力而为"服务能力的传统网络，无法满足 IIoT、能源物联网、车联网等垂直行业对网络性能的需求。因此，面对"准时、准确"数据传输服务质量的需求，人们需要建立一种能够提供差异化、多维度、确定性服务的网络。

确定性网络是一种帮助实现 IP 网络从"尽力而为"到"准时、准确"，控制并降低端到端时延的技术。确定性网络是由网络提供的一种特性，这里的网络是指主要由网桥、路由器和 MPLS（Multi-Protocol Label Switching，多协议标签交换）标签交换机组成的尽力而为的分组网络。确定性网络的技术关键在于实现确定性时延、时延抖动、丢包率、带宽和可靠性等。其中，确定性时延主要通过精准时钟同步、频率同步、调度整形、资源预留、数据存储与转发等机制解决；时延抖动和丢包率通过优先级划分、抖动消减、缓冲吸收等机制解决。目前，确定性网络技术主要包含以太网、TSN、确定性网络、确定性 Wi-Fi 等。确定性网络的基本特征如下。

（1）时钟同步。所有网络设备和主机都可以使用 PTP 将其内部时钟同步到 1μs～10ns 的精度。

（2）零拥塞丢失。拥塞丢失是网络节点中输出缓存的统计溢出，是尽力而为网络中丢包的主要原因。通过调整数据包的传送并为临界流分配足够的缓冲区空间，可以消除拥塞。

（3）超可靠的数据包交付。丢包的另外一个重要原因是设备故障。确定性网络可以通过多个路径发送序列数据流的多个副本，并消除目的地处或附近的副本。

（4）与尽力而为的业务共存。除非临界流的需求消耗了过多的特定资源（如特定链路的带宽），否则可以调节临界流的速度，这样尽力而为的业务质量实践（如优先级调度、分层 QoS、加权公平队列）仍然按照其惯常的方式运行，但临界流降低了这些功能的可用带宽。

从某种意义上说，确定性网络只是尽力而为网络提供的另一种 QoS。确定性业务最大的作用在于整个网络的大部分流量都是确定的。因此，确定性网络是指在一个网络域内给承载的业务提供确定性业务保证的能力。这些确定性业务保证能力包括时延、时延抖动、丢包率等指标。确定性网络典型应用场景如表 10-1 所示。

表 10-1　确定性网络典型应用场景

应用场景	描述
专业的音频和视频（ProAV）	4K/8K/AR/VR 音视频行业：一方面该行业出现了不间断流播放、同步播放、消除回声等网络应用需求；另一方面，该行业正在从点对点的硬件互联转向无线互联，从而降低成本，提高灵活性。因此，该行业未来对确定性网络有较大需求
电力公用事业	电力公用事业部署中的许多系统都依赖于底层网络的高可用性和确定性行为。廉价的以太网设备可以取代专用数字系统，将实时控制和企业流量结合在一个网络中
智慧建筑自动化系统	智慧建筑自动化系统管理建筑物中的设备和传感器，以改善居民的舒适度，降低能耗，并应对故障和紧急情况。该系统的现场网络使用时延敏感的物理接口，若使用以太网或无线网改造则必须具备确定性；除此之外，系统中所包含的各种传感器也需要极低的通信时延，以保证建筑的安全
工业无线	无线网络在工业中的应用通常要求底层网络支持 QoS，以及诸如可靠性、冗余和安全性等其他网络属性。确定性网络定义了分时技术，可应用于无线系统，以避免时间/带宽冲突

续表

应用场景	描述
工业 M2M	物理过程的实时控制是推动确定性网络发展的基本用例，也是推动确定性网络在电力公用事业发展的重要场景
网络切片	网络切片要求一个或多个用户的活动变化不会对其他切片的性能参数产生任何影响。目前使用的典型技术（在用户之间共享物理网络）不提供这种级别的隔离。确定性网络可以提供点对点或点对多点路径，为用户提供带宽和时延保证，不受其他用户数据流量影响

综上所述，确定性网络的提出主要是为了解决低丢包、低时延等 IIoT 的需求。目前，确定性网络已经成为了热门的研讨领域，主要是为了解决工业控制、远程医疗、在线游戏等对时延要求特别高的应用需求。另外，确定性网络的部署还可以与固移融合网络及边缘云统筹考虑，未来还将继续推进确定性网络在广域网、5G、边缘云的落地。

名称解释

接口：在 3GPP 协议定义各种的架构中，其包含的网元或网络功能之间如果存在交互，那么在这些网元或网络功能间则定义一个接口，网元间或网络功能间通过收发定义在接口上的消息进行交互。

PC5：它是在车联网中定义终端与终端之间的接口。

LoRa：它是 Semtech 公司开发的一种低功耗局域网无线标准，其中文解释是远距离无线电（Long Range Radio），它最大的特点是在相同功耗条件下它比其他无线方式传播的距离更远，实现了低功耗和远距离的统一，它在相同功耗下比传统的无线射频通信距离扩大 3～5 倍。

ZigBee：也称紫蜂，是一种低速短距离传输的无线网上协议，底层采用 IEEE 802.15.4 标准规范的媒体访问层与物理层。它的主要特点有低速、低耗电、低成本、支持大量网上节点、支持多种网上拓扑、低复杂度、快速、可靠、安全。

SigFox：Sigfox 公司建立的适用于远距离、低功耗、低传输率的无线通信协议。

缩略语

数字

3GPP	3rd Generation Partnership Project	第三代合作伙伴计划
5GMM	5G Mobility Management	5G 移动性管理
5GS	5G System	5G 系统

A

AB	Access Barring	接入限制
ACB	Access Control Barring	接入控制限制
AMR	Adaptive Multi-Rate	自适应多速率（一种语音编码格式）
ANR	Automatic Neighbour Relation	自动邻区关系
API	Application Programming Interface	应用程序接口
AR	Augmented Reality	增强现实
AS	Access Stratum	接入层
ASK	Amplitude Shift Keying	幅移键控

B

BBU	Building Base band Unite	室内基带处理单元
BDS	BeiDou navigation satellite System	北斗卫星导航系统
BFD	Beam Failure Detection	波束失效检测
BPSK	Binary Phase Shift Keying	二进制相移键控
BRAS	Broadband Remote Access Server	宽带远程接入服务器
BWP	BandWidth Part	带宽部分
QPSK	Quadrature Phase Shift Keying	正交相移键控

C

CAT1	Category 1	类别 1（的终端）
CBS PUR	Contention Based Shared PUR	基于竞争的共享预配置上行资源
CCCH	Common Control Channel	公共控制信道
CDMA	Code Division Multiple Access	码分多址
CDMA2000	Code Division Multiple Access 2000	CDMA2000（3G 技术标准之一）
C-DRX	Discontinuous Reception in RRC_CONNECTED state	RRC_CONNECTED 态下不连续接收
CD-SSB	Cell Defining SSB	小区级 SSB
CE	Coverage Enhancement	覆盖增强
CEL	Coverage Enhancement Level	覆盖增强等级
CFS PUR	Contention Free Shared PUR	基于非竞争的共享预配置上行资源
CGI	Cell Global Identifier	小区全局识别码
CHO	Conditional HandOver	条件切换
CIoT	Cellular Internet of Thing	蜂窝物联网
CN	Core Network	核心网
CP-OFDM	Cyclic Prefix-Orthogonal Frequency Division Multiplexing	循环前缀的正交频分复用
CQI	Channel Quality Indicate	信道质量指示
CR	Cognitive Radio	认知无线电
C-RAN	Cloud Radio Access Network	云无线电接入网
CRC	Cyclic Redundancy Check	循环冗余校验
C-RNTI	Cell-Radio Network Temporary Identifier	小区无线网络临时标识符
CSS	Common Search Space	公共搜索空间
CSI	Channel State Information	信道状态信息
CU	Centralized Unit	集中单元

D

D2D	Device-to-Device Communication	设备到设备通信
DCI	Downlink Control Information	下行控制信息
DetNet	Deterministic Networking	确定性网络
DL	DownLink	下行链路
DMRS	DeModulation Reference Signal	解调参考信号
DPI	Deep Packet Inspection	深度包检测
DPR MAC CE	Data Volume and Power Headroom Report MAC Control Element	用于数据量和功率余量上报的 MAC 控制单元
D-PUR	Dedicated PUR	专用的预配置上行资源
DRB	Data Radio Bearer	数据无线承载
DRX	Discontinuous Reception	不连续接收
DS-TT	Device-Side TSN Translator	设备端 TSN 转换模块
DTCH	Dedicated Traffic Channel	专用业务信道
DU	Distributed Unit	分布式单元

E

EAB	Extended Access Barring	扩展接入限制
E-CID	Enhanced Cell-ID	增强小区标识（定位方法）
EDGE	Enhanced Data rate for GSM Evolution	增强型数据速率 GSM 演进
eDRX	extended DRX	扩展 DRX
EDT	Early Data Transmission	提前数据传输
EHC	Ethernet Header Compression	以太网头压缩
eLTE	Evolved LTE	演进的 LTE
eMBB	enhanced Mobile BroadBand	增强型移动宽带
eMTC	enhanced Machine Type Communication	增强的机器类型通信
eNB	E-utran NodeB	4G 基站
EPRE	Energy Per Resource Element	每资源单元的能量
EPS	Evolved Packet System	演进分组系统
EURLLC	Enhanced URLLC	增强型 URLLC
E-utran	Evolved universal terrestrial radio access network	演进通用地面无线电接入网

F

FCS	Frame Check Sequence	帧校验序列
FDD	Frequency Division Duplex	频分双工
FD-FDD	Full Duplex FDD	全双工 FDD
FDMA	Frequency Division Multiple Access	频分多址
FlexE	Flexible Ethernet	灵活以太网
FR1/FR2	Frequency Range1/ Frequency Range2	频率范围 1 频率范围 2

G

GERAN	GSM/EDGE Radio Access Network	GSM/EDGE 无线通信网络
GEO	Geostationary Earth Orbiting	地球静止轨道
GGSN	Gateway GPRS Support Node	GPRS 网关支持节点
GNSS	Global Navigation Satellite System	全球导航卫星系统
GPRS	General Packet Radio Service	通用分组无线业务
GPS	Global Positioning System	全球定位系统
gPTP	general Precise Time Protocol	通用精确网络时间协议
G-RNTI	Group RNTI	组 RNTI（广播组播用）
GSM	Global System for Mobile communications	全球移动通信系统
GTP-U	GPRS Tunnelling Protocol-User plane part	GPRS 隧道传输协议-用户面部分
GWUS	Group Wake Up Signal	组唤醒信号

H

HARQ	Hybrid Automatic Repeat request	混合式自动重传请求
HAPS	High Altitude Platform Station	高空平台站
HD-FDD	Half-Duplex FDD	半双工 FDD
HLR	Home Location Register	归属位置寄存器
HMD	Head Mounted Display	头戴式显示器
H-SFN	Hyper-System Frame Number	超系统帧号
HSS	Home Subscriber Server	归属用户服务器

I

ICT	Information and Communication Technology	信息与通讯技术
IDC	In-Device Coexistence	设备内共存技术
IIoT	Industry Internet of Things	工业物联网
IMSI	International Mobile Subscriber Identity	国际移动用户标志
IoT	Internet of Things	物联网
IP	Internet Protocol	网际协议
I-RNTI	Inactive-Radio Network Temporary Identifier	非激活态的 RNTI
ISD	Inter Site Distance	站点间距离
IWSN	Industrial Wireless Sensor Network	工业无线传感器网络

K

KPI	Key Performance Indicator	关键绩效指标

L

LCH	Logical Channel	逻辑信道
LCID	Logical Channel IDentification	逻辑信道标识
LDPC	Low Density Parity Check	低密度奇偶校验

LEO	Low Earth Orbit	低地球轨道
LoRa	Long range Radio	LoRa 是 semtech 公司开发的一种低功耗局域网无线标准
LPP	LTE Positioning Protocol	LTE 定位协议
LPWAN	Low-Power Wide-Area Network	低功耗广域网
LTE	Long Term Evolution	长期演进
LTE-M	LTE-Machine to machine	LTE 机器间通信

M

M2M	Machine to Machine	机器-机器（间通信）
MAC	Medium Access Control	介质访问控制
MAC CE	MAC Control Element	MAC 控制单元
MBMS	Multimedia Broadcast Multicast Service	多媒体广播组播业务
MCS	Modulation and Coding Scheme	调制与编码方案
MEC	Multi-access Edge Computing	多接入边缘计算
MEO	Medium Earth Orbit	中地球轨道
MIB	Master Information Block	主信息块
MIMO	Multiple-Input Multiple-Output	多输入多输出
MME	Mobility Management Entity	移动性管理实体
mMTC	Massive Machine Type Communication	大规模机器类型通信
MMTel	MultiMedia Telephony	多媒体电话业务
MO-EDT	Mobile Originated Early Data Transmission	终端触发的提前数据传输
MPLS	Multi-Protocol Label Switching	多协议标签交换
Msg	Message	消息
MT	Mobile Terminated	（终端）被叫
MTC	Machine Type Communication	机器类型通信
MT-EDT	Mobile Terminated Early Data Transmission	终端被呼（网络有数据需要发送给终端）的提前数据传输
MR	Mixed Reality	混合现实

N

NAICS	Network-Assisted Interference Cancellation and Suppression	网络辅助干扰消除和抑制
NAS	Non-Access Stratum	非接入层
NB-IoT	Narrow Band Internet of Things	窄带物联网
NCD-SSB	Non Cell Defining SSB	非小区 SSB
NDI	New Data Indicator	新数据指示符
NFV	Network Functions Virtualization	网络功能虚拟化

NGEO	Non-Geostationary Earth Orbit	非地球静止轨道
NG-RAN	Next Generation-Radio Access Network	下一代无线接入网
Non-PS	Non-public safety	与公共安全无关的
NPBCH	Narrowband Physical Broadcast Channel	窄带物理广播信道
NPDCCH	Narrowband Physical Downlink Control Channel	窄带物理下行控制信道
NPDSCH	Narrowband Physical Downlink Shared Channel	窄带物理下行共享信道
NPRACH	Narrowband Physical Random Access Channel	窄带物理随机接入信道
NPRS	Narrowband Positioning Reference Signal	窄带定位参考信号
NPSS	Narrowband Primary Synchronization Signal	窄带主同步信号
NPUSCH	Narrowband Physical Uplink Shared Channel	窄带物理上行共享信道
NR-IIoT	New Radio Industry Internet of Things	基于新空口的 IIoT
NRS	Narrowband Reference Signal	窄带参考信号
NRSRP	Narrowband Reference Signal Receive Power	窄带参考信号的接收功率
NSSS	Narrowband Secondary Synchronization Signal	窄带辅同步信号
NTN	Non Terrestrial Network	非地面网络
NTP	Network Time Protocol	网络时间同步协议
NW-TT	Network-Side TSN Translator	网络端 TSN 转换模块

O

OFDM	Orthogonal Frequency Division Multiplexing	正交频分复用
OFDMA	Orthogonal Frequency Division Multiple Access	正交频分多址
OTDOA	Observed Time Difference of Arrival	到达时间差
OTT	One Trip Time	单向路程时间

P

PAPR	Peak to Average Power Ratio	峰值平均功率比
PBCH	Physical Broadcast Channel	物理广播信道
PDCP	Packet Data Convergence Protocol	分组数据汇聚协议
PDU	Protocol Data Unit	协议数据单元
PDCCH	Physical Downlink Control Channel	物理下行控制信道
PDN	Public Data Network	公用数据网
PF	Paging Frame	寻呼帧
PGW	PDN GateWay	PDN 网关
PH	Paging Hyper-frame	寻呼超帧
PHR	Power Head Report	功率余量报告
PIE	Pulse Interval Encoding	脉冲间隔编码
PLMN	Public Land Mobile Network	公用陆地移动网
PO	Paging Occasion	寻呼时机

PPP	ProSe Per-Packet	邻近业务数据包级别
PRACH	Physical Random Access Channel	物理随机接入信道
PRB	Physical Resource Block	物理资源块
ProSe	Proximity based Services	基于邻近近距离的业务通信服务
PRS	Positioning Reference Signal	定位参考信号
PSM	Power Save Mode	省电模式
PSS	Primary Synchronization Signal	主同步信号
PTP	Precise Time Protocol	精确网络时间协议（IEEE 1588）
PTW	Paging Time Window	寻呼时间窗口
PUR	Preconfigured Uplink Resources	预配置上行资源
PUSCH	Physical Uplink Shared Channel	物理上行共享信道
PVT	Position Velocity and Time	（星历用的）位置-速度-时间

Q

QAM	Quadrature Amplitude Modulation	正交振幅调制
QCI	QoS Class Identifier	服务质量级别标识符
QoS	Quality of Service	服务质量

R

RACH	Random Access Channel	随机接入信道
RAI	Release Assistance Indication	释放协助指示
RAN	Radio Access Network	无线电接入网
RAR	Random Access Response	随机接入响应
RAT	Radio Access Technology	无线接入技术
RB	Resource Block	资源块
RE	Resource Element	资源单位
RedCap	Reduced Capability	降低能力
Rel-15/16/17	Release 15/16/17	（3GPP 标准文本）发布版本号 15/16/17
RF	Radio Frequency	无线电频率
RFID	Radio Frequency Identification	射频识别
RGW	Rados GateWay	Rados 存储网关
RI	Rank Indication	秩指示
RLC	Radio Link Control	无线链路控制协议
RLF	Radio Link Failure	无线链路故障
RLM	Radio Link Monitoring	无线链路监测
RNC	Radio Network Controller	无线网络控制器
RNTI	Radio Network Temporary Identifier	无线网络临时标识符
RoHC	Robust Header Compression	鲁棒性头压缩
RRC	Radio Resource Control	无线电资源控制

续表

RRH	Remote Radio Head	射频拉远头
RRM	Radio Resource Management	无线资源管理
RRU	Remote Radio Unit	远端无线单元
RSRP	Reference Signal Received Power	参考信号接收功率
RSRQ	Reference Signal Received Quality	参考信号接收质量
RTP	Real-time Transport Protocol	实时传输协议
RTT	Round-Trip Time	往返路程时间
RU	Resource Unit	资源单元

S

SA 1/2/3/4/5/6	Services and System Aspects	业务与系统组 1/2/3/4/5/6
SAE	System Architecture Evolution	系统架构演进项目（4G 的核心网部分，类似 LTE 是 4G 的无线网部分）
SC-FDMA	Single-Carrier Frequency-Division Multiple Access	单载波频分多址
SC-MCCH	SC-PTM Multicast Control Channel	SC-PTM 多播控制信道
SC-MTCH	SC-PTM Multicast Traffic Channel	SC-PTM 多播业务信道
SC-PTM	Single Cell Point To Multipoint	单小区点到多点
SC-RNTI	SC-PTM-RNTI	SC-PTM 无线网络临时标识符
SCS	Sub-Carrier Spacing	子载波间隔
SDAP	Service Data Adaptation Protocol	服务数据适配协议
SDN	Software Defined Network	软件定义网络
SDR	Software Defined Radio	软件定义无线电
SDU	Service Data Unit	服务数据单元
SFD	Starting-Frame Delimiter	帧首定界符
SFN	System Frame Number	系统帧号
SGSN	Serving GPRS Support Node	服务 GPRS 支持节点
SGW	Serving GateWay	服务网关
SI	Study Item	（3GPP）研究项目
SIB	System Information Block	系统信息块
SINR	Signal to Interference plus Noise Ratio	信干扰比
SL-MIB	SideLink Master Information Block	侧行链路主系统信息块
SN	sequence number	(PDCP)序列号
SRB	Signaling Radio Bearer	信令无线承载
SSB	Synchronization Signal Block	同步信号块
SMS	Short Message Service	短消息业务
SMSoIP	SMS over IP	基于 IP 的短消息业务
SON	Self-Organizing Network	自组织网络
SPS	Semi-Persistent Scheduling	半持久性调度
SR	Scheduling Request	调度请求
SSS	Secondary Synchronization Signal	辅同步信号
S-TMSI	SAE-Temporary Mobile Subscriber Identity	核心网侧临时移动用户标识

T

TA	Timing Advance	定时提前量
TAC	Tracking Area Coed	跟踪区域码
TAI	Tracking Area Identity	跟踪区标识
TAU	Tracking Area Update	跟踪区更新
TB	Transport Block	传输块
TBS	TB Size	传输块尺寸
TCI	Transmission Configuration Indicate	传输配置指示
TCP	Transmission Control Protocol	传输控制协议
TDD	Time Division Duplex	时分双工
TDM	Time Division Multiplexing	时分多路复用
TDMA	Time Division Multiple Access	时分多址
TD-SCDMA	Time Division-Synchronous Code Division Multiple Access	时分同步码分多路访问
TFT	Traffic Flow Template	业务流模板（分类用）
TN	Terrestrial Network	地面网络
TR XX.XXX	Technical Report	3GPP 中技术报告（正式标准文本之前的研究报告）
TSC	Time Sensitive Communication	时间敏感通信
TSN	Time Sensitive Network	时间敏感网络
TS XX.XXX	Technical Specification	3GPP 中技术规范(即正式的标准文本)
TTI	Transmission Time Interval	传输时间间隔

U

UAC	Unified Access Control	统一接入控制
UDP	User Datagram Protocol	用户数据报协议
UE	User Equipment	用户设备
UL	UpLink	上行链路
UP	User Plane	用户面
UPF	User Plane Function	用户面功能
UM	Unacknowledged Mode	非确认模式
URLLC	Ultra-Reliable and Low Latency Communication	低时延高可靠通信
UTDOA	Uplink Time Difference of Arrival	上行到达时间差（定位）

V

V2I	Vehicle-to-Infrastructure	车与基础设施之间的网络(通信)
V2N	Vehicle-to-Network	车与互联网连接的网络
V2P	Vehicle-to-Pedestrian	车对行人等感知
V2V	Vehicle-to-Vehicle	车与车之间的通信

续表

VoIP	Voice over Internet Protocol	IP 电话
VR	Virtual Reality	虚拟现实

W

WAN	Wide Area Network	广域网
WB-E-UTRA	WideBand-Evolved Universal Terrestrial Radio Access	宽带演进通用陆地无线接入
WCDMA	Wideband Code Division Multiple Access	宽带码分多路访问
WI	Work Item	3GPP 的工作项目
WID	Work Item Description	工作项目描述
WLAN	Wireless Local Area Network	无线局域网
WUS	Wake Up Signal	唤醒信号

X

XR	eXtended Reality	扩展现实

Z

ZigBee		紫蜂（一种低速短距离传输的无线网上协议）

反侵权盗版声明

电子工业出版社依法对本作品享有专有出版权。任何未经权利人书面许可，复制、销售或通过信息网络传播本作品的行为；歪曲、篡改、剽窃本作品的行为，均违反《中华人民共和国著作权法》，其行为人应承担相应的民事责任和行政责任，构成犯罪的，将被依法追究刑事责任。

为了维护市场秩序，保护权利人的合法权益，我社将依法查处和打击侵权盗版的单位和个人。欢迎社会各界人士积极举报侵权盗版行为，本社将奖励举报有功人员，并保证举报人的信息不被泄露。

举报电话：（010）88254396；（010）88258888

传　　真：（010）88254397

E-mail：dbqq@phei.com.cn

通信地址：北京市万寿路 173 信箱

　　　　　电子工业出版社总编办公室

邮　　编：100036

5G 物联网技术及应用

本书首先对物联网技术的标准发展背景、业务模型和应用场景、所涉及的关键技术及物联网技术的标准化过程进行了介绍；然后对 5G 时代的主要物联网技术进行了详细介绍；最后对典型的 5G 物联网应用案例进行了介绍。

本书可作为 5G 物联网技术的学习者、从事 5G 物联网技术的研发人员和工作者及对 5G 物联网技术感兴趣的读者的参考用书。

ISBN 978-7-121-47353-1

责任编辑：孟　宇
封面设计：徐海燕

定价：59.80元